中国科协学科发展研究系列报告

中国科学技术协会 / 主编

环境科学技术及资源科学技术学科发展报告

—— REPORT ON ADVANCES IN ——
ENVIRONMENTAL & RESOURCES SCIENCE AND TECHNOLOGY

中国环境科学学会 / 编著

中国科学技术出版社
·北　京·

图书在版编目（CIP）数据

2018—2019 环境科学技术及资源科学技术学科发展报告 / 中国科学技术协会主编；中国环境科学学会编著 . —北京：中国科学技术出版社，2020.9

（中国科协学科发展研究系列报告）

ISBN 978-7-5046-8537-7

Ⅰ. ① 2… Ⅱ. ①中… ②中… Ⅲ. ①环境科学—学科发展—研究报告—中国—2018—2019 Ⅳ.① X-12

中国版本图书馆 CIP 数据核字（2020）第 037010 号

策划编辑	秦德继　许　慧
责任编辑	高立波
装帧设计	中文天地
责任校对	吕传新
责任印制	李晓霖

出　　版	中国科学技术出版社
发　　行	中国科学技术出版社有限公司发行部
地　　址	北京市海淀区中关村南大街16号
邮　　编	100081
发行电话	010-62173865
传　　真	010-62179148
网　　址	http：//www.cspbooks.com.cn

开　　本	787mm × 1092mm　1/16
字　　数	319千字
印　　张	14.25
版　　次	2020年9月第1版
印　　次	2020年9月第1次印刷
印　　刷	河北鑫兆源印刷有限公司
书　　号	ISBN 978-7-5046-8537-7 / X.142
定　　价	72.00元

2018—2019

环境科学技术及资源科学技术学科发展报告

首席科学家　周　琪

顾　问　组　郝吉明　魏复盛　岑可法　曲久辉　任南琪
刘文清　张远航　王金南

专家组成员（按姓氏笔画排序）
文湘华　邓仕槐　宁　平　竹　涛　刘　平
孙德智　吴光学　张建强　张涌新　欧阳峰
周启星　赵勇胜　洪　梅　骆永明　贾丽娟
钱　骏　高　翔　魏永杰

编写组负责人及成员（按姓氏笔画排序）
王广生　王东梅　王国清　王真然　王银海
付　康　冯　珂　冯　姝　冯炎鹏　闫　政
刘义青　许　懿　李红菲　李章隆　杨　梦
肖宇凡　汪诗翔　张　敏　张　涵　张中华

当今世界正经历百年未有之大变局。受新冠肺炎疫情严重影响，世界经济明显衰退，经济全球化遭遇逆流，地缘政治风险上升，国际环境日益复杂。全球科技创新正以前所未有的力量驱动经济社会的发展，促进产业的变革与新生。

2020 年 5 月，习近平总书记在给科技工作者代表的回信中指出，“创新是引领发展的第一动力，科技是战胜困难的有力武器，希望全国科技工作者弘扬优良传统，坚定创新自信，着力攻克关键核心技术，促进产学研深度融合，勇于攀登科技高峰，为把我国建设成为世界科技强国作出新的更大的贡献”。习近平总书记的指示寄托了对科技工作者的厚望，指明了科技创新的前进方向。

中国科协作为科学共同体的主要力量，密切联系广大科技工作者，以推动科技创新为己任，瞄准世界科技前沿和共同关切，着力打造重大科学问题难题研判、科学技术服务可持续发展研判和学科发展研判三大品牌，形成高质量建议与可持续有效机制，全面提升学术引领能力。2006 年，中国科协以推进学术建设和科技创新为目的，创立了学科发展研究项目，组织所属全国学会发挥各自优势，聚集全国高质量学术资源，凝聚专家学者的智慧，依托科研教学单位支持，持续开展学科发展研究，形成了具有重要学术价值和影响力的学科发展研究系列成果，不仅受到国内外科技界的广泛关注，而且得到国家有关决策部门的高度重视，为国家制定科技发展规划、谋划科技创新战略布局、制定学科发展路线图、设置科研机构、培养科技人才等提供了重要参考。

2018 年，中国科协组织中国力学学会、中国化学会、中国心理学会、中国指挥与控制学会、中国农学会等 31 个全国学会，分别就力学、化学、心理学、指挥与控制、农学等 31 个学科或领域的学科态势、基础理论探索、重要技术创新成果、学术影响、国际合作、人才队伍建设等进行了深入研究分析，参与项目研究和报告编写的专家学者不辞辛劳，深入调研，潜心研究，广集资料，提炼精华，编写了 31 卷学科发展报告以及 1 卷综合报告。综观这些学科发展报告，既有关于学科发展前沿与趋势的概观介绍，也有关于学科近期热点的分析论述，兼顾了科研工作者和决策制定者的需要；细观这些学科发展报告，从中可以窥见：基础理论研究得到空前重视，科技热点研究成果中更多地显示了中国力量，诸多科研课题密切结合国家经济发展需求和民生需求，创新技术应用领域日渐丰富，以青年科技骨干领衔的研究团队成果更为凸显，旧的科研体制机制的藩篱开始打破，科学道德建设受到普遍重视，研究机构布局趋于平衡合理，学科建设与科研人员队伍建设同步发展等。

在《中国科协学科发展研究系列报告（2018—2019）》付梓之际，衷心地感谢参与本期研究项目的中国科协所属全国学会以及有关科研、教学单位，感谢所有参与项目研究与编写出版的同志们。同时，也真诚地希望有更多的科技工作者关注学科发展研究，为本项目持续开展、不断提升质量和充分利用成果建言献策。

中国科学技术协会

2020 年 7 月于北京

前言

PREFACE

中国环境科学学会（以下简称“学会”）于1978年经中国科学技术协会批准成立，是国内成立最早、规模最大、专门从事环境保护事业的全国性、学术性科技社团，是国家生态环境保护事业和创新体系的重要社会力量，在紧密团结和凝聚广大环境科技工作者、共同推动生态文明建设和创新型国家建设工作中发挥重要作用。自2003年以来，学会组织联合领域内的专家学者，已累计编制完成7部环境科学技术学科发展报告。

党的十八大以来，以习近平同志为核心的党中央把生态文明建设作为统筹推进“五位一体”总体布局和协调推进“四个全面”战略布局的重要内容，推动生态文明建设和生态环境保护从实践到认识发生历史性、转折性、全局性变化，形成了习近平生态文明思想。近年来，我国陆续出台了一系列促进资源节约与环境质量改善的政策和措施，科研立项与经费逐年递增，科技产业发展迅速，形成了大量科研成果，获得了丰富的实践经验。为充分及时地反映环境及资源学科的发展和变化，编者尝试编制《2018—2019环境科学技术及资源科学技术学科发展研究》，全书以一个综合报告和大气、水、土壤与地下水、固体废物处理与处置等四个专题报告的形式，从科学研究、技术研发、管理技术和工程实践等方面反映了我国2016—2019年间环境与资源学科科技的重要研究和应用进展。

科学全面认识、着力解决环境与资源领域存在的问题，需要广大科技工作者和来自不同学科背景的专家学者共同努力。因编写团队的学识和视野有限，难免存在疏漏与不妥之处，恳请广大读者批评指正，希望以本书的出版为契机，促进我国环境与资源科学技术学科持续创新发展。

中国环境科学学会

2020年4月

序 / 中国科学技术协会

前言 / 中国环境科学学会

综合报告

环境科学技术及资源科学技术学科发展研究 / 003

1. 引言 / 003

2. 近年最新研究进展 / 005

3. 国内外研究进展比较 / 024

4. 发展趋势及展望 / 033

5. 学科的人才培养及研发平台 / 042

参考文献 / 045

专题报告

大气环境学科发展研究 / 055

水环境学科发展研究 / 086

土壤与地下水学科发展研究 / 114

固体废物处理与处置学科发展研究 / 159

ABSTRACTS

Comprehensive Report

Status and Prospect of Environmental Science / 193

Reports on Special Topics

Report on the Development of Atmospheric Environment Discipline / 202

Report on the Development of Water Environment Discipline / 203

Report on the Development of Soil and Groundwater Science / 205

Report on the Development of the Discipline of Solid Waste Treatment and Disposal / 206

附录 / 208

索引 / 214

综合报告

环境科学技术及资源科学技术学科发展研究

1. 引言

近年来，我国生态环境得到了有效的保护和改善，但由于全球气候异常、土壤和水体严重污染等导致的整个生态系统失衡，大气环境、水体环境、土壤环境、固体废物处理等方面的问题接踵而至，环境问题的频发对人民生存发展带来严重威胁。2018 年以来，宏观政策调整、经济下行压力加大、资金面紧张、环保监管力度提升以及企业个体风险等因素共同作用，使行业表现落后于大盘。2019 年上半年宏观、微观层面的积极因素逐渐积累，环保行业最困难的时候已经过去，继续打好污染防治攻坚战，支撑国家重点战略成为趋势。

近几年，我国出台了一系列环保政策。2015 年 1 月，“史上最严”的环保法出台；8 月，《大气污染防治法》再次修订，挥发性有机化合物（volatile organic compounds，VOCs）纳入了监测范围；11 月，《环境保护“十三五”规划基本思路》出台；2016 年，新《环境空气质量标准》面世；2016 年 6 月，原环境保护部出台《关于积极发挥环境保护作用促进供给侧结构性改革的指导意见》，提出了总体思路和重点任务。在中央环保督察的推动下，各省相继关停排放不达标、严重污染环境的“小、散、乱、污”企业。石化、钢铁、有色、化工、煤炭、水泥等高污染高能耗行业污染治理需求将进一步释放；2017 年，政府工作报告提出“打赢蓝天保卫战”，京津冀“2+26”城市 $PM_{2.5}$ 平均浓度和重污染天数要求同比下降 15% 以上；污染治理效果与地方政府官员考核绩效挂钩，“河长制”、中央环保督察、专项整治行动等相继展开，处罚力度史无前例；2016—2017 年，中央环保督察组对全国 31 个省（自治区、直辖市）实现了全覆盖，基本摸清了全国污染防治现状。

2018—2019 年，我国环保政策密集出台，环保力度进一步加大，环保政策措施由行政手段向法律的、行政的和经济的手段延伸，第三方治理污染的积极性和主动性被充分调

动起来。环保税、排污许可证等市场化手段陆续推出，政策红利逐步显现。

2018 年 7 月 1 日，生态环境部发布《中华人民共和国固体废物污染环境防治法（修订草案）（征求意见稿）》，国家推行生活垃圾分类制度，要求地方各级人民政府采取符合本地实际的分类方式，做好分类投放、分类收集、分类运输、分类处理体系建设，实现生活垃圾减量化、资源化和无害化。2018 年 7 月，国务院发布《打赢蓝天保卫战三年行动计划》，要求到 2020 年，二氧化硫、氮氧化物排放总量均比 2015 年下降 15% 以上；$PM_{2.5}$ 未达标地级及以上城市浓度比 2015 年下降 18% 以上，地级及以上城市空气质量优良天数比率达到 80%，重度及以上污染天数比率比 2015 年下降 25% 以上；提前完成“十三五”目标的省份，要保持和巩固改善成果；尚未完成的省份，要确保全面实现“十三五”约束性目标；北京市环境空气质量改善目标应在“十三五”目标基础上进一步提高。2019 年 3 月 6 日，国家发展和改革委员会、中国人民银行等七部委联合发布《绿色产业指导目录（2019 版）》，涵盖了节能环保、清洁生产、清洁能源、生态环境、基础设施绿色升级和绿色服务 6 大类，精细化出 30 个二级分类和 211 个三级分类，是目前我国关于界定绿色产业和项目最全面详细的指引。

2019 年 6 月 3 日，习近平总书记对垃圾分类工作作出重要指示强调，推行垃圾分类，关键是要加强科学管理、形成长效机制、推动习惯养成。2019 年起，全国地级及以上城市全面启动生活垃圾分类工作，到 2020 年底 46 个重点城市将基本建成垃圾分类处理系统，2025 年底前全国地级及以上城市将基本建成垃圾分类处理系统。同年，住房和城乡建设部等 9 部门发布了《关于在全国地级及以上城市全面开展生活垃圾分类工作的通知》。

另外，作为国家战略性重点产业，全国各级政府对本省市的环保产业也高度重视，纷纷积极推动节能减排和环境治理工作。如，2019 年 3 月，江苏省推出《江苏省环境基础设施三年建设方案（2018—2020 年）》；2017 年 7 月，浙江省发布《浙江省生态文明体制改革总体方案》；2018 年 6 月，北京发布《北京市节能减排及环境保护专项资金管理办法》；2017 年 10 月，陕西省印发《陕西省“十三五”生态环境保护规划》等。

截至目前，全国几乎所有的省市，均已出台生态环境保护相关政策、资金支持或项目管理方案，为我国全面推进节能环保产业提供有力的支持。总结发现，“十三五”时期，我国的环境污染物总体上仍然处于高位排放期，环境保护与经济发展的矛盾将更加突出。“十三五”末期，主要污染物排放总量和强度的拐点可能全面到来。基于此，未来五年，环境保护基础设施的建设和环境保护产业的发展面临很大的机遇。在环境保护投资和环境保护产业方面，针对末端污染治理的设备制造和设施投资、针对前端的污染替代和化石燃料替代的相关产业、针对终端消费者的绿色产业都会有很大的机遇，但是由于企业发展不平衡、融资能力的差异以及核心技术发展缓慢，也会带来很大的风险。环境保护产业对 GDP 的增长不存在指数性爆发的可能。环境治理模式可能有更大的突破，需走风险预防、社会监督、源头管控与末端治理相结合的道路，实现从总量控制到总量与质量双重控制的发展。在监管体制的改革方面，应当注重实效和深化。

环境学科是多学科交叉的综合性学科，是对环境问题的系统研究，通过运用资源环境学、地理学、生物学、化学、物理学、医学、工程学、数学以及社会学、经济学、法学等多种学科知识，研究人类生存的环境质量及其保护与改善方案，为维护环境质量、制定各种环境质量标准，污染物排放标准提供科学依据，也为国家制定环境规划、环境政策以及环境与资源保护立法提供依据。

针对当时最受关注的大气环境污染问题，中国环境科学学会曾编制《2014—2015 年环境科学技术学科发展报告（大气环境）》，对大气环境学科的新观点、新理论以及新方法、新技术、新成果等发展状况进行了回顾、总结和评价。2018 年 1 月，中国科协完成《中国科协学科发展研究系列报告（2016—2017）》的编制，该报告中包括了资源科学、水土保持与荒漠化防治学、煤矿土地复垦与生态修复学科等和生态环境及资源学科相关的专题报告。近几年，未有较为系统全面的环境学科发展报告。因此，“2018—2019 年度学科发展研究项目”专门立项了《环境科学技术及资源科学技术学科发展研究》专题。通过分析 2014—2017 年中国科协学科发展报告，编写组经过多次专题研讨和交流，确定了本报告以生态环境保护为主线，结合近年来资源与环境领域的热点问题，从学科最新研究进展、学科国内外研究进展比较和学科发展趋势及展望三方面，以大气环境、水环境、土壤与地下水环境、固体废物处理与处置等四个领域为代表，系统分析本学科近年的研究成果、学科发展的不足，并结合目前的科技成果及研究平台发展状况等，分析了未来的学科发展趋势。

2. 近年最新研究进展

2.1 大气环境学科

2.1.1 大气污染的来源成因和传输规律

2017 年 7 月，大气重污染成因与治理攻关项目启动后，“2+26”城市大气污染源排放清单研究课题组基于大量实地调研、测试和城市清单编制实践，研究建立了结合网络化管理、基于区县和乡镇调研的城市大气污染源排放清单编制技术，在“2+26”城市进一步完善了 2016 年排放清单[1]，编制了 2017 年和 2018 年大气污染源排放清单，并把大气重污染成因与治理攻关项目形成的排放清单编制技术推广到汾渭平原 11 个城市。该时期我国大气污染源排放清单研究得到了迅速发展，我国科研工作者开展了城市、区域和全国尺度的不同污染物排放清单研究，污染源类延伸到航空、船舶、农业机械等，研究手段采用了卫片解译、隧道测试等，清单的时空分辨率得到进一步提升[2-14]。

2017 年，贺克斌院士主编了《城市大气污染物排放清单编制技术手册》，2018 年进行了更新[15]。该手册基于国内大气污染源排放清单研究成果和编制工作经验编写完成，将大气污染源分为化石燃料固定燃烧源、工艺过程源、移动源、溶剂使用源、农业源、扬尘源、生物质燃烧源、储存运输、废弃物处理源和其他排放源等 10 类，并编制了四级污染源分类的编码，涉及部门 / 行业、燃料 / 产品、燃烧 / 工艺技术和末端控制技术，为城市大气污染源排放清单的编制提供了重要技术支撑[16]。中国环境科学研究院编写了《“2+26”城市大气污染防治跟踪研究工作手册》，该手册对排放清单团队组建、活动水平数据调查和收集、排放量核算、排放清单数据和方法一致性审核、清单数据库和清单报告等进行了详细的规定，具有很强的操作性[17]。此外，我国研究者针对颗粒物、VOCs 等多种污染物应用 CMB、PMF 和 ME-2 等多种源解析方式进行了大量研究，高水平 SCI 论文发表数量快速增加。

为了进一步研究京津冀地区大气污染特征，厘清输送通道的影响，中国科学院及国内科研院所在京津冀地区多次开展了大气环境立体探测技术研究。2017 年 9 月实施的“大气重污染成因与治理攻关项目”更是建立了迄今为止我国京津冀地区最完备的天地空一体化立体综合观测网。16 个地基立体观测站点充分利用区域或典型城市大气中污染物总量的综合观测技术和方法，重点关注太行山输送通道、燕山输送通道、东南部和南部输送通道的空间输送状况，获取了静稳天气下的污染物总量数据、对流天气下的污染物通量数据以及污染物积累过程的观测数据。通过大量的观测和数值模拟等研究，基本弄清了京津冀及周边地区大气污染的成因和污染传输路径，达成了科学共识[18]。

2.1.2 大气污染的健康效应

2.1.2.1 大气污染暴露评价

空气污染存在较强的时空变异性，因而不同的地点、室内外、不同季节的污染水平存在差异。土地利用回归模型和卫星遥感等国外先进暴露评价技术已逐步引入国内，尽管相关研究仍处于初步探索阶段，但为我国科研工作者实现高时空分辨率的大气污染模拟提供了新的发展方向[19]。上述先进的暴露评价手段已逐步应用于我国的大气污染流行病学研究工作中。

2.1.2.2 大气污染毒理学

我国科学工作者开展了大量的体外实验和体内实验，观察大气污染物染毒后对机体及组织的损害作用。在呼吸系统方面，国内学者研究发现了 $PM_{2.5}$ 与几个相关炎症因子的关系，揭示了 $PM_{2.5}$ 造成肺部炎性反应的分子机制和免疫反应机制，并进一步评估了 $PM_{2.5}$ 和臭氧在引起肺部损伤效应中的联合作用[20]；同时，研究评估了沙尘天气（沙尘暴）中 $PM_{2.5}$ 对人体和哺乳动物的肺细胞毒作用[21]。在心血管系统方面，国内学者发现气颗粒物可引起大鼠心脏组织和心肌细胞的损伤，抑制心肌细胞间缝隙连接通讯，引起自主神经系统功能紊乱、氧化应激和炎症反应、血管内皮结构与功能的改变[22]。在致癌性方面，国内学者发现 PM 及其成分具有遗传毒性和促细胞增殖效应，其中涉及 DNA 修复系统和细胞凋亡系统活性的抑制[23]。大气污染为心血管疾病的危险因素之一，$PM_{2.5}$ 与心血管疾病关联密切，会增加心血管疾病患者的病死率。已有实验证明，$PM_{2.5}$可通过氧化应激、炎症反应、血管内皮细胞损伤、凝血功能障碍、心肌细胞缺血缺氧等机制直接或间接作用于心血管系统。暴露于$PM_{2.5}$中是诱发心血管疾病死亡的主要关联因素。

2.1.2.3 大气污染流行病学

从研究方法来看，近年来以时间序列和病例交叉研究为代表的“新型”生态学研究在我国得到了蓬勃开展，尤其是大规模多中心研究的开展，基本上回答了空气污染短期暴露与居民日死亡率的暴露反应关系曲线问题；固定群组追踪研究（又称Panel研究或定群研究）在我国逐渐兴起，在个体水平分析了大气污染短期暴露与一系列临床/亚临床/病理生理指标的关联，为阐明我国大气污染对人体的致病机制提供了直接的科学证据[24]；首次出现了几项大气污染的回顾性队列研究，初步证实了大气污染长期暴露与居民死亡率的显著性关联[25]；几项干预研究显示，政府主导的空气质量改善以及口罩和空气净化器等个体防护措施可使一系列心肺系统临床和亚临床指标得到改善，产生潜在的健康收益[26]。

2.1.3 大气环境监测技术

2.1.3.1 常规环境监测技术

在气态污染物在线监测技术方面，建立了差分吸收光谱法SO_2、NO_2等气体在线监测标准[27]，完善了标定技术体系。在颗粒物在线监测技术方面，国内主流的β射线方法经过不断完善和改进，在仪器性能指标和日常操作维护易用性方面已经达到较高水平，建立了较为先进的网络化质控技术体系。在污染源在线监测领域，国内通过不断进行技术升级，在提高现有污染源监测仪器性能的同时，推动了现有技术向超低排放领域应用发展。针对垃圾焚烧烟气组分复杂、高腐蚀的特点，采用傅立叶红外光谱技术为主的多组分在线测量技术；对于以机动车为代表的流动污染源发展了以非分散红外技术为代表的机动车尾气遥测技术。在大气氧化性（NO_3、OH自由基等）监测领域[28, 29]，完成了大气NO_3自由基现场监测技术系统研制，并进行了夜间化学过程研究[30]。研发成功单颗粒气溶胶飞行时间质谱仪[31]、大气颗粒物激光雷达，并在京津冀综合观测实验等场合得到应用[32]。

2.1.3.2 大气环境遥感监测技术

在地基遥感方面，地基激光雷达作为一种主动式地基遥感设备，通过硬件设备和算法的不断改进，提高了气溶胶成分的探测精度、进一步降低了探测盲区，并在沙尘暴、灰霾探测中得到了应用。发展了多轴差分吸收光谱仪，实现了SO_2、NO_2等气体柱浓度的在线监测[33]，并开始大规模推广应用。在车载遥感方面，研究了使用车载走航SOF-FTIR观测VOCs、车载多轴DOAS观测SO_2/NO_2通量、车载激光雷达观测颗粒物通量和总量，结合空气质量监测系统，用于获取移动式监测环境空气质量及多种气象参数。如重点城市的观测路线应能围绕该区域的代表性区域，且能路线闭合；大范围观测路线应选择经过重点城市的高速公路网，且路线应尽可能沿输送路径、能覆盖整个污染气团剖面，观测路线应尽量避开道路上方有遮挡物（如隧道、树荫）的路线。在机载遥感方面，研发的机载激光雷达、机载差分吸收光谱仪和机载多角度偏振辐射计，已在天津、唐山地区进行了飞行试验，在获取大气气溶胶、云物理特性、大气成分、污染气体、颗粒物等大气成分有效信息的同时，相互补充并共同描述了大气环境实时状况。在星载遥感监测方面，国内已研发了大气痕量气体差分吸收光谱仪、大气主要温室气体监测仪以及大气气溶胶多角度偏振探测仪，可望实现航空平台上对污染气体（SO_2、NO_2 等）、温室气体（CO_2、CO 等）以及气溶胶颗粒物分布的遥感监测[34]。

2.1.3.3　大气立体监测技术

大气立体监测技术以光与环境物质的相互作用为物理机制，将低层大气环境任意测程上的化学和物理性质的测量手段从点式传感器转向时间、空间、距离分辨的遥测，通过建立污染物的光谱特征数据库，研发污染物的光谱定量解析算法，再结合光机电算工程化技术，形成以差分光学吸收光谱学（DOAS）技术、激光雷达（LIDAR）技术、傅立叶光谱学（FTIR）技术以及激光击穿光谱学（LIBS）技术等为主体的环境监测体系，从而实现多空间尺度性、多时间尺度性、多参数遥测。这从根本上改变传统的大气研究由点到线再到面的演绎法，为大气环境研究提供了一个全新的研究角度，克服了传统大气环境监测中的诸多局限性。

2.1.4　重点污染源大气污染治理技术

2.1.4.1　工业源大气污染治理技术

（1）颗粒物治理技术方面。随着《火电厂大气污染物排放标准》（GB 13223—2011）和《煤电节能减排升级与改造行动计划（2014—2020 年）》（发改能源〔2014〕2093 号）的发布执行，我国除尘器行业在技术创新方面成效显著，一系列新技术在实践应用中取得了良好的业绩。除湿式电除尘外，低温电除尘、高频电源供电电除尘、超净电袋复合除尘、袋式除尘等技术也得到快速发展和广泛应用，另外旋转电极电除尘、粉尘凝聚技术、烟气调质、隔离振打、分区断电振打、脉冲电源、三相电源供电等一批新型电除尘技术也已在一些电厂中得到应用。

（2）脱硫脱硝。主要 SO_2 控制技术包括：①石灰石—石膏湿法脱硫，主要包括了单/双塔双循环脱硫和单塔双区脱硫。②干法/半干法，其中典型的烟气循环流化床脱硫技术是以循环流化床原理为反应基础的烟气脱硫除尘一体化技术。③氨法脱硫，该方法是资源回收型环保工艺。针对超低排放，主要是通过增加喷淋层以提高液气比、加装塔盘强化气流均布传质等措施进行了一定的改进。④活性焦/炭吸附法，该方法脱硫效率高，脱硫过程不用水，无废水、废渣等二次污染问题。主要 NO_x 控制技术。当前，火电厂 NO_x 控制技术主要有两类：第一类是控制燃烧过程中 NO_x 的生成，即低氮燃烧技术。第二类是对生成的 NO_x 进行处理，即烟气脱硝技术。烟气脱硝技术主要有 SCR、SNCR 和 SNCR/SCR 联合脱硝技术等。

（3）挥发性有机物（VOCs）治理技术方面。在源头控制方面，泄漏检测与修复技术、密闭收集技术、原料替代等在工业源 VOCs 治理方面得到了推广。在末端治理方面，吸附技术、冷凝技术等常用回收技术的发展推动了高浓度 VOCs 的回收和资源化利用；催化燃烧技术历来是研究热点，通过催化剂制备方法的调变和金属元素掺杂改性，提升了催化剂的低温区间的反应活性、稳定性及抗中毒能力，开发了高效抗硫/氯中毒、宽温度窗口的系列催化剂配方，为高湿度、复杂成分、含硫/氯有机废气的工业化处理提供了技术支撑；蓄热燃烧技术在高性能蓄热材料研发及燃烧室结构优化方面得到发展，实现了 VOCs 高效高热回收效率处理；生物技术在菌种的驯化、填料改性等研究方面取得一定进展，已在制药、化工、纺织等行业实现工程应用。

2.1.4.2　移动源大气污染治理技术

（1）清洁燃料与替代技术方面。主要通过燃油添加剂改善燃油品质，实验开发了葡萄糖水溶液乳化柴油、2，5-二甲基呋喃（DMF）/柴油混合燃料等多种新型替代燃料，在降低油耗的基础上减少了机动车大气污染物排放。船用清洁燃料应用研究实现突破，成果可在远洋船舶、内河与近海客船、货船等应用；成功研制了岸电供电装置，岸电系统带载运行稳定，满足船岸连接的要求，可有效降低靠港船舶的污染物排放。

（2）机内处理技术方面。主要通过精确控制发动机工作过程、优化缸内燃烧过程来降低内燃机 NO_x、PM 等污染物的排放。缸内直喷技术（GDI）得到了长足发展，实现了缸内直喷快速、高效和低排放的启动；实现了 GDI 汽油机分层控制及高 EGR 稀释的高效清洁燃烧方式；结合直喷式和涡流室式柴油机的优点，优化加速混合气形成，为降低柴油机 NO_x 和 PM 排放提供了新的途径。柴油机燃油喷射雾化以及缸内机械过程优化取得一定进展，优化了柴油机的燃烧以及排放性能。废气再循环技术（EGR）得到进一步深入研究，确定了满足 EGR 分区条件下燃烧边界参数阈值范围，提出了燃烧效率与有害排放协同优化准则控制下的扩展燃烧模式使用工况范围；揭示了不同大气压力下、不同 EGR 率（EGR 率被定义为再循环的废气量与吸入汽缸的进气总量之比）的生物柴油—乙醇—柴油（BED）燃料在高压共轨柴油机燃烧的变化规律，为柴油机在高原实现高效低污染的燃烧提供了理论依据。

（3）排放后处理技术方面。随着移动源相关法律的颁布实施以及环保标准的日益严格，我国移动源排放后处理技术得到进一步发展，主要包括颗粒物过滤技术（DPF）、选择性催化还原技术（SCR）、稀燃氮捕集技术（LNT）、船用中速机和低速机低压 LP-SCR 系统、船舶废气洗涤脱硫系统以及多污染物协同脱除技术等；目前，我国已在 DPF 再生技术、催化剂配方设计、热稳定性及抗中毒性能、催化剂涂覆工艺、催化载体及吸附材料研发、多场耦合技术等方面取得重大突破。

2.1.4.3　面源及室内空气污染净化技术

（1）面源大气污染控制技术方面。目前，我国主要在煤改气及天然气锅炉低氮燃烧、生物质炉灶利用、餐饮业油烟分解、路面扬尘净化、农畜业氨排放控制等面源污染物控制等方面取得了一定进展。推进煤改气及低氮燃烧技术在治理原煤散烧过程中得到了应用，并进一步研究开发了配套低氮燃烧器的燃气锅炉；生物质炉灶在新型炉具市场呈增长趋势，采用二次进风半气化燃烧方式，研究设计了热效率较高的生物炉灶；催化臭氧氧化、介质阻挡放电等技术在餐饮业油烟净化中得到应用，可同时抑制了二次污染的产生；开展了炉灶节能燃烧与油烟减排协同系统研制，完成了新型高效商用中餐炉灶的技术开发；开展了智能升降导烟环吸、宽屏低吸油烟高效捕集技术、后置静电分离与前端机械过滤组合净化技术在家用油烟机的应用研究；纳膜抑尘技术、气雾抑尘技术、新型高效道路环保抑尘剂、土壤扬尘生态覆盖卷等已开始应用于扬尘治理；通过低氮饲料喂养、饲养房改造，及构建农畜业污染物减排控制技术体系，有望解决我国农畜业的氨排放问题。

（2）室内空气污染物净化技术方面。近年来我国在室内空气中的挥发性有机污染物（VOCs）、超细颗粒物以及有毒有害微生物防治方面取得了显著进展。低温下催化分解甲醛、苯等挥发性有机污染物的治理研究得到了迅速的发展；典型循环“存储—放电”等离子体可实现室温条件下所有湿度范围内甲醛和苯系物的完全氧化。研究开发了高效空气过滤器和静电驻极体过滤器等除尘设备，可有效去除室内空气中的超细颗粒物。研究开发的新型高中效空气过滤、高强度风管紫外线辐照和室内空气动态离子杀菌组合空气卫生工程技术等有害微生物净化新方法，均显示出优良的空气除菌效果。

2.1.5 区域大气污染联防联控

联防联控是有效的公共治理手段，在很多领域都有应用，从环境治理、生态保护到公共卫生、疾病防控，再到安全管理等，都发挥着十分重要的作用。京津冀地区大气污染联防联控目标逐渐严格，进入稳定巩固阶段，并且逐渐将空气质量管理目标由年时间尺度转向日时间尺度，要求重污染天气的减少整体走向精细化的日尺度空气质量管理模式。此外，通过制定适用于京津冀及周边地区的大气污染综合观测技术规范，建立了区域大气污染综合立体观测网，开展了近地面及大气边界层气象和大气化学过程的同步观测，构建了监测数据综合分析及共享应用平台，实现了大气环境多源数据综合管理业务化，为大气重污染成因研究提供精准数据集，提升了京津冀秋冬季重污染成因机制研究和精细化源解析的能力，推动了京津冀及周边地区空气质量的持续改善。

2.2 水环境学科

“十一五”以来，大力推进污染减排，水环境保护取得积极成效。但是，我国水污染严重的状况仍未得到根本性遏制，区域性、复合型、压缩型水污染日益凸显，已经成为影响我国水安全的最突出因素，防治形势十分严峻。近年来，随着国家对环境保护重视程度的不断提高，“十三五”规划、“河长制”和“湖长制”等一系列支持性政策的出台给水方面的科技需求带来广阔的空间。

2015年4月国务院印发《水污染防治行动计划》（以下简称“水十条”）对2020年和2030年我国地表水水质指标提出了非常明确具体的要求。其主要指标是：到2020年，长江、黄河、珠江、松花江、淮河、海河、辽河七大重点流域水质优良（达到或优于Ⅲ类）比例总体达到70%以上，地级及以上城市建成区黑臭水体均控制在10%以内，地级及以上城市集中式饮用水水源水质达到或优于Ⅲ类比例总体高于93%，全国地下水质量极差的比例控制在15%左右，近岸海域水质优良（一、二类）比例达到70%左右。京津冀区域丧失使用功能（劣于Ⅴ类）的水体断面比例下降15个百分点左右，长三角、珠三角区域力争消除丧失使用功能的水体。到2030年，全国七大重点流域水质优良比例总体达到75%以上，城市建成区黑臭水体总体得到消除，城市集中式饮用水水源水质达到或优于Ⅲ类比例总体为95%左右。按照“节水优先、空间均衡、系统治理、两手发力”的原则，为确保实现上述目标，“水十条”提出了10条35款，共238项具体措施。但是，目前地表水指标与2020年和2030年工作目标还有一定差距。结合国家在水方面的科技需求，近年来我国在重点流域和区域水质持续改善、水环境管理、水污染治理、饮用水安全保障技术体系构建以及典型流域验证示范及推广应用等相关方面开展了如下工作。

2.2.1 水质监测与预测预警技术体系

近年来，在重要流域监测预警方面，我国在环境模型设计、智能云平台搭建、硬件装备研发等方面均取得突破。以保障环境生态和饮用水水源地水质安全为目标，基于物联网架构，综合采用多种水质监测技术和水质模拟和评估方法，建立了集水体“水质监测—预测—评估—综合决策”于一体的环境信息系统工程。研发了多载体水质监测传感器，集成了固定监测台站、浮标、智能监测车（船）、水下仿生机器人、卫星遥感等多目标、多尺度的水质智能感知节点，研发了适合于水源区的自适应组网技术，建立了立体水质监测传感网络。动态数据采集模块是整个系统构建的关键，系统通过多种监测方式，为重要水体和饮用水水源地监测预警提供数据基础。依据预警模型评估的结果为综合调控管理目标的确定提供依据，从而指导处理处置方法，并最终基于技术评估结果生成综合调控方案。

2.2.2 饮用水健康风险控制

从建立应急反应机制到应急备用水源的建设，我国研究人员系统研究了饮用水风险管控技术的发展方向，利用全面的风险管控体系评估模型计算风险值，从而实现对承担风险所带来的收益、减缓风险所消耗的成本进行科学比较。

将水质标准和关键毒性指标作为同等重要的判据，在技术选择、工艺设计和过程调控时，以毒性水平作为决定性的关注因素和工艺各环节安全性的核心评价指标。与此同时，输配水过程的毒性水平也被纳入供水安全的控制目标，以此推动饮用水处理技术创新和工艺改革以风险控制为核心目的。我国研究者从饮用水中新型消毒副产物含氮消毒副产物（N-DBPs）和碘代消毒副产物（I-DBPs）的生成机制出发，提出了饮用水健康风险控制策略。

研发厂外净化与厂内处理耦合的简捷工艺，强化厂外设施的水质净化功能。其中，将原水输送管道作为反应器有针对性地去除目标污染物，消毒副产物前驱体去除、消毒副产物与耗氧有机物同时达标、高藻 / 有机微污染水协同处理等。

2.2.3 农村生活污水

我国农村地区面积广阔，不同区域农村用水习惯不同，污水排放规律及水质有差异。因此，农村污水的治理必须根据当地实际情况，因地制宜。针对中国北方、西部地区冬季低温条件下微生物处理效率低下的问题，利用成熟的微生物鉴定、培养、挂菌技术，开展寒部地区冬季对水质净化具有很好贡献的低温功能菌的研究工作，通过低温功能菌的培养、模拟挂菌及野外冬季净化能力的实验，确定提升冬季污水处理设施的净化能力，同时在夏季开展具有水质净化能力、观赏性强及经济价值高的水生植物的遴选，确定对农村生活污水具有很好净化能力、适应本地区环境特点、具有较高经济价值的物种。

在东部发达地区，我国研究人员根据农村的快速城市化进程，将农村地区分为人口集聚区、空心化区域和相对稳定区，进行分类调研，并构建涵盖规划设计、建设、管理运营和废弃的全生命周期成本分析框架；研究城镇管网向农村地区延伸的有效性边界，分散处理方案的合理规模的选择，权宜性分散处理方案的适用范围；研究处理方案的当前有效性和未来有效性问题。在此基础上，以社会成本最小化为导向，明确各级政府、村集体和村民等相关主体的责任分担机制以及促进农村生活污水处理能力建设和可持续发展的制度创新空间。

2.2.4 工业和城市污水毒害污染物综合控制

城市污水再生与循环利用过程中，污染物的去除与转化、化学物质能源化以及再生水循环过程的生态风险控制，是近年来受到广泛关注的关键问题。其中，提高城市污水处理厂中有毒微污染物的去除效率，保证出水的生态安全性是城市污水处理研究的一个热点。

针对城市工业、景观生态等再生水利用需求，基于“产品”与“生态服务”一体化的研发思路，以建立“绿色 + 灰色”的耦合城市污水处理、多目标回用技术系统为总目标，开展城镇污水低碳、安全、资源化利用及风险评估技术研究。形成加强型生态修复与恢复技术体系，研发新型节能污水生物处理及污泥安全处理处置技术、再生水中微量有机物削减技术与装备等，针对城市污水处理厂排水在回用过程中，常规物化深度处理工艺存在的建设及运行费用较高、对水中残留的污染物质去除能力不足等问题，开发复合介体吸附强化混凝处理技术及其耦合处理技术，建立复合介体（磁、沸石、粉末炭等）吸附强化混凝过滤和负荷介体高效沉淀耦合膜过滤、高效低耗强化氧化 / 吸附—膜分离成套污水再生利用技术集成与优化等研发。

对于新兴化学污染物等有毒有害污染物，其处理技术主要包括活性炭吸附、臭氧氧化和膜技术等。臭氧氧化能快速与含有不饱和键的化合物反应，形成醛、酮、羧酸等反应产物；同时臭氧灭活微生物能力强，经过投加适量的 O_3 处理后，水中的病原微生物能被有效灭活。膜技术由于具有高效性、安全性和稳定性等特点，备受关注。膜分离主要分低压膜（微滤和超滤）和高压膜（纳滤和反渗透膜）。高压膜对再生水中微量有机污染物如内分泌干扰物的截留主要利用筛分机理，低压膜则主要是通过膜的吸附去除作用来实现。

2.2.5 水环境规划与管理

我国水环境工作者在综合分析京津冀区域水资源调控及水环境安全现状与挑战的基础上，提出区域水资源及水环境调控与安全保障策略：通过技术途径打造山水林田湖海水生态格局，构建水健康循环与高效利用模式，发展与水生态承载力相适应的生产生活方式，提升水环境质量与保障区域水生态健康，建立区域水环境质量协同管理体系，加强京津冀产业协同调配与污染减量化以及推进"半城市化"与农村污染治理。相关研究可为京津冀区域生态环境综合治理与国家生态文明建设提供决策支撑。

长江经济带经济社会发展取得举世瞩目的成就，但城镇化和工业化的高速增长也带来了巨大的生态环境压力，湖泊湿地生态功能退化、江湖关系紧张、环境污染加剧、资源约束趋紧已成为阻碍长江经济带高质量发展的重要因素。2016 年来，生态修复和环境保护成为现阶段长江经济带高质量发展的首要任务，包括如何立足现状制定适宜的环境目标及管理政策，确保一江清水。

2.3 土壤环境与地下水学科

土壤和地下水是人类赖以生存的重要资源，也是构成环境的重要元素，对社会经济的可持续发展起着重要作用。我国各地都出现了不同程度的土壤和地下水污染问题，给人体健康和社会经济可持续发展带来了不利影响。因此，有效协调土壤和地下水污染防治工作的必要性不言而喻。

2017 年 10 月 14 日，由国土资源部联合水利部等单位历时数年共同修订的《地下水质量标准》（GB/T 14848—2017）正式颁布，并于 2018 年 5 月 1 日起开始实施。2018 年 6 月 22 日，生态环境部发布了两项新的土壤环境标准［《土壤环境质量——农用地土壤污染风险管控标准（试行）》（GB 15618—2018）和《土壤环境质量——建设用地土壤污染风险管控标准（试行）》（GB 3600—2018）］，并于 2018 年 8 月 1 日起正式实施。2018 年 3 月 13 日，国务院机构改革方案中提出将监督预防地下水污染职责划入新组建的生态环境部。同年 8 月 31 日，第十三届全国人大常委会第五次会议全票通过了《中华人民共和国土壤污染防治法》，并于 2019 年 1 月 1 日起施行。2018 年 9 月 28 日，生态环境部"三定"规定细化方案印发，成立土壤生态环境司，内设地下水生态环境处，承担地下水污染防治和生态保护监督管理工作。一系列机构调整、法律建设、标准制修订工作表明了我国政府对土壤和地下水污染防治与管理监控的重视程度，也显示出我国正逐步建立起国家层面土壤与地下水污染协同防治与管理的新格局。

在土壤污染防治领域，还开展了农村土壤环境管理与土壤污染风险管控、典型工业污染场地土壤污染风险评估和修复、矿区和油田区土壤污染控制与生态修复、土壤环境保护法律法规和标准制定等研究，探索了设施农业土壤环境质量变化与风险控制关键技术，突破了有机物及重金属污染土壤的关键修复技术。农用地、工业场地土壤环境调查、风险评估和修复等研究成果，为我国《污染场地风险评估技术导则》（HJ 25.3—2014）等标准出台以及《土壤环境质量标准》的修订提供了技术基础。地下水方面，开展了全国地下水污染综合调查评价、华北平原典型地区地下水污染防控以及简易垃圾填埋场、废弃矿井等对地下水污染风险评价和管理等研究。

目前，土壤环境和地下水学科仍然存在许多问题。虽然开始重视地下水污染问题，但与我国的实际需求尚有距离。对新型和复杂环境问题的成因、机理和机制研究不足；环保科研整体统筹欠缺，顶层设计不足，缺乏有效的沟通协调机制；国家环境保护重点实验室和工程技术中心布局尚不完善，影响了环保科技整体创新能力等。为强化土壤环境与地下水学科建设，促进经济与自然资源可持续发展，今后的研究内容主要基于四个方面：一是强化土壤环境与地下水基础理论研究，重视土壤污染成因与控制修复机理，加强土壤环境与地下水污染途径和污染物迁移、归趋的研究，关注土壤环境基准的研究和标准的制修订；二是强化土壤环境与地下水保护与修复关键技术的创新研发，包括污染预警与监测技术、风险管控与清洁技术、治理与修复技术等；三是创新土壤环境和地下水管理决策支持体系和制度、法规和政策体系，建立国家联网统筹机制；四是开展创新平台建设，包括国家重点实验室能力建设、国家工程技术中心建设、国家科学观测研究站建设和科研数据共享平台建设。我国土壤环境、地下水学科走过了一段不平凡的历程，特别是2013年以来，受宏观政策的驱动，行业发生了复杂而深刻的变化。目前，学科建设正处在夯实基础、提升核心竞争力的关键时期。随着国家和大众关注度的逐渐提高，环保意识的逐渐加强，科研精力的不断投入，土壤环境与地下水学科的建设会越来越完善。

近几年，我国在土壤环境和地下水污染治理方面做出了诸多努力，具体成果如下五个方面。

2.3.1 土壤环境与地下水学科方法

2.3.1.1 污染监测点位布设方法

在土壤环境监测方面，基于传统的污染监测点位布设方法，结合了地统计条件模拟、遥感影像、污染概率分析等技术，在污染监测点位选取及优化布设方面取得了一定进展。提出了土壤污染详查样点优化方法，在初步调查的基础上，首先利用地统计条件模拟方法预测土壤污染概率，基于污染概率和土壤污染物含量局部空间变异确定加密布点的优先区域，并根据污染物含量的空间变化趋势布设样点，根据优化后的土壤污染调查布点方案估计污染区面积和空间位置[35]；采用分类型专项监测的方法，探讨土壤点位监测结果，用于大区域土壤环境质量的初步调查研究。也有研究将高分辨率遥感影像应用在土壤环境质量监测点位布设中[36]。

在地下水方面，有学者以监测井数量最小、区域污染监测有效性最大、监测到的区域脆弱性分值最大为目标，提出了基于脆弱性评价的地下水污染监测网多目标优化模型；此外，针对非均质地下含水层污染源识别及含水层参数反演过程中监测方案优化问题，有研究提出了一种基于贝叶斯公式及信息熵最小的累进加井的多井监测方案优化方法。

2.3.1.2　风险与损害鉴定评估方法

在土壤风险评估方面，基于 2014 年环保部颁布的技术导则（HJ 25.3—2014）中选用 J&E 模型作为土壤及地下水中污染物扩散进入室内空气中的计算模型，近年来国内研究人员开始研究 J&E 模型关键性输入参数的修正方法[37]。此外，污染土壤生态风险评估方法也有所发展。土壤污染物常用的生态风险评价方法主要包括地质累积指数法和潜在生态风险指数法。目前，结合数据库建立、环数分析、异构体比值分析、聚类分析、国外分级标准评价法等方法，以重金属污染土壤的生态风险评估研究居多。

在地下水风险评估方面，提出能够描述评价指标在分类等级间转换态势的联系可拓云模型；建立地下水污染质运移数值模拟模型的克里格替代模型；利用 GIS 平台进行构图表征，对相加法、矩阵法和计算法三种地下水污染风险的叠加方法进行对比，得出了最优地下水污染风险方法；运用克里格方法建立多相流模拟模型的替代模型，完成蒙特卡洛随机模拟，进行地下水污染风险评价；提出了基于系统健康风险目标的建模方法，构建污染物泄漏—迁移—降解的解析模型；通过铁矿周边地下水金属元素的测定分析，运用多元统计方法和健康风险评价模型研究地下水金属元素的分布特征及其引起的健康风险。

2.3.1.3　土壤与地下水污染模拟方法

近年来，土壤水盐运移主要采用 HYDRUS 一维、二维和三维进行模拟[38]；地下水污染模拟研究主要集中在模拟地下水溶质组分的运移规律，地下水运移过程中所发生的溶解、沉淀、吸附、解吸、氧化还原、生物降解反应，地下水农业与城市面源污染模拟预测等。

2.3.1.4　污染监控预警方法

土壤环境方面，目前土壤污染监测预警体系正在引入先进的技术，高科技设备仪器，利用网络资源与各类监测手段，构建自动监测及数据系统。构建适合我国的土壤环境风险评估和预警机制，其主要的实施途径为：逐步形成“基础调查—质量监测—风险评估—预测预警”体系[39]。

地下水方面，目前的研究主要集中在地下水污染监控方法、预警体系构建及指标确定方面。地下水污染监控方法，按照地下水“风险源—污染途径—受体”的污染过程，包括渗漏监控技术方法和水质监测技术方法，目前以地下水水质监测技术方法研究为主。

2.3.2 土壤环境与地下水污染检测技术

2.3.2.1 土壤污染检测技术

主要包括土壤重金属检测技术、有机污染检测技术、土壤污染的快速检测技术等，总体上进展缓慢。土壤重金属检测技术主要包括原子荧光光谱法（AFS）、质谱技术、荧光分析法等，近几年还发展了电感耦合等离子体质谱法、波长色散 X 射线荧光光谱法、生物传感器法、电化学分析法、酶抑制检测技术、太赫兹光谱检测技术等[40]。在有机污染检测技术方面，发展了 TG 土壤热分析法、DB-5MS 色谱法、离子监测质谱法、加速溶剂萃取（ASE）与气相色谱串联质谱检测技术等[41]。土壤污染的快速检测技术发展了激光诱导击穿光谱法、X 射线荧光光谱法、酶抑制法、免疫分析法、生物传感器等新的分析方法来检测土壤重金属污染物[42]。

2.3.2.2 地下水污染检测技术

主要包括地下水重金属污染检测技术、地下水有机污染检测技术、物探方法。地下水重金属污染检测技术主要包括：原子吸收光谱法和极谱法。地下水有机物检测技术主要包括：气相色谱法和三维荧光光谱法。物探方法：在层状模型的基础上建立了不同的污染模型；采用地面高密度电阻率法，并以地质雷达对高密度电阻率法进行补充和验证，揭示出地下水受污染区内岩溶发育情况；采用瞬变电磁法对垃圾填埋场地下水污染进行检测，判断垃圾填埋场的填埋深度、范围以及污染边界等。

2.3.3 土壤环境与地下水污染风险管控技术

2.3.3.1 土壤污染风险管控技术

2016 年 11 月发布的《污染地块土壤环境管理办法（征求意见稿）》提出“污染地块风险管控制度”，从制度层面上规定了风险管控的主要内容、相关管理措施等。常见的工程控制技术包括围挡、表面覆盖系统、垂直阻隔技术、底部阻隔技术、水力控制、气体暴露控制等。

2.3.3.2 地下水污染风险管控技术

地下水污染的管控方法主要有：①确定污染性质和程度；②人类健康和环境风险评价；③评估风险管理和修复办法；④与利益相关者达成协议；⑤实施修复行动；⑥运行、监控和维护。在对地下水污染扩散的控制中，地下阻截墙法是经济有效的方法。

2.3.4 土壤与地下水污染修复技术

2.3.4.1 土壤污染修复技术

土壤污染修复技术主要有土壤物理化学修复技术、土壤生物修复技术、联合修复技术等。土壤物理化学修复技术主要有土壤气相抽提技术、土壤热修复技术、固定稳定化技术、化学淋洗技术和其他物理化学技术。土壤生物修复技术方面，目前研发工作包括：一是体现在筛选和驯化特异性高效降解微生物菌株；二是强化功能微生物性能及关键影响因子的调控[43]，植物修复主要开展了重金属污染土壤的强化修复机制研究，将各种修复技术结合使用是科学研究和修复技术应用的热点。联合修复技术有化学—生物联合修复技术、植物—生物联合修复技术、动物—植物联合修复技术等。

2.3.4.2 地下水污染修复技术

污染地下水修复技术包括异位修复和原位修复两种。主要包括化学氧化还原技术、地下水空气扰动修复技术、可渗透反应墙修复技术（PRB）、生物修复技术、监测自然衰减（MNA）技术和其他地下水污染修复技术。

2.3.5 土壤环境与地下水管理

2.3.5.1 土壤环境管理

2016年5月国务院发布《土壤污染防治行动计划》（以下简称“土十条”）。2016年12月27日，环保部、财政部、国土资源部、农业部、卫生和计划生育委员会联合发布了《全国土壤污染状况详查总体方案》，于2019年6月，完成了国家及各省（自治区、直辖市）农用地详查质量保证与质量控制工作全面总结。2017年2月，国土资源部、国家发展和改革委员会印发《全国土地整治规划（2016—2020年）》（国土资发〔2017〕2号），提出了“十三五”时期土地整治的目标任务。2017年9月21日，国务院办公厅印发了《第二次全国污染源普查方案》，方案明确第二次全国污染源普查工作的普查目的、普查原则、普查对象、普查范围及普查时间安排等相关问题。2017年12月14日为贯彻落实《土壤污染防治行动计划》，生态环境部制定了《建设用地土壤环境调查评估技术指南》。2017年12月，全国人大二次会议审议了《中华人民共和国土壤污染防治法（草案）》。2018年8月1日起，《土壤环境质量　农用地土壤污染风险管控标准（试行）》（GB 15618—2018）、《土壤环境质量　建设用地土壤污染风险管控标准（试行）》（GB 36600—2018）等2项国家土壤环境保护标准正式实施。2018年9月13日，生态环境部批准《环境影响评价技术导则　土壤环境（试行）》（HJ 964—2018）为国家环境保护标准，并予发布。

2018年12月19日，农业农村部正式颁布《耕地污染治理效果评价准则（NY/T 3343—2018）》。2018年12月29日，生态环境部批准了《污染地块风险管控与土壤修复效果评估技术导则（试行）》为国家环境保护标准，并予发布。2019年1月1日，我国首部《土壤污染防治法》正式实施。

2.3.5.2 地下水管理

2017年9月21日，国务院办公厅印发了《第二次全国污染源普查方案》。2017年10月14日，由国土资源部联合水利部等单位历时数年共同修订的《地下水质量标准》（GB/T 14848—2017）正式颁布，并于2018年5月1日起开始实施。2019年4月1日，生态环境部、自然资源部、住房和城乡建设部文件、水利部、农业农村部五部委印发了《地下水污染防治实施方案》。2019年6月，根据《中华人民共和国环境保护法》《中华人民共和国水污染防治法》和《中华人民共和国土壤污染防治法》，国家生态环境部首次发布了《污染地块地下水修复和风险管控技术导则》（HJ 25.6—2019）。

从地下水管理制度的实践过程来看，我国在水资源管理方面已初步形成了以“三条红线、四项制度”为基础的水资源管理制度体系。从地下水管理制度的立法基础来看，目前我国地下水管理与保护制度建设处于一种法群状态，并无关于地下水管理方面的专门立法，其制度由各种单行法（如《中华人民共和国水法》《中华人民共和国水污染防治法》中的零散条款）、行政法规（如《取水许可和水资源费征收管理条例》）和地方法规（如《辽宁省地下水资源保护条例》《云南省地下水管理办法》）集合而成。当前我国的地下水环境监测主要由水利部门、自然资源部门和生态环境部门负责，各自承担不同的地下水环境监测管理工作，形成了相对完整的地下水环境监测体系。目前，全国水利部门共有地下水监测站 24515 处，其中为控制区域提供地下水动态的基本监测站 12859 处；自然资源部门共有地下水监测点 23784 个（其中泉水监测点 364 个），监测面积约 100 万平方千米。

在地下水环境监测方面，有学者针对传统地下水污染监测采用单点抽测方法、自动化程度低下、无法迅速进行迁移趋势分析的现状，设计了基于 LabVIEW 的地下水污染物迁移自动化监测系统。

2.4 固体废物处理与处置学科

固体废物按其来源可分为矿业的、工业的、城市生活的、农业的和放射性的[44]。近年来，城市化进程不断加快，人类生活水平不断提高，城市规模不断扩大，城市生活垃圾总量随之也大幅度增加。已有 2/3 的大中城市陷入“垃圾围城”的困境[45]，而且这个数字一直处于上升的状态。卫生填埋、堆肥和焚烧三大传统生活垃圾的处理处置方式仍然占据着很大的比例，在一些发达地区焚烧的比例开始逐年上升。但由于生活垃圾分类和回收的开展并不顺利，多数地区卫生填埋的比重仍然是居高不下。按处理量统计，近二十年来，填埋占比均在 80% 以上[46-48]。

工业是我国一项重要的经济支柱，目前我国工业固体废物的年产量已超过 30 亿吨[48]。工业固体废物可分为一般工业废物和危险废物两种。尾矿、粉煤灰、煤矸石、冶炼废渣、炉渣等是产生量最大的工业固体废物，为一般工业固体废物。根据 2000—2015 年的中国环境状况公报，工业固体废物的产生量随着经济发展而逐年增长，2000 年我国工业固废的产生量为 8.2 亿吨，综合利用率为 45.9%[47]；2015 年增加至 33 亿吨，综合利用率提高至 60.2%[48]。一般工业固体废物基数大，遗留问题多，产生量逐年上升，尽管我国从财税补贴、产业政策、绿色采购等领域多措并举促进资源化利用产业市场的发展并取得一定成就，但根据 2017 年中国统计年鉴，全国一般工业固体废物产生量共 31 亿吨，综合利用率达 59.5%；危险废物产生量为 0.5 亿吨，综合利用率为 56.9%[48]，近五年来均维持在 60% 左右，综合利用年增长率升长缓慢[49]，资源化进程还有待加强。就危险废物而言，据中国统计年鉴，2000 年全国危险废物产生量为 850 万吨左右，综合利用率为 43.1%[47]，

2016 年增加至 5347.3 万吨，综合利用率达 52.8%[48]；并且每年的危险废物产生量还在持续升高，因此，对于危险废物的处理处置与相关的管理也变得更为重要。另外，通过对我国现行危险废物管理的法律法规和环境标准的梳理可以看出，目前我国对于危险废物的处理，重源头、轻末端，导致危险废物源头减量力度不够，危险废物的减量化和综合利用化的管理较为薄弱。

中国是世界上农业废弃物产出量最大的国家，每年产出 40 多亿吨[50]，主要来自农作物、畜禽养殖及农用塑料残膜等。由于农业生产的迅速发展和人口不断增加，农业废弃物以年 5% ~ 10% 的速度递增，预计到 2020 年我国农业废弃物产生量将超过 50 亿吨[51]，如果这些农业废弃物随意丢弃或者排放到环境中，将会对生态环境造成极大的影响，因此对这些废弃物进行资源化再利用显得尤为重要。随着农村生活垃圾的不断增加，农村生活垃圾的处理处置也成为近年重要的固废处理处置和管理的重要内容。由于缺乏专门有效的垃圾处理设施和运行管理机制，农户的生活垃圾多被随意堆放、就地焚烧，多数农村生活垃圾问题未能够得到有效解决。与城市环境相比，我国环境污染整治的投入绝大多数用于城镇，农村环卫设施建设经费缺口大、基础设施建设不足，导致多数农村不得不处于随意丢弃生活垃圾的状况。因此农村生活垃圾急需被关注。随着“无废城市”建设和垃圾分类工作的推行，将会在今年成为新的热点研究领域。

此外，在当今互联网、新能源快速发展的时代，涌现出大量新时代固体废物，其处理与处置成为不可忽视的问题。大量快递、一次性外卖垃圾以及电子废弃物等一些新时代固体废弃物。据调查，近年来我国快递总件数保持每年 48 亿件左右[52]，就意味着我国每年要产生大量的聚氯乙烯透明胶带和塑料袋、泡沫塑料等垃圾，它们在土壤中 100 年都不会降解；就电子废弃物而言，进入 21 世纪以来，我国电子行业飞速发展，据联合国环境规划署发布的报告，我国已成为世界第二大电子垃圾产生国，每年产生超过 230 万吨电子垃圾，电子废弃物的数量每五年便增加 16% ~ 28%[53, 54]，增长速度过快所带来的回收问题也越多。因此，如若这些问题不及时给予关注和解决，在未来会成为固废领域的新问题。

近年来具体采取的措施如下。

2.4.1 固体废弃物处理与回收技术

2019 年，由于我国城镇生活垃圾年清运量超过 2 亿吨，其中 50% ~ 70% 为易腐性垃圾，该垃圾含水率高、热值低、易腐烂，直接填埋或焚烧存在严重的环境污染隐患。针对城镇易腐有机固废生物转化效率低和二次污染控制难的问题，2019 年启动“城镇易腐有机固废生物转化与二次污染控制技术（华东师范大学）”“存余垃圾无害化处置与二次污染防治技术及装备（同济大学）”和“农村厕所粪便高效资源化处理关键技术与示范（同济大学）”“甘肃祁连山等地区多源固废安全处置集成示范（同济大学）”“张家港市固废园区化协同处置技术开发与集成示范（清华大学）”和“南方新兴超大城市生活垃圾集约化处置集成示范（清华大学深圳研究生院）”。

面向典型城市再生资源安全高效回收的重大科技需求，针对现有回收技术智能化水平低、隐私数据易泄露、回收信息不对称、回收物流成本高、交易价格难确定等突出问题，“基于大数据的互联网 + 典型城市再生资源回收技术”项目启动。利用互联网、大数据和人工智能等技术手段，重点突破再生资源智能回收与信息安全处理、回收流程智能解析、线上线下耦合回收集成系统、基于多元数据的智能识别分级和价值评估等关键技术和装备，形成基于大数据的“互联网 + 典型”城市再生资源回收模式，建立商业推广示范，有效提升典型城市再生资源回收效率，减少环境污染，促进和引领典型城市再生资源回收行业的技术进步。

2.4.2　固体废弃物风险调控技术

我国固废产生量大、面广、组分复杂，大量不当利用处置和非法倾倒造成严重的环境污染，由于缺乏对固废的环境与资源交互属性和风险调控规律的深入认识，导致固废利用处置环境风险突出。针对上述问题，启动“固废环境资源交互属性与风险调控基础研究（中国环境科学研究院）”“危险废物环境风险评估与分类管控技术（生态环境部固体废物与化学品管理技术中心）”项目。针对我国危险废物全过程环境风险防控、精细化管理等需求，拟构建基于环境风险量化评估的分级分类指标体系，编制典型危险废物利用处置污染控制技术规范，预期与智能化可追溯管控技术集成耦合，在典型工业园区实现全过程可追溯精细化管理示范。其成果可为推动我国危险废物管理由“被动式应对”逐步向“主动式预防”转变提供技术支撑，对于提升我国危险废物全过程风险管控能力和支撑无废城市建设试点具有重要意义。

2.4.3　固体废物与资源化产业化应用

固体废物与资源化产业化应用近年来取得了一系列显著的发展，产业化应用在很多方面取得了很大的进步，例如在建筑固体废物领域、废旧混凝土领域、冶炼多金属废酸领域、电子废弃物领域、废旧聚酯及纤维制备领域、农林剩余物领域、工矿固体废弃领域等方面应用广泛并且成功实现了固废产业化。许多项目及应用还取得了国家相关技术进步的大奖，如“建筑固体废物资源化共性关键技术及产业化应用”“废旧混凝土再生利用关键技术及工程应用”“农林剩余物功能人造板低碳制造关键技术与产业化”等项目均获得2018年度国家科学技术进步奖二等奖；“冶炼多金属废酸资源化治理关键技术”荣获2018年国家技术发明二等奖；“电子废弃物绿色循环关键技术及产业化项目”成就了互联网全程可追溯信息化平台，成为国家重要示范工程，有力提升了我国电子废弃物绿色循环整体水平，该项目较好地实现了电子废弃物大规模高效清洁处理，这也是中国电子废弃物循环利用的关键技术，引领了我国资源循环产业发展；废旧聚酯高效再生及纤维制备产业化集成技术，建成了世界最大的再生聚酯纤维生产基地，其中废纺再生短纤 30 万吨 / 年，瓶片及再生长丝加工 15 万吨 / 年，低熔点 / 再生聚酯复合短纤 7.5 万吨 / 年，新增有色功能等系列再生聚酯短纤及长丝品种 20 余个，产品用于三江源、南水北调、阿迪达斯、通用汽车等重大工程及知名品牌。

2.4.4 研究平台

为贯彻党中央《关于加快推进生态文明建设的意见》精神和党的十九大关于“加强固体废弃物和垃圾处置”“推进资源全面节约和循环利用”的部署，按照《国务院关于深化中央财政科技计划（专项、基金等）管理改革的方案》(国发〔2014〕64号）要求，科技部会同有关部门、地方及相关行业组织制定了国家重点研发计划“固废资源化”重点专项实施方案[55, 56]。专项面向生态文明建设与保障资源安全供给的国家重大战略需求，以“减量化、资源化、无害化”为核心原则，围绕“源头减量—智能分类—高效转化—清洁利用—精深加工—精准管控”全技术链，研究适应我国固废特征的循环利用和污染协同控制理论体系，攻克整装成套的固废资源化利用技术，形成固废问题系统性综合解决方案与推广模式，建立系列集成示范基地，全面引领提升我国固废资源化科技支撑与保障能力，促进壮大资源循环利用产业规模，为大幅度提高我国资源利用效率，支撑生态文明建设提供科技保障。

2015—2019年期间，以保障资源安全供给和促进资源型行业绿色转型为目标，在废物循环利用等方面，国家重大科技专项集中突破一批基础性理论与核心关键技术，重点研发一批重大关键装备，构建资源勘探、开发与综合利用理论及技术体系，解决我国资源可持续发展保障、产业转型升级面临的突出问题。研究资源循环基础理论与模型，研发废物分类、处置及资源化成套技术装备，重点推进大宗固废源头减量与循环利用、生物质废弃物高效利用、新兴城市矿产精细化高值利用等关键技术与装备研发，加强固废循环利用管理与决策技术研究。建立若干具有国际先进水平的基础理论研究与技术研发平台、工程转化与技术转移平台、工程示范与产业化基地，逐步形成与我国经济社会发展水平相适应的资源高效利用技术体系，为建立资源节约型环境友好型社会提供强有力的科技支撑，我国固废国家级研究平台主要包括：

（1）固体废弃物资源化国家工程研究中心，由国家发改委、云南省发改委和昆明理工大学共同投资，是我国固体废物资源化领域重点建设的国家级工程研究中心。致力于环境工程、材料工程和冶金工程三大学科交叉领域的利用基础、工程化和产业化研究。主要研究方向是：建筑固废资物质源化技术、生活垃圾资源化技术、工业固废资物质源化技术、农村固废资源化技术、生活垃圾资源化技术及装备等。

（2）国家金属矿山固体废物处理与处置工程技术研究中心，由科技部批准建设，主管部门为安徽省科学技术厅和环境保护部，依托单位是中钢集团马鞍山矿山研究院有限公司。中心是以金属矿产固体废物减量化、资源化、无害化为目标，以金属矿产资源的高效开发利用、金属矿山固体废物堆场（尾矿库、排土场）灾害预警、预报和灾害控制，矿产二次资源利用以及矿山生态环境综合整治为主要任务。着力研究开发市场需求、经济实用的高新技术，解决制约我国矿山固体废物处理与处置推广应用的关键技术，加速矿山固废领域科技成果工程化、产业化进程，为矿山固体废物的处理与处置提供先进实用的技术与产品。

（3）固废资源化利用与节能建材国家重点实验室，是2010年由科技部批准建设，依托北京建筑材料科学研究总院有限公司，实验室主要围绕《国家中长期科学和技术发展规划纲要（2006—2020年）》提出的“重点开发废弃物等资源化利用技术，建立发展循环经济的技术示范模式”主题，开展固废资源化利用领域前沿技术研究和共性关键技术研究，促进基础研究成果的转化和科研成果的产业化以及研究制定国际、国家、行业技术标准等工作，以固体废物的减量化、无害化和资源化为目标，构筑新型建筑材料技术新体系，引领行业技术进步，推动我国建材产业的可持续发展。目前主要研究内容包括尾矿制备建筑基础材料、化学石膏资源化利用、煤系固废制备墙体材料和建筑垃圾制备再生骨料混凝土等工业固废与节能建材研究；城市污泥、河道淤泥的无害化和资源化利用以及生活垃圾综合利用等生活固废与节能建材研究。利用水泥窑协同处置危险废物、处置及修复污染土等建材工业协同处置危险固废研究；同时建立固体废物系列标准，对固体废物制备建材评价体系进行研究。

（4）国家重金属污染防治工程技术研究中心，是2011年经科技部批准，依托中南大学组建，专门从事重金属污染防治。中心坚持重金属污染防治研究特色，长期从事重金属清洁生产与污染物治理利用等相关技术的研发，形成了重金属清洁生产减污，重金属“三废”污染物治理与利用，重金属污染场地修复三大研究方向。近年来，中心承担国家重点研发计划项目、国家自然科学基金重点项目、环保公益性科研专项、横向项目等科研项目200余项；取得各类科技成果32项，其中国家级奖励7项，省部级奖励25项，实现成果转化与技术工程化项目300多项；授权发明专利323项，发表SCI论文508篇。此外，完成编制国家及地方技术政策、标准、规范及发展规划35项，科技部、环保部、有色金属工业协会、地方、企业的技术服务及咨询100多项。

（5）污泥安全处置与资源化技术国家工程实验室，是2016年11月由国家发展和改革委员会批准建设，依托哈尔滨工业大学的研发基础与优势、高层次人才储备和黑龙江省哈尔滨市提供的成果转化平台，联合国内一流大型水务集团、勘察设计单位、装备集成制造单位与标准制定单位等，围绕国家水污染控制与生态文明建设的重大战略需求，瞄准中国水污染治理与污泥安全处置与资源化技术领域瓶颈难题，培养创新团队和高层次创新人才，强化基础研究、应用研究与工程化、产业化的融合，研究开发具有自主知识产权的高新技术与装备，开展技术装备工程应用示范，建立相关国际国内标准，全面开展行业服务与国际合作交流，促进相关技术与装备成果产业化，全面提升我国水污染治理与污泥领域全产业链产学研用协同创新能力与国际影响力。

（6）垃圾焚烧技术与装备国家工程实验室，是2018年8月由国家发展和改革委员会批准、浙江大学（热能工程研究所）牵头建设，联合光大环保（中国）有限公司、杭州锦江集团有限公司、南通万达锅炉有限公司、中国电力建设集团有限公司、中国中材国际工程股份有限公司、浙江富春江环保热电股份有限公司和浙江物华天宝能源环保有限公司等行业内龙头企业，旨在提升我国垃圾和危险废物焚烧处理技术的自主创新能力，促进垃圾和危险废物焚烧处理领域的快速健康发展。实验室的主要建设任务是针对我国生活垃圾和危险废物焚烧处理稳定性不高、二次污染突出的问题，围绕固体废物减量化、无害化和资源化处理的迫切需求，建设垃圾焚烧技术与装备应用研究平台，支撑开展先进高效固体废物热处置、热能高效利用、高效烟气净化、二噁英解毒和重金属稳定化、飞灰和炉渣安全处置等技术、工艺、装备的研发和工程化，突破垃圾机械生物预处理、大容量垃圾炉排和循环流化床高效焚烧、多段式垃圾热解气化、二噁英全过程控制及在线检测、飞灰重金属解毒等关键技术，提升我国垃圾和危险废物焚烧处理技术的自主创新能力，促进垃圾和危险废物焚烧处理领域的快速健康发展，形成垃圾和危险废物焚烧处理装备的核心竞争力，在能量利用效率和污染物检测控制方面达到国际领先水平，在垃圾和危险废物焚烧处理的国内和国际市场占得重要地位。

2016 年，就国家重点研发计划“固废资源化”重点专项“产品全生命周期识别溯源体系及绩效评价技术”项目，在国务院印发了《生产者责任延伸制度推行方案》，在电器电子、汽车、铅酸蓄电池和包装物四个领域推行生产者责任延伸制度，但技术上还存在识别和追溯技术不完善、缺乏覆盖产品全生命周期的信息数据库和评价方法、生产者责任延伸制度执行效果无法评定等难题[57]。为解决上述问题，该项目拟针对汽车、铅酸蓄电池等四个领域的典型产品开发快速识别、计量、检测等技术和多目标一体化技术，编制生产者履责绩效评价标准和规范，建设全生命周期信息大数据平台和支撑生产者履责绩效评价的数据库，在深圳市、北京市等“生产者责任延伸制度”国家试点地区和湖州市等生态文明先行示范区开展单品种和集成示范。

2017 年，对“十二五”“863”计划资源环境技术领域“大宗工业固废综合利用与资源化关键技术”重大项目技术验收，项目以工业固废大规模消纳和资源化有效利用为目标，覆盖了煤炭能源、有色冶金、化工材料、轻工等众多重点行业，项目研发了多项大宗工业固废处理处置与资源化利用技术及成套装备，建立了一批技术先进、节能减排效果显著、经济效益较好的示范工程，形成了相应的固废利用技术与产品标准，为培育废物资源化产业和发展循环经济提供了技术支撑和人才保障。经过五年的攻关研究，项目突破了 70 余项煤基固废、多金属渣泥、钙基工业固废、制革废渣等典型大宗工业固废综合处理与资源化利用关键技术与装备，建立了 40 余项示范工程与中试装置。项目共获得国内授权专利 139 项，国外授权专利 3 项，形成了系列国家和行业标准，同时获得省部级奖励 9 项，形成了一批高水平研发队伍。

2018 年，国家重点研发计划“固废资源化”重点专项开始启动，2019 年启动了一批研发任务。针对工业废物资源化及处理，启动了“退役动力电池异构兼容利用与智能拆解技术（天津力神电池股份有限公司牵头申报）”“华南中小城市多源固废区域化利用处置集成示范（北京矿冶科技集团有限公司）”“西南化工冶金特色产业集聚区固废规模利用集成示范（贵州大学）”“中部矿业特色产业集聚区固废资源化利用集成示范（江西理工大学）”“难熔金属废料高效回收与清洁提取技术及装备（西北有色金属研究院）”“废线路板多组分协同利用与定向分离技术（中国恩菲工程技术有限公司）”“锂电 / 光伏新兴无机固废全组分循环利用技术及示范（中国科学院过程工程研究所）”“复杂铜基多金属固废绿色协同冶炼技术与成套装备研究（金川集团股份有限公司）”“铜铅锌综合冶炼基地多源固废协同利用集成示范（株洲冶炼集团股份有限公司）”“大宗低阶固废规模化制备高值矿物材料关键技术”“钢铁行业钒钛冶炼废渣源头减量与资源化利用技术”“铝工业典型危废无害化高效利用关键技术研究与示范”和“有色行业含氰 / 含硫高毒危废安全处置与资源化利用技术及示范”。同时，中南大学牵头申报的项目“铜冶炼危废源头减量及全过程控制技术与示范”启动，针对铜冶炼过程产生大量含砷危废问题，提出以砷富集为核心的铜冶炼危废控制新路径，拟通过搭配含砷物料底吹熔炼和高砷中间物料协同强化浸出实现含砷危废的源头减量，并结合废酸资源化处理和熔炼渣安全处置，形成可推广应用的技术体系，预期建立铜冶炼危废源头减量及全过程控制技术示范及商业化推广模式，促进铜冶炼行业危废削减技术提升，支撑有色行业可持续发展。

3. 国内外研究进展比较

3.1 大气环境学科国内外研究进展比较

3.1.1 大气污染的来源成因和传输规律

首先，颗粒物研究方面。近年来，探索雾霾成因的颗粒物相关研究成为国内外的研究重点，主要研究方向包括颗粒物的化学组成特征、来源解析、新粒子生成、二次颗粒物的生成机制、颗粒物的老化与吸湿增长、颗粒物对光的吸收散射以及人体健康效应等[58-68]。然而与欧美国家相比，我国在关于详细反应机理的烟雾箱实验以及新粒子生成机制研究方面仍存在一定差距。其次，硫化物研究方面。国内外对硫化物的研究主要集中于硫酸盐对于二次有机气溶胶生成的贡献以及硫酸盐颗粒物对于辐射强迫的影响等方向。国外学者 Mauldin 等在 *Nature* 上发表的文章给出了新的硫化物氧化路径，指出了 crigee 自由基在硫化物氧化过程中的重要作用，具有突破性意义[69]。最后，氮氧化物研究方面。由于氮氧化物在大气复合污染中的重要作用，其对臭氧及颗粒物贡献的研究、其源汇机制研究成为国内外的研究重点，相比于欧美国家，我国展开的关于详细反应机理的研究较少。关于氮氧化物研究国内外的研究成果也存在一定差异，我国对机理的探究突破性成果较少；国外大多数实验室和观测实验都集中研究臭氧和 OH 自由基对 SOA 的生成中，但研究 NO_x 对 SOA 生成作用的很少。HONO 在对流层中的来源一直是研究的热点，然而目前关于 HONO

的生成机理以及来源认识仍然不清楚。此外，国外学者还观测到了颗粒物中有机氮氧化合物在夜间的生成过程，这一观测结果将有助于对颗粒有机物的污染进行控制[70]。

3.1.2 大气污染的健康效应

与国外相比，当前我国相关研究内容主要集中在宏观区域层面健康损失核算、健康损失的经济代价评估及控制大气污染的潜在健康收益等方面，微观个体层面的研究相对匮乏。其中，微观个体层面又以国外流行病案例研究为主。国内多个方向研究尚处于定性的起步阶段。①大气污染暴露方面，国内外关于大气污染物的短期暴露对人群的健康风险已经进行了大量研究[71]。在我国，相关工作虽然取得了一定进展，但对国外先进暴露评价技术的借鉴较少，如“随机化人类暴露剂量模型”、卫星遥感反演技术、土地利用回归技术、室内外穿透模拟技术。②毒理学研究方面。尽管我国已开展了不少的毒理学研究工作，但研究方法上相比国外先进水平尚有不小的差距。③流行病学。目前，现有的大部分大气污染流行病学研究都是在发达国家开展的。我国现有流行病学研究中大多存在明显的暴露测量误差问题，给数据的分析带来较大的挑战，同时也制约了未来高质量流行病学研究的顺利开展。此外，尽管我国已开展了大量的流行病学研究工作，但多是较低水平的重复工作，高质量的研究不多见。

3.1.3 大气环境监测技术

在大气污染源监测技术研究方面，国际上已将各类先进监测技术应用到大气污染源监测上，监测装备已向理化、生物、遥测、应急等多种监测分析相结合的方向发展，实现了多参数实时在线测量的集成化和网络化等多功能。我国已研发了污染源烟气 SO_2、NO_2、烟尘等自动连续在线监测技术与设备[72]，仍需开发针对新型污染物和温室气体的源排放监测技术与设备。在空气质量监测技术研究方面，国外发达国家通过组织大型观测计划发展了一系列关键污染物在线监测、超级站和流动观测平台（如飞机、飞艇、车船）以及多目标多污染物长期定位观测站网。我国已突破 O_3、VOCs、颗粒物质量浓度 - 粒径分布 - 化学成分等在线监测技术，以及激光雷达探测颗粒物的关键技术，研制出了一批具有自主知识产权并具有国际竞争力的大气污染监测设备[73]。在大气边界层探测技术研究方面，国际上发展了系列大气边界层垂直分布的探测技术，包括高精度的边界层气象要素（温度、湿度、气压、风速、风向）垂直分布的地基精确探测设备，以及探空气球和系留气球搭载的高精度、高时间分辨率气象参数传感器。我国主要开展了基于观测高塔的边界层要素的观测技术研究[74-76]。在区域空气质量监测技术研究方面，欧洲建立了跨越国境的酸雨评价计划监测网（EMEP），监测指标也从酸雨扩展到 O_3 和 $PM_{2.5}$ 等多污染物。美国建立了各种类型的监测网，其中大气在线（Air Now）实现了对多污染物监测结果的实时发布。中国环境监测总站在全国建立了城市空气质量监测网，主要对 SO_2、NO_2 和 PM_{10} 进行了业务化的在线监测。我国还在珠三角地区初步建立了大气复合污染立体监测网络，实现了对主要大气污染物的在线监测、远程控制和网络质控。

综上所述，国外发达国家在大气环境监测技术领域起步较早、技术较成熟、仪器设备较先进，而我国虽在该领域研究进步较快、但在技术及设备研究方面仍然处于落后阶段。

3.1.4 重点污染源大气污染治理技术

3.1.4.1 工业源大气污染物治理技术

首先，颗粒物治理技术方面。颗粒物控制一直是国内外环境学科的研究热点，研究内容涵盖从颗粒物源排放特征到颗粒物形成规律和二次转化；从颗粒物间相互作用到在外场作用下的聚并和长大；从颗粒物的单独脱除到颗粒物与其他污染物的共同脱除机制的研究。近年来欧美等发达国家的诸多研究机构侧重于生物质等可再生能源利用过程的源排放特征和颗粒物形成规律研究[77-83]；在颗粒物捕集模型方面，国外诸多研究机构建立了成套的颗粒动力学模型，尤其是在静电捕集模型方面较国内更为全面[84-86]。国内近年来主要在煤燃烧过程 $PM_{2.5}$ 控制技术的基础研究和工程应用方面取得突破。其次，硫氧化物治理技术方面，近年来国外研究机构侧重于新型资源化脱硫及多种污染物协同脱除技术的研发[87-93]；一些国家已制定 SO_3 排放标准，并在脱除 SO_3 研究方面取得较大进展[94, 95]。相对而言，国内学者主要侧重 SO_2 高效控制技术及新型资源化脱硫技术的研究；SO_3 协同控制及监测研究已开展部分工作，但目前国内在 SO_3 排放、控制研究基础仍较为薄弱，未来还需进一步加强。最后，NO_x 治理技术方面，近年来国外研究机构主要在新型低温 SCR 催化剂配方开发、反应机理及反应动力学探索、纳米材料的研究与应用等方面取得了重要进展[96-103]。国内学者从分子角度[104-106]揭示了催化剂碱金属 / 碱土金属 / 重金属 /SO_2、HCl 等酸性气体中毒机理，发现催化剂的酸碱性以及氧化还原性的强弱决定了催化活性、选择性以及抗中毒性能，并通过稀土金属氧化物、过渡金属氧化物以及类金属元素的掺杂改性提升了催化剂上述性能，开发了适合我国复杂多变煤质特性的高效抗中毒催化剂配方。最后，VOCs 治理技术方面，国外对 VOCs 治理的研究起步较早，治理技术较为成熟，已实现从原料到产品、从生产到消费的全过程减排。目前单项治理技术中的材料改性、反应机理是国外研究的热点[107-110]；另外，国外研究者针对生物—光催化氧化技术、生物—吸附技术、吸附—光催化技术等组合治理工艺进行了大量研究，致力降低 VOCs 处理过程中的二次污染和能耗、提高经济性[111]。国内近年来在诸如活性炭吸附回收技术、催化燃烧技术、吸附—脱附—催化燃烧技术等主流治理技术方面取得了突破性进展，但在广谱性 VOCs 氧化催化剂、疏水型的蜂窝沸石成型材料以及高强度活性炭纤维的研究方面需进一步加强。

3.1.4.2 移动源大气污染物治理技术

随着移动源污染物脱除技术的发展，重型柴油机、船舶等具有大排量、高颗粒物浓度特性的移动源尾气处理成为研究重点，同时针对多种污染物的协同处理技术、多场耦合技术成为重点研究领域。欧美等发达国家机动车尾气控制技术较为成熟，目前主要集中在开展实际行驶污染物排放（real driving emission，RDE）的研究，同时对已批准型号实施实际行驶排放检测。近年来，我国在机动车排放控制技术研发上取得长足发展，如在提出满足国Ⅳ/国Ⅴ的重型柴油车尾气治理技术路线基础上，成功设计研发了具有国际先进水平的催化剂及其制备技术，开发形成了一系列车载匹配技术集成体系等。

3.1.4.3 面源及室内空气污染治理技术

国外在大气面源污染控制方面的研究起步较早，针对面源污染的发生机制、传播途径、污染效应等开展了大量的研究工作。与发达国家相比，我国在大气面源污染治理方面仍有欠缺，在散烧煤治理、生物质灶具、餐饮业油烟、农业氨排放等方面有待深入研究。室内空气污染物净化技术方面，欧美、日本等发达国家或地区在室内空气污染物的治理上已经相当成熟，空气净化器的家庭拥有率已经达到50%以上。近年来旨在发展光催化、紫外线等净化技术以便更高效地脱除多种室内空气污染物。相比而言，针对室内空气污染物的去除，我国主要进行了新型高效、低成本室内空气净化产品和相关技术的研制和开发，并实现了部分相关技术的产业化应用。

3.2 水环境学科

从水源地或流域水质监测及预警系统研究来看，在科研方面，国际主流的水质模型较为成熟，但国内基于水质模型的水环境质量预报预警科学研究多以小流域为对象，缺乏宏观尺度的设计和运用。在业务应用方面，国内的水环境质量预报预警业务多以水质自动站实时数据监控为基础，基于机理模型的预报预警大多处在科研阶段，没有形成对水污染防治提供决策支撑的预报预警能力。①科研与实践多以小流域为对象，缺乏宏观流域尺度应用。纵观基于数值模拟的流域综合管理的科学研究，基本以单个水系、集水区或小流域为对象，主要是由于机理模型所需的水文水质监测、下垫面状况等基础数据量繁多，参数率定复杂，需要专业的基础知识进行建模，因此缺乏大尺度的设计和应用。②业务应用以实时监测数据预警为主，缺乏决策支持功能。在国家和地方层面开展的水环境预警业务，多是以水质自动站实时数据监控为基础，对发现的水质异常现象发出预警并进行现场核实。现有进行业务化应用的水环境监控平台大多缺乏基于数值模拟的水质常规预报功能以及在水环境分析评价基础上的治理决策综合支撑功能。③对水环境质量预报预警业务的认识尚未统一，缺乏顶层设计。

在饮用水环境风险研究方面，国外的水质风险管控研究主要集中在农业、生活方面，城市、工业影响方面的研究较少。国内的水质风险管控研究主要集中在评估方法改进、本地化等方面，研究重点以应急处理为主。如何控制饮用水中的消毒副产物，从而降低其对饮水健康造成的潜在风险，成为饮用水和公共卫生等领域内各国学者普遍关注的问题之一。我国学者和工程技术人员在国家自然科学基金委课题和水体污染控制与治理科技重大专项课题等科技项目的资助下，围绕安全消毒和消毒副产物控制，从机制探索、技术研发、工程应用方面开展了大量系统研究，大大推动了我国在消毒与消毒副产物研究领域整体水平的提升，促进了自来水厂生产过程中加氯量的减少、大城市管网分段加氯降低了管网水中的余氯量，使龙头水中的各种消毒副产物浓度大大降低，为保障我国饮用水安全做出了重要贡献。

在污水治理研究领域，已有较为丰富的研究成果。国际污水处理行业出现了以下趋势：污染物削减功能被进一步强化。一方面，随着经济社会发展，污染强度不断增大，污染物种类日趋复杂；另一方面，随着公众环境意识增强，水环境质量要求不断提高。为此，一些发达国家的污水处理厂正在由生物脱氮除磷（BNR）向强化脱氮除磷（ENR）方向发展，有些甚至达到了技术极限（LOT）水平。同时，一些深度处理，乃至超深度处理（高级氧化、反渗透技术等）技术也被应用，以达到对环境内分泌干扰物、药物和个人护理品等新兴污染物的去除，满足更加健康安全的水环境质量需求。低碳处理和能源开发、气候变化问题和能源危机要求城市污水处理实现低碳化，在处理过程中实现节能降耗，提高能源自给率。欧美发达国家已针对各自国情，就再生水回用、污水生物质能回用、氮磷回收等领域展开各有侧重的研究，围绕污水处理技术的可持续发展，我国目前还缺乏足够重视、深入思考和讨论。其次，在城市污水处理发展过程中，缺乏满足社会、环境可持续发展的水质标准。

流域水环境与生态学重点关注的是与水利用相关的流域水质与水生态问题，进入21世纪，全球河湖生态系统退化问题逐渐受到国际社会的广泛关注和重视，2000年，《欧盟水框架指令》提出生态良好水体保护要求，保护和恢复河湖水生态系统健康成为流域管理的重要目标指向，水环境与生态学的研究内容从水质全面拓展到水生态系统。2010年以来，全面进入流域水生态系统健康保护的流域水环境与生态学研究阶段。在中国，2016年国家发展改革委印发了《“十三五”重点流域水环境综合治理建设规划》。规划旨在进一步加快推进生态文明建设，落实国家“十三五”规划纲要和《水污染防治行动计划》提出的关于全面改善水环境质量的要求，充分发挥重点流域水污染防治中央预算内投资引导作用，推进“十三五”重点流域水环境综合治理重大工程建设，切实增加和改善环境基本公共服务供给，改善重点流域水环境质量、恢复水生态、保障水安全。

3.3 土壤环境与地下水学科

3.3.1 土壤环境与地下水污染防治技术方面

3.3.1.1 土壤污染防治技术国内外研究比较

土壤污染修复技术方面，国外主要集中于综合利用田间技术、植物修复、微生物修复、化学修复以及化学—生物联合修复等领域。如利用植物加速吸收或降解沉积物中污染物、利用丁烷氧化菌降解氯化脂肪烃有机污染物、利用铁粉修复多氯联苯和可溶性铅复合污染土壤、联合运用生物、物理和化学处理过程进行土壤污染物原位修复和模型拟合、开发厌氧条件下环境友好的生物表面活性剂等修复剂。开发多种耐重金属污染的草本植物，并将其推向商业化进程，建立超富集植物材料库。在修复的工程设备仪器上，已从基于固定式设备的离场修复发展为移动式设备的现场修复。另外，国外对污染嫌疑场地进行排查、筛选，建立污染场地专业数据库，并提出多种新型监测方法来监测土壤污染情况。

国内土壤污染防治技术近年来进步明显，但现有的技术措施在修复技术、装备及规模化应用上还与欧美等先进国家存在一定差距，特别是浅地下水埋深的土壤修复、含水层中DNAPL污染物的去除、高黏土含量污染土壤的修复是当前的难点。目前，国内自主研发的快速、原位修复技术与装备不足，缺少适合我国国情的实用修复技术与工程建设经验，缺乏规模化应用及产业化运作的管理技术。今后应尽快开展针对不同行业、污染类型、场地类别和利用方式的污染场地土壤及含水层的高效、实用、低成本修复工程技术与装备。

3.3.1.2 地下水污染防治技术国内外研究比较

近年，我国已逐步重视地下水污染修复工作，但在修复技术体系建设方面与发达国家还有一定差距。目前主要是在借鉴国外技术基础上，开展理论研究和实验室规模的效果验证，中试规模和大规模工程的实践较少；自主研发的地下水修复技术与装备严重不足，缺乏规模化应用及产业化运作的管理技术支撑体系，制约着地下水修复产业化发展。此外，发达国家重视地下水的采样技术，形成了规模化、系列化的采样产品。国外地下水采样设备无论是常规采样器、取样泵、定深取样器，还是地下水分层采样系统，均具有小巧、灵活、轻便、取样质量可靠等特点。相比之下，国内地下水采样技术较为落后，采样设备研制起步较晚。在污染监测方面，许多发达国家已经开始对地下水进行长期监测。通过对不同用途的地下水质量进行监测，随时了解地下水特性的变化信息，评估治理措施是否有效。

由于我国地下水污染防治还是一个较新的领域，已完成或正在进行的工程比较少，现阶段应加快构建地下水污染防治体系，建立健全地下水方面的法律规范，完善污染修复调查评估、目标确立、决策、技术工程化应用等方面的规范、标准，以保证地下水污染防治工作有据可循，从而得以顺利开展。

3.3.2 土壤环境与地下水管理方面

国外土壤与地下水管理方面，已具有健全的法律法规和管理制度、完善的技术体系和标准规范、全过程的监控和管理体系。近几年来我国出台了一系列土壤、地下水污染调查、风险评估、修复治理的国家或行业标准，规范并指导我国的土壤、地下水污染防治工作。但大量的规范出台时间仓促，而且以借鉴国外的经验方法为主，在实践过程中还存在很多问题，需要逐步进行完善。我们应关注且科学地借鉴国外土壤污染防治法在实施过程中的成就和经验，结合我国土壤防治工作面临的现实问题，采取行动，实现土壤与地下水污染防治目标。

3.3.2.1 土壤环境管理方面

在污染场地运行管理模式方面，欧美土壤修复行业发展稳定，法律法规相对完善，健全，技术应用相对成熟。我国仍处于起步阶段，各项法律法规仍需进一步完善，技术应用相对较单一。美国国会于1980年通过了《全国性环境应变补偿及责任法》，该法案因其中设立的国家级污染修复基金而闻名，被称为《超级基金法案》。荷兰制定土壤管理方法和目标的依据，已经基本健全。日本为了保护耕地，制定了《农用地土壤污染防治法》《土壤污染对策法案》《土壤污染对策法施行规则》对农业区域中的农用地加以特殊的管制。

目前，美国、加拿大和新西兰等国家都在本国土壤环境基准制定的技术导则或说明文件中对考虑保护地下水的土壤环境基准的推导进行了详细阐述。2018年6月22日，生态环境部发布了两项新土壤环境标准，《土壤环境质量　农用地土壤污染风险管控标准（试行）》（GB 15618—2018）和《土壤环境质量　建设用地土壤污染风险管控标准（试行）》（GB 3600—2018），并于2018年8月1日起正式实施。其中《土壤环境质量　建设用地土壤污染风险管控标准（试行）》（GB 15618—2018）为首次发布，《土壤环境质量　农用地土壤污染风险管控标准（试行）》（GB 3600—2018）将替代1995年颁布的《土壤环境质量标准》（GB 15618—1995）。较原标准，新标准取消了原有的土壤环境质量分类体系，建立了以农用地使用性质及土壤酸碱度为基本架构的标准指标体系，解决了原标准中pH ≤ 6.5的Ⅲ类土壤无质量标准可用的问题。遵循风险管控的思路，提出了风险筛选值和风险管制值的概念，不再以简单的类似于水或空气环境质量标准的达标判定，而是用于风险筛查和分类。农用地土壤污染风险筛选值包含基本项目和其他项目两项，基本项目包括镉、汞、砷、铅、铬、铜、镍、锌，其他项目包括六六六总量、滴滴涕总量、苯并［a］芘；农用地土壤污染风险管制值包括镉、汞、砷、铅、铬。这些新变化与我国国情相结合，更符合土壤环境管理的内在规律，更能科学合理指导农用地安全利用，保障农产品质量安全。

此外，我国正在不断推出土壤污染的治理政策，但现存的法规政策在污染土地修复制度、监管等方面存在不足，造成政策实施有局限性。2019年1月1日，《中华人民共和国土壤污染防治法》正式实施，该法规规定了土壤污染防治工作的管理体制、目标责任与考核要求等；强调了政府、企业和个人在土壤污染防治方面扮演的角色与责任；制定了“谁污染谁治理”的原则；提出每十年进行一次土壤污染调查的要求等。总体看来，我国关于土壤污染的法律众多，但是分散性太强，没有统一综合的法律体系。这些法律、行政法规、地方性法规和部门规章等只是从农业环境保护方面、防治“三废”污染方面和保护特殊的自然区域、人文遗迹的角度做了一些零散规定，大多只是一笔带过，缺乏具体的制度操作性，不能从根本上对土壤污染的防治和治理发挥作用。

3.3.2.2　地下水管理方面

在法律方面，美国有健全的地下水环境监管法规和管理制度，《清洁水法》《安全饮用水法》《资源保护与恢复法》《综合环境反应、赔偿和责任法》《有毒物质控制法》等一系列法案中都提出了涉及地下水监测与管理的规章制度。《中华人民共和国水法》和《中华人民共和国水污染防治法》虽然都将地下水保护纳入了水污染防治的范畴，但只是提出了地下水保护的一般原则，没有具体明确地下水环境保护的责任划分，缺乏地下水环境保护的具体内容，同时缺少相关配套的法律法规，缺乏可操作性。国内污染主体大多是国有工厂，治理资金主要由政府承担，然而完全依靠政府为大量项目提供资金并不现实。对于责任方难以明确的污染场地，资金来源不确定也会直接导致场地修复难以开展。在这一方面，美国超级基金法案这种商业模式是值得中国学习借鉴的，比如通过污染场地评估，设立“优先级”列表，国家优先统筹规划污染较严重的场地，对于责任方不明确的场地，国家出资主导修复同时引进民间资本注入。对于商业开发价值高的场地，未来也可采用“公私合营模式”（PPP）吸引资金注入，待商业场地修复达标获得收益后，环境修复企业再获得利润。

在技术体系和管标准规范上，美国的地下水环境监测具有完善的技术体系，且对于已污染的地下水和尚未污染地下水的监测有不同要求。地下水环境监测是分阶段实施的，从设计、评估直至实施监测的各个阶段均具有明确的技术规范，便于贯彻实施。为落实《资源保护和恢复法》（RCRA）对于地下水监测的相关要求，制定了技术规范《RCRA 地下水监测强制性技术指南》和《RCRA 地下水监测技术指南》。此外，针对地下水监测与取样，还发布了一系列技术规范与指南，主要包括:《地下水取样操作指南》《地下水水质监测取样频率》《地下水监测井设计与安装实践手册》《岩溶地区地下水监测》《矿区地下水监测》《RCRA 及超级基金项目地下水取样指南》等。荷兰制定的土壤环境标准体系覆盖项目多，涉及 100 多种污染物，并对不同条件下土壤重金属含量的标准做出了详细规定；针对性强，涵盖了工业用地、农业用地、居住用地和商业用地；紧密联系实际，荷兰既有国家标准，也有地方标准，在很多方面地方标准比国家标准更为严格。

3.4 固体废物处理与处置学科

随着经济的发展、人口增加，城市化进程急剧加快，固废产量日益增多，种类更复杂，已经引起了诸多社会和环境问题，不仅造成严重的环境污染，而且直接影响到社会稳定和经济发展。发达国家在这方面的研究非常成熟，已经建立了一整套的有关固体废弃物的产生、收集、运输、贮存、处理、处置等方面的法律法规、政策、制度、管理机构等综合管理体系。然而相比来看，我国固体废弃物处理方法及管理体制研究比较滞后，如何有效地防治固体废物污染是目前亟待解决的问题。

工业固体废物资源技术在我国近年来的路基及建筑建材、防火材料等资源化技术等方面取得进步和发展。依靠其技术支持，才能最大限度地提升工业废弃物的利用效率，建立起资源节约、环境友好型社会[112]。危险废物污染防治技术在热等离子体技术[113]、危险废物回转窑焚烧技术[114]两方面取得进展，进而能加强无害化处理水平与能力，这不仅能使人类处于良好的生态环境中，还可为环保事业做出贡献。农作物固体废物资源化利用技术近年来在秸秆、畜禽粪便得到进一步发展，农作物秸秆主要从肥料化、饲料化以及能源化、原料化等技术方面得到大量的研究和应用。畜禽粪便资源化利用技术主要有能源化、肥料化、饲料化三个方面。农作固体废物资源化技术的发展，不仅能减少固体废弃物产量，而且有着良好的经济效益，可从根本上改善农村生活环境和农业生态环境，对我国农业经济的绿色可持续发展具有重要意义。

城市固体废弃物的处理及管理是当今世界国家建设最受关注的问题之一，应当重视固废对环境所造成的污染，积极应对处理。中国目前正处于城镇化建设的重要时期，城市居民的人口数量庞大，产生了巨量不同类型的城市固体废弃物量，因此，对固体废弃物进行有效的处理非常重要。我国现有对废弃物加以处理有较为简单的堆肥、焚烧、填埋等，但需要耗费大量的土地资源；焚烧技术需要投入大量的资金，且效果不佳，但具备明显的减量化。此外，我国对工业固体废物高技术利用研究大多还停留在试验阶段，应用、工艺研究、使用规范制定、成套技术装备开发等水平不高，因此导致技术和工艺的实用性和稳定性程度不高。如对粉煤灰综合利用的研究，导致粉煤灰综合利用产品达 200 多种，但实际利用的仅有 70 多种。

近年来国际上对于固体废物资源化污染防治技术，主要的结果产出以固体废弃物厌氧消化产生生物燃料技术为主，同时对于堆肥、焚烧、填埋、热解等传统技术的研究也有一定改进与进展。对于有机固体废弃物厌氧消化处理技术，集中在处理器的创新与改进，如混合污泥处理器、添加磁性生物炭、新型生物滴滤器等。关于垃圾的焚烧技术，集中在对处理垃圾焚烧的残留物的污染防治与资源化上。关于垃圾填埋的研究，主要结合了案例研究，分析最优化的管理方式[115]。关于堆肥技术的研究，研究热点主要是优化堆肥过程与堆肥产物的应用。

欧洲发达国家对城市固体废弃物的处理相当成熟。在德国，其由专门的组织对废弃物进行包装回收，经过技术处理之后再利用。处理固体废弃物的组织为非政府组织，企业将这项工作委托给专业组织，专业组织的收运者就会对固体废弃物回收，做好分类，经过包装之后运送到垃圾处理站进行处理。日本对城市固体废弃物方面研究较早，固体废弃物经过技术处理后再利用，已经在法律层面予以保护。日本针对固体废弃物再生利用建立了法律体系，包括企业、消费者以及零售商固体废弃物都进行了分类收集，将固体废弃物压缩打包之后运输到处理站，采用相应的技术处理。整个的过程中，工作人员需要承担的责任都非常明确。目前日本的大型企业对固体废弃物的处理效率是非常高的，已经达到了“产业垃圾零排放”。固体废弃物经过技术处理后就可以加工成为有用的产品，循环使用，由此提高了资源利用率，固体废弃物也逐渐减少，甚至完全消除。根据有关统计数据显示，日本已经成立了 250 家家庭餐厨废物处理机制造企业，将餐厨垃圾合理利用，减少餐厨垃圾随处丢弃。当前日本的康正产业株式会社是非常大的日本餐厨垃圾循环利用企业，其经营规模大，而且获得了良好的经济效益和社会效益。康正集团的发展也是从自身产业内部循环开始的，包括集团的餐厅、饭店等的餐厨垃圾都进行了回收并进行技术处理，经过固液分离之后产生的废渣制作成饲料运送到养猪场，猪被喂养长大之后，运送到餐厅、厨房，餐厨垃圾就得到了循环再利用。日本处理家庭生活垃圾这样工作是地方政府承担，地方税收中的一部分投入这项工作中。在处理工业垃圾的时候，要求企业自主承担责任，对产生的工业垃圾再利用，政府会向企业提供优惠政策，包括补助金、低息贷款或者免税优惠等，鼓励企业利用这部分资金进行循环经济生产，使得工业生产中产生的固体废弃物得到循环利用。

国内外近年来在固体废物与资源化管理这一块现状与发展也有很大的差异。国外大多发展重心在垃圾管理系统的优化及综合管理，而我国的固体废物与资源化管理还处于发展初期阶段，与一些发达国家之间还有很大的差距。

在国内，由于我国是一个发展迅速的发展中国家，人口基数大，工业处于上升期，城市居住生活人口逐年上升，资源化管理集中在固废，如工业固体废物、生活垃圾如餐厨垃圾[116]和城市污泥[117]等，在这些固废的产生量与进出口管理上是国内近年来的发展中心。此外，国内也开始逐步出台一些相关的管理法律法规，以加强固体废物与资源化的有效管理。在国外，固体废物与资源化管理相关的法律法规已相当完善成熟。对于国际上近几年的研究都集中在垃圾管理系统的优化规划上，其中综合管理为研究的主要思想。一些发达国家，固体废物与资源化管理重点在于系统开发与综合管理，其近年在垃圾管理系统的优化规划上的主要研究方法以生命周期评估法（LCA）、供应链研究、多目标决策为主[118]。国外由于经济增长和信息技术的进步，一些特殊固体废物的处理与处置如电子废物的处理是近年来的热点。由于我国国情与一些发达国家不同，固体废物与资源化管理处于初期阶段，以工业固体废物、生活垃圾的处理管理为主，并出台完善一些相关的管理法律法规，这些进程在我国还有待发展。

4. 发展趋势及展望

4.1 发展趋势

4.1.1 大气环境学科

4.1.1.1 大气污染的来源成因和传输规律

落实大气污染总量控制理论，实现新常态的国家经济增长中大气污染排放的增量最小化；扭转污染趋势，在消除重污染的前提下，实现全国空气质量的长效改善；进一步优化源清单技术。首先，建立国家大气污染源排放清单技术体系，使排放清单工作制度化、程序化、规范化。其次，进一步推广结合网格化管理、基于区县乡镇调研的城市大气污染源排放清单编制技术。最后，加强排放清单校核和不确定性分析研究。目前我国排放清单校核及不确定性分析仍然有待完善，需要充分借鉴发达国家的方法和经验，结合我国排放清单编制工作实际，开展排放清单数据审核及不确定性分析的深入研究，进一步为我国大气污染源排放清单的校核和不确定性分析提供技术支撑。量化大气污染防控措施的有效性及健康效应。当前，火电行业主要污染物排放量快速下降。然而，钢铁、水泥、玻璃、陶瓷等其他行业企业的治理步伐仍相对迟缓，在多行业之间联防联控和污染物协同控制效果有待提高。同时，相对于火电行业，非电行业污染物排放量大且种类繁多，相关行业的排放标准要求也参差不齐，但大气污染物排放标准则相对宽松，对污染企业减排治污的约束力不强，也限制了先进环保治理技术的研发和推广。

4.1.1.2　大气污染的健康效应

我国近5年来在大气污染与健康方面的研究数量上已有了显著的增加，已占到了全球的11% ~ 20%，相当于美国的30% ~ 50%，明显超过了其他主要发达国家。然而，我国的相关研究在质量上与美国等发达国家的先进水平相比仍有明显的不足。从暴露评价来看，应开展基础性暴露调查或研究工作，如典型人群暴露参数数据、高精度的土地利用信息、卫星遥感以及人口和地理图层，并酌情开放获取。与此同时，加快应用当前国际上暴露评价的先进技术，如随机化人类暴露剂量模型、土地利用模型、卫星遥感反演技术、室内外穿透模拟技术，为我国的大气污染流行病学研究提供具有高时空分辨率的暴露数据[119，120]。

4.1.1.3　大气环境监测领域

我国自主研发的监测技术和设备还不能满足国家臭氧等二次污染业务化监测的需求，与大气复合污染形成过程监测的需要还有一定的差距。未来五年，首先需要突破的大气环境监测关键技术，亟须重点研发典型行业关键污染物（超细颗粒物、VOCs、NH_3和Hg等）源排放在线监测技术，重点源宽粒径稀释采样和快速在线监测技术，大气重金属、同位素和生物气溶胶监测技术；其次，建设先进的大气环境监测技术创新研究平台；最后，进一步加强大气立体监测技术，当前该监测技术仅应用于京津冀地区，而在我国其他重污染区域，如长三角、成渝等地区的应用还严重不足。因此，为了进一步改善这些重污染区域空气质量，还需进一步增强相关区域的综合立体监测技术。

4.1.1.4　大气污染治理技术

工业源大气污染治理技术方面，围绕开展细颗粒物、硫氧化物、氮氧化物、汞等重金属、挥发性有机物（VOCs）等污染物高效脱除与协同控制研究，重点突破燃煤烟气SO_3/重金属等非常规污染物高效治理、燃煤烟气污染物与温室气体协同减排、非电工业烟气污染物超低排放控制、污染物脱除与资源化利用一体化、多污染物协同控制、典型行业VOCs排放控制及替代、农业农村等关键技术与装备。作为大气复合污染中的重要前体物，VOCs治理方面依然存在一些明显的问题，如源头控制依然不足、无组织排放问题突出、治污设施简易低效、运行管理不到位以及监控监测不到位等。因此，在未来依然需要对这些明显存在的问题进行针对性的改进。

移动源大气污染治理技术方面，面向更加严格的移动源污染物排放控制要求，重点推动机动车（包括柴油车、汽油车、摩托车和替代燃料车等）尾气高效后处理关键技术与装备的发展和应用，加快开展船舶与非道路机械大气污染物高效控制技术的研发。面源及室内空气污染净化技术方面，针对面源污染源多元化的排放特征，重点突破居民燃煤和城市扬尘控制、氨排放控制等关键技术与成套装备；针对治理室内与密闭空间空气污染、消除健康风险的需求，重点突破室内亚微米颗粒（$PM_{1.0}$）、半挥发性有机物（SVOCs）、气固二次污染物净化等关键技术与设备，为空气质量长效改善提供关键技术支撑。此外，针对移动源中的柴油车源需进一步实现颗粒物及氮氧化物的协同排放。

4.1.1.5　空气质量改善管理控制技术

首先，按环境影响评价、排污许可制度实施、城市与区域控制措施效果评估的要求，通过典型区域案例的数据集成和质控研究，开展不同地形示踪扩散实验，形成支撑法规空气质量模型验证的基础数据集，开展不同尺度和不同类型空气质量模型的比较研究，构建我国法规空气质量模型遴选指标、标准、评估与准入退出机制，建立污染控制方案及政策法规影响空气质量的定量评估技术方法，选择典型区域开展技术示范。其次，针对重点区域大气污染联防联控的机制创新，深入分析不同区域及不同部门的利益冲突，研究区域（城市）之间产业转移、能源优化、联合减排、资金补偿、信息共享等协同关系，从国家层面上研究跨区域、跨部门的协作机制和体制创新模式；以区域空气质量整体持续改善目标为约束，构建经济驱动、能源战略、末端治理和成本效益的综合调控方案和快速评价技术，建立城市—区域—国家多尺度多目标多污染物协同控制的情景分析和动态展示平台；提出有效推进区域污染联防联控的若干关键法律法规、制度条例、管理政策（建议稿）等，构建大气污染区域联防联控管理技术体系。最后，系统评估我国现有国家和地方大气环境管理经济政策及其实施成效，以空气质量改善为目标，系统研究并设计我国环境经济政策基本框架，重点突破大气环境资源定价和绿色 GDP（国内生产总值）评价方法、区域空气质量改善和重点行业污染控制边际成本定量分析技术，研究排放指标有偿使用和分配技术、经济激励和惩罚政策；为以最小成本实现国家、区域和城市空气质量改善目标和主要大气污染物减排指标提供理论体系、技术方法和政策建议。

4.1.2　水环境学科

我国水环境学科发展，在理论和技术方面都有了一定的进步。国家生态文明建设战略的实施和颁布，对学科系统建设和发展提出了更高的要求。结合“十三五”环境保护科技需求、“水十条”和“水体污染治理和控制”科技重大专项，根据国内外水环境领域发展趋势，聚焦以下重点方向。

4.1.2.1　流域水环境监控

以流域水质保障与水生态安全为目标，以强化流域水质系统管理、形成监控、预警能力为重点，开展流域水生态功能区划、流域水质目标管理、水环境监测、水环境风险评估、水环境预警和流域水污染防治综合决策等技术研究，构建适合我国水污染特征的流域水污染防治综合管理体系，建立水污染控制技术评估系统和评估技术平台，支撑流域水环境管理和决策，从而保障国家环境与经济、社会的协调可持续发展。实现面向水生态系统安全保障的流域水环境管理模式和管理体制的转变。形成基于流域水生态功能分区水污染控制、水环境监测、水环境质量预警、水环境监察与监管的水质目标管理成套技术方法与规范。

系统地开展流域水生态功能区划理论与方法研究，建立水生态功能区划分指标体系，建立全国水生态功能分区技术框架，完成重点流域水生态功能一级、二级区划，完成示范流域三级区划和污染控制单元划定方案。建立具有分区差异性的水质基准与标准制订技术框架，结合示范流域水环境质量管理目标，制定特征污染物的基准与标准。通过对流域水生态功能分区、水质目标管理、水环境监控预警和水污染治理综合决策等技术综合集成，构建我国流域水环境管理技术体系，在全国 7 大流域（太湖、滇池、巢湖、辽河、淮河、海河、松花江流域和三峡库区）形成确保水生态系统安全的流域水环境监控管理模式。

4.1.2.2　河流水污染防治

针对我国河流水污染严峻的现状，选择不同地域、类型、污染成因和经济发展阶段分异特征的典型河流，创立符合不同水质目标和功能目标的河流管理支撑技术体系，制定与我国不同区域经济水平和基本水质需求相适应的污染河流（段）水污染综合整治方案；重点突破一批清洁生产、水循环利用和点、面源污染负荷削减关键技术及集成技术，污染河流（段）治理与生态修复的集成技术，以及河流污染预防、控制、治理与修复的技术系统；选择具有典型性和代表性的河流开展工程示范。通过分阶段、分重点实施，实现由河流水质功能达标向河流生态系统完整性过渡的国家河流污染防治战略目标。

针对我国主要流域水系经济发展的阶段性特点，以影响我国河流水功能与水生态系统健康的主要污染物耗氧有机物、氮磷营养物、重金属、有机有毒污染物为控制与治理目标，选择不同污染程度、不同污染源类型、不同主要污染物种类、不同水体功能和河流生态功能各不相同的河流水系或典型河流河段，综合分析河流点、面污染负荷，河流水质演变过程，水体功能和水生态系统退化的特征；建立围绕水质功能和水生态保护目标的河流水质综合管理技术体系；开发重点行业和不同类型农业面源污染物削减关键技术；研发河流污染治理、生态修复和生物多样性保育的工程技术系统；通过技术集成和综合示范，达到大幅度削减入河污染物负荷、显著改善河流水质、初步恢复水生态系统功能结构的目标；总结形成不同经济发展阶段下我国不同地域河流污染防治和综合治理的技术体系。

4.1.2.3　湖泊水污染防治

全面掌握流域污染源和社会经济发展情况，及其与湖泊水质变化、富营养化之间的响应关系，初步提出解决我国湖泊水污染和富营养化治理的基本理论体系框架，研发不同类型湖泊水污染治理和富营养化控制自主创新的关键技术，形成湖泊水污染和富营养化控制的总体方案。攻克一批具有全局性、带动性的水污染防治与富营养化控制关键技术；有效控制示范湖泊、水库的富营养化，实现研究示范区水质显著改善，同时形成符合国情的湖泊流域综合管理体系，为我国湖泊水污染防治与富营养化全面控制、水环境状况的根本好转奠定技术基础。为确保湖泊流域污染物排放总量得到有效削减、水环境质量得到明显改善、饮用水安全得到有效保障提供成套技术与成功经验。

考虑我国湖泊类型众多，且位于不同地理区域并处于经济发展不同阶段，处在不同的富营养化发展过程并具有各自生态特征的特点，选择富营养化类型、营养水平、湖泊规模、形成机理和所处地区不同的典型湖泊，开展综合诊断，制定与湖泊营养水平、类型、阶段和地区经济水平相适应的富营养化湖泊综合整治方案，选择具有典型性和代表性的湖泊水域及流域重点集水区开展工程示范。逐步实现由湖泊及其集水区的重点控源与局部湖区水质改善向湖泊整体水环境质量明显改善转变的国家水专项的战略目标。为我国当前与今后大规模开展不同类型湖泊富营养化治理提供成套技术与管理经验。

4.1.2.4　饮用水安全

结合典型区域的水源污染和供水系统的特征，通过关键技术研发、技术集成和应用示范，构建针对水源保护—净化处理—输配全过程的饮用水安全保障技术；集水质监控、风险评估、运行管理、应急处置于一体的标准和监管管理体系，为全面提升我国饮用水安全保障技术水平、促进相关产业发展以及强化政府监管能力提供科技支撑。通过技术研发、技术集成和综合示范，持续提升我国饮用水安全保障能力，为保障人民群众的饮水安全和身体健康提供技术支撑。

基于我国水体普遍遭受污染的现实状况，针对不同水源类型、不同水质特征和不同供水系统存在的安全隐患，研究构建集水源保护、净化处理、安全输配、水质监测、风险评估、应急处置于一体的饮用水安全保障技术和监管体系，通过技术研发、技术集成和综合示范，持续提升我国饮用水安全保障能力。

4.1.2.5　城市水环境

识别我国城市水污染的时空特征和变化规律，建立不同使用功能的城市水环境和水排放的标准与安全准则。在水环境保护的国家重点流域，选择若干个在我国社会经济发展中具有重要战略地位、不同经济发展阶段与特点、不同污染成因与特征的城市与城市集群，以削减城市整体水污染负荷和保障城市水环境质量与安全为核心目标，重点攻克城市和工业园区的清洁生产、污染控制和资源化关键技术，突破城市水污染控制系统整体设计、全过程运行控制和水体生态修复技术，结合城市水体综合整治和生态景观建设，开展综合技术研发与集成示范，初步建立我国城市水污染控制与水环境综合整治的技术体系、运营与监管技术支撑体系，推动关键技术的标准化、设备化和产业化发展，构建新一代城市水环境系统提供强有力的技术支持和管理工具。

结合国家水污染物排放总量削减目标、示范城镇水污染控制与水环境质量改善发展目标，以降低 COD、氨氮、总氮和总磷排放总量为核心指标，系统分析研究影响城镇水环境质量的突出因素、控制途径和系统解决方案。今后应重点开展以下四方面研究：污水再生及循环的物质转化与能源转换机制；再生水生态储存与多尺度循环利用原理；城市水系统水质安全评价与生态风险控制方法；基于“再生水 +”的可持续城市水系统构建理论。

开展城市水环境系统决策规划与管理、城镇污水收集与处理、地表径流污染控制、工业园区污染源控制、城市水功能恢复与生态景观建设、城市水环境设施监控管理等方面的技术研发、技术集成和综合示范，突破城市水环境综合整治系统的整体设计、全过程运行控制和水体生态修复技术，形成一系列基于城市水环境系统良性循环理念的综合整治技术方案，初步建立我国城市水污染控制与水环境综合整治的关键技术体系、运营与监管技术支撑体系构建新一代城市水环境系统提供强有力的技术支持和管理工具。

4.1.2.6　水环境管理

围绕构建水环境管理决策技术平台、理顺水环境管理“生产关系”、提高水环境管理政策“生产力”三大支撑，明确国家中长期水污染控制路线图，提出水环境管理体制创新、制度创新、政策创新主要方向，改进和完善水污染控制管理机制，增强市场经济手段在水污染控制中的作用，明确政府、企业在水环境保护中的责任，提高水污染控制的投入和效率，强化监督管理和政策执行能力，提高经济政策的实施效果和执行效率，为实现国家水污染防治目标提供长效管理体制和政策机制。全面构建适合我国国情的水环境综合管理技术体系，构建完整的国家环境管理基础平台、水环境综合管理体制、水环境长效政策手段，全面提升流域水污染管理和政策执行能力，确保示范区域污染物排放总量得到有效削减、水环境质量得到明显改善、饮用水安全得到有效保障，促进流域社会经济可持续发展。

针对水污染防治工作中涉及的决策支持、体制机制、环境政策问题，从流域、河流、城市水环境管理制度设计以及水资源配置、污水处理到环境资源配置等各个环节，研究适用于我国经济社会特点的财政、税收、价格、投资、处罚、补偿和信息公开等水环境管理政策体系，为流域水污染控制目标的实现提供经济技术保障。主要开展水环境保护战略决策、水环境管理制度设计、流域水污染防治投融资政策、流域水污染防治的价格与税费政策、排污许可证制度、跨界污染协同管理、流域水污染赔偿和生态补偿设计、水污染防治的公众参与和信息公开制度、流域农业面源污染防治政策法规体系、城市水污染治理基础设施建设与产业发展政策、饮用水安全保障管理政策体系等研究。

4.1.3　土壤环境与地下水学科

大气、水、土壤是环保三大主战场，随着环保政策如“水十条”“土十条”的相继发布，接下来土壤和地下水污染治理的前景更值得期待。根据《国家环境保护科技发展规划》，土壤地下水污染防治领域预计投入达 30 亿元，占到中央环保科技预计总投入的

10%，相比“十二五”有较大幅度的增长。当前，我国土壤和地下水环境学科发展受到高度重视，在理论和技术方面取得了显著进展，为保障我国环境安全，生态安全和人居环境健康发挥了重要作用。预计在未来五年，土壤与地下水环境学科的发展方向，将主要关注以下几个方面。

4.1.3.1　建立科学的土壤环境与地下水污染监测与评价网络体系

研究和开发土壤环境与地下水多级监测系统应是我国未来该领域的重要发展方向。应进一步补充和完善土壤环境检测点位、地下水监测井网，逐步建立其动态监测与分析预测服务系统，实现环境监测信息共享，实现国家对土壤环境与地下水的全面监控。对重点污染地区（段）进行重点监测，综合利用多种监测技术相结合的方式提高监测精度，同时还应建立全国土壤环境与地下水污染预警与应急预案机制及网络体系，建立完善的污染应急保障体系，实现对大区域范围内的土壤环境与地下水污染信息的实时监控和对污染严重地区的及时预报。

4.1.3.2　向绿色的土壤环境与地下水生物修复技术发展

加快生态文明体制改革、推进绿色发展、建设美丽中国的战略部署，强调必须加大环境治理力度。解决污染土壤与地下水修复技术问题是环境治理中的重要一环，要大力研发和推广绿色的土壤与地下水修复技术。进行大量的实践，寻找绿色的土壤与地下水修复技术，减少对资源的浪费，避免出现二次污染[121]。

4.1.3.3　从单一的修复技术向多技术联合发展

各种修复技术联合起来使用更加有效，多技术联合修复的技术将成为当前该领域的发展方向。如今，污染土壤和地下水的微生物修复技术、原位固化 / 稳定化技术、原位化学氧化 / 还原技术等综合性的工程修复技术如雨后春笋般涌现[122]。

4.1.3.4　从异位向原位的修复技术发展

异位修复处理成本高，只适用于表层污染的土壤，无法治理深层土壤和地下水，这种治标不治本的方法已经不能满足治理需求。因此，近年来研发出多种原位修复技术，从而满足不同污染场地的修复要求[123]。

4.1.3.5　在研发新的技术基础上进一步突出基础理论研究

对于植物修复，人们应寻找、筛选和驯化更多更好的重金属富集植物，利用基因工程技术，将超富集植物的耐性基因移植到生物量大、生长迅速的植物中，使植物修复走向产业化。对于微生物修复，人们可以通过基因重组，开发出抗逆性强、分解能力强的基因工程菌。同时，加大对生物修复技术的机理研究，特别是利用微生物进行修复，筛选和驯化特异性强、能够高效降解的微生物菌株，研发出一套灵活多变的污染土壤田间修复技术，设计出针对性强、高效率、成本低的微生物修复设备，从而实现微生物修复技术的工程化应用[124]。

进行土壤环境与地下水污染的有效预防与控制，就必须掌握其污染物迁移转化规律与演变机制，为保障土壤健康、地下饮用水安全及地下水污染防治与修复提供基础。土壤环境与地下水中污染物反应运移机理是本领域的前沿问题，开展这方面的研究具有重要的理论意义，对我国土壤环境与地下水污染的预防、治理具有重要的实际意义。

4.1.3.6　非确定性的定量化和最小化

在土壤环境与地下水管理方面，需要在模型和管理决策中研究定量化分析不确定性的方法和手段，改进测试和数据分析使非确定性最小化，改进场地概念模型以提升预测和决策中的置信水平[125]。

4.1.4　固体废物处理与处置学科

固体废物处理与处置学科未来五年发展策略为：“以改善环境质量为核心，以解决生态环境领域突出问题为重点”，遵从固体废物管理的“减量化、资源化、无害化”原则，结合“十三五”环境保护科技需求、我国固体废物污染防治领域的战略需求以及近两年“固废资源化”的国家重点专项，根据国内外固体废物处置技术的发展趋势，聚焦以下重点领域。

4.1.4.1　固体废物源头减量

（1）重要有色冶炼行业过程控制与废渣减排技术。针对冶炼行业，研究重金属非常规污染物源头减量技术，研究中间物料矿相调控与高效分离技术，研究废酸净化与循环利用等技术[126]。

（2）研究钢铁行业钒钛冶炼废渣源头减量与资源化利用技术。针对钢铁行业钒钛冶炼废渣源头减量的重大需求，研究钒钛特色资源非常规体系反应分离过程，研究钒钛冶炼废渣短流程源头减量等技术。

（3）根据化工等多产业共生园区物质代谢及转化规律，研发产业共生大数据管理技术与应用平台；研究多产业渣尘在线协同循环利用等技术[127]。

4.1.4.2　固体废物智能化回收与分类

（1）针对城镇生活垃圾，研究其时空分布规律和相适应的分类方法及回收模式，研制城镇生活垃圾分类回收、精细分拣等智能化装备，研发城市环卫数据采集传输与人工智能分类收运集成等相关技术。

（2）研究典型城市再生资源智能回收装备和信息安全处理技术，研究基于大数据与云计算的回收流程智能解析技术，开发废弃电器电子产品等典型城市再生资源线上线下融合回收系统，研发多元数据支撑的典型城市再生资源自动识别分级和价值评估等技术[128]。

4.1.4.3　固体废物资源化

（1）针对有价金属含量高、综合利用潜力大但环境污染严重的有色金属冶炼废物，研发有价金属深度分离、重金属解毒和尾渣高效胶凝固化、尾渣工业窑炉协同处置利用等关键技术。

（2）研发化工污泥、化工残渣、脱硫副产物和脱硫催化剂、表面处理废物处置利用，市政污泥干化焚烧处理、高毒持久性有机污染物废物非焚烧解毒和建材利用以及生活垃圾焚烧飞灰资源化利用等关键技术。

（3）研发废弃液晶显示管、废锂电池、废晶体硅太阳能电池板、废旧荧光灯、废旧稀土等废物中贵重金属回收和污染控制以及建筑废物、废塑料、废橡胶和废玻璃等的高附加值资源化循环利用关键技术。

（4）研发废物生产者责任延伸制度建立的关键支撑技术。开发秸秆、餐厨垃圾、园林绿化垃圾、禽畜粪便等生物质固体废物资源化利用关键技术和设备。

（5）开展促进固废资源化科学管理体系构建和产业快速健康发展新理论、新方法的研究，研究支撑构建固废资源化战略决策、关键制度、评价指标和标准体系的关键技术与工具，构建固废智能化回收的成套系统和技术体系。

（6）按照生态文明建设的总体要求，以集聚化、产业化、市场化、生态化为导向，以提高资源利用效率为核心，着力技术创新和制度创新，探索大宗固体废弃物区域整体协同解决方案，推动大宗固体废弃物由“低效、低值、分散利用”向“高效、高值、规模利用”转变，带动资源综合利用水平的全面提升，推动经济高质量可持续发展。探索建设一批具有示范和引领作用的综合利用产业基地，形成多途径、高附加值的综合利用发展新格局[129-133]。

4.1.4.4 有机、无机固废高效利用及安全处置

（1）针对城镇高含固有机固废，研究其高效制备生物燃气过程有机物微生物强化降解与多介质传质机理、固相残余物生化和热化学耦合转化规律，研发高含固生物有机质反应器内生物强化等相关技术。

（2）针对城镇易腐有机固废，研究其生物转化与二次污染控制过程中微生物群落与物质结构变化规律，研发易腐垃圾多组分协同降解转化等技术及装备。

（3）针对矿业、冶金、化工、陶瓷典型行业大宗低阶固废规模化增值利用迫切需求，研究固废低阶组分物相高温重构等技术[134]。

4.1.4.5 危险废物处置

（1）开发多种有机固废协同稳定焚烧技术及装备；研究焚烧过程参数测量和数据耦合诊断技术，开发过程智能自动优化控制系统；研究焚烧烟气腐蚀介质钝化和高参数余热利用等相关技术设备。

（2）针对铝冶炼、黄金冶炼、锌冶炼典型高毒危废，研究典型危废毒害组分赋存规律与安全利用属性，研究氰/氟/硫/碱等毒害组分高温熔融、气化熔融等稳定化处置等技术。

（3）针对城镇建筑及生活垃圾、工业有机固废热解装备大型化需求，研究有机固废热解过程有害物质迁移转化规律及脱焦除硫控氮等相关新技术[135]。

4.1.4.6 固体管理

含油固废监测是近年来固废监测的热点，我国每年产生的含油污泥总量达数百万吨，

因此对含油固废的监测工作就显得尤为重要。针对目前含油固废监测上存在的问题。开发研究各类污染物的形态分析方法，是未来几年固体废物监测的一个重点领域。近年来我国也不断完善固废监测体系建设，固废监测体系发展迅速，呈现出从个别到一般、从零散到整体、监测范围逐渐拓宽、监测方法逐渐增加的趋势，现已形成了包括固体废物采样和制样、危险废物鉴别及各种监测分析方法在内的较为完善的监测体系[136]。

4.2 展望

当前，固体废物污染控制的研究趋势已由单要素研究、单一治理向多要素研究、综合资源化治理发展；固体废物污染防治技术的研究重点由单项治理转向综合防控，并正在向可持续发展（绿色发展）的方向延伸；现有固废处理处置与资源化技术向废物综合管控与绿色循环利用方向转变。我国近年来已经向构建适应我国固废特征的源头减量与循环利用技术体系的方向改变，研究热点向构建若干重点行业、重点区域的循环经济发展技术模式转变。固体废物处理与处置学科未来五年发展的战略需求主要集中在以下几方面。

（1）加速推进固体废物分类管理，建立有效的回收利用体系。城市垃圾分类管理在我国起步较晚，1992 年，在《中国 21 世纪议程》中才首次提出城市生活垃圾分类收集，2000 年确定在 8 个城市开展生活垃圾分类收集试点，但 14 年的试点效果并不理想，2016 年迎来我国垃圾分类新纪元，提出在 2020 年底回收利用率要达到 35% 以上[137]。因此，加快国内固体废物回收利用体系建设，推进城乡生活垃圾分类，提高国内固体废物的回收利用率是工作重点之一[138]。

（2）推动固体废物资源化技术研究，提升固体废物资源化利用技术及装备水平。工业固废及生活垃圾资源化利用技术及装备水平有待提升。随着科技的不断发展，涌现出了许多新兴固体废物，电子垃圾等，提高废弃电器电子产品、报废汽车拆解利用水平，提高快递废包装的利用途径成为一项重要工作。同时，要鼓励和支持企业联合科研院所、高校开展固体废物处理与处置装备的研发，加快相关技术及装备的产业化进程[139]。

（3）完善固体废物综合治理的法律法规体系，加大监督巡查力度。现阶段我国法律法规对生产者的责任制度要求不健全，应明确生产者责任制度，加强生产者责任延伸范围，明确信息披露制度，使消费者容易获取资源。最后，随着管理力度的加强，巡查力度也应加大[140]。

5. 学科的人才培养及研发平台

5.1 学科的人才培养

目前国际上环境学科发展与人才培养表现出多学科之间的交叉，注重通识教育与专业教育融合的特点。在专科层次主要以培养环境保护工程与技术方面的应用型人才为主，专业方向包括环境监测与治理技术、环境监测与评价、农业环境保护技术、资源环境与城市管理、环境保护、城市水净化技术，室内检测与控制技术，环境工程技术、工业环保与安全技术、环境监测与分析等；而本科层面上主要培养从事环境保护理论研究、环境工程设计、环境评价、环境规划与管理的高级人才。专业包括环境科学与工程、环境科学、环境工程、资源环境科学、环境生态工程、环保设备工程、水质科学与技术等；研究生阶段，开展环境科学与工程一级学科方向上的培养人才，许多高等学校和科研院所也开展环境科学、环境工程等二级学科上的人才培养，方向和研究领域包括环境化学、环境生物学、环境工程、环境管理、生态安全、环境材料、环境经济与环境管理、环境法学、环境生态学等方向，呈现更加交叉和融合的趋势。

针对交叉和综合学科的建设，高校正在整合不同院系的学术资源，围绕重大科学问题，设立交叉学科公共科研平台和研究中心，共享交叉学科学术资源，实习研究平台及项目的跨越式发展。通过交叉学科项目实施带动交叉学术研究平台建设。一些高校正在开展以交叉学科为基础的合作学位研究生培养项目，甚至可以和校外的公司或单位建立合作关系，形成高校内外的研究生学分认可文件及辅助机制，使不同的单位和机构都参与到跨学科的人才培养中来，促进交叉学科和不同机构间的有效合作和交流，保证交叉学科研究生培养质量。最后，制定科学的交叉学科发展保障体系，科研资源分配方法、激励措施，促进人才合理流动。

通过评估与认证促进教育质量的提高，是世界各国高等教育发展和质量建设的共同经验。教育部学位与研究生教育发展研究中心于 2004 年、2009 年、2012 年和 2017 年组织开展了四次学科评估，对具有研究生培养和学位授予资格的一级学科进行整体水平评估。环境科学与工程学科本一级学科中，全国具有“博士授权”的高校共 60 所，比 2012 年多出 10 所，本次参评 57 所；部分具有“硕士授权”的高校也参加了评估；参评高校共计 155 所。

工程教育专业认证作为保障高等工程教育质量的重要途径，近年来得到我国社会各界的重视。2012 年 4 月，教育部高等教育司决定批准成立工程教育专业认证环境类专业认证委员会，下设秘书处挂靠在中国环境科学学会。截至 2019 年初，共完成国内 59 所高校环境工程专业的认证工作，从课程体系、支持条件、管理制度等多方面进行改进与创新，为学生工程能力的全面提高奠定了基础。

5.2 学科的研发平台

5.2.1 国家环境保护重点实验室

国家环境保护重点实验室（主管部门：国家环境保护总局）是国家环境保护科技创新体系的重要组成部分，是国家组织环境科学基础研究和应用基础研究、聚集和培养优秀科技人才、开展学术交流的重要基地，实验室建设宗旨是促进环境科学技术的发展，开展创新性研究，解决环境保护的重大科技问题，为实现国家环境保护目标和可持续发展，提供科学理论与技术支持，承担国家环境保护基础研究与应用基础研究项目，解决环境保护重大和关键性难题，掌握国内外学术动向，提供相关领域科技发展报告、咨询服务等。截至2019年9月，通过验收并命名的重点实验室有37个，批准建设的重点实验室有7个。其中2016—2019年间通过验收13个，批准建设6个，近四年间重点实验室发展迅速，名单详见附件1。

5.2.2 国家环境保护工程技术中心

国家环境保护工程技术中心（主管：环境保护部）是国家环境科技创新体系的组成部分，以国家需求为导向，中心以环境保护技术创新为宗旨，解决环境保护重大科技问题，促进环保高技术产业的发展，为实现国家环境保护目标和可持续发展提供技术支持。国家环境保护工程技术中心主要研究开发污染防治与生态保护的共性技术和关键技术，促进科研成果工程化开发、系统化集成、产业化发展，并发挥扩散、辐射作用，中心积极开展国际合作与交流，引进、消化、吸收和创新，为建设创新型国家培养创新团队和技术人才，提供信息咨询、技术支持和服务等。截至2019年8月，通过验收并命名的工程技术中心有28个，批准建设的工程技术中心有16个。其中2016—2019年间通过验收10个，批准建设2个，近四年间工程技术中心发展迅速，名单详见附件2。

5.2.3 科技奖励

为奖励在科技进步活动中做出突出贡献的公民、组织，国务院设立了五项国家科学技术奖：国家自然科学奖、国家技术发明奖、国家科学技术进步奖、国家最高科学技术奖和中华人民共和国国际科学技术合作奖。其中，国家自然科学奖、国家技术发明奖、国家科学技术进步奖每年评定一次。经统计，2016—2019年，国家自然科学奖共颁发170项，国家技术发明奖共颁发239项，国家科学技术进步奖共颁发633项。环境保护相关领域共获得7项国家自然科学奖（占该奖项总数的4.1%），9项国家技术发明奖（占该奖项总数的3.8%），33项国家科学技术进步奖（占该奖项总数的5.2%），其中获奖项目主要涉及水污染控制、废气处理、土壤修复、固废处理处置、清洁生产等多个分领域，涉及超低排放和工业废水等环保项目（详见附件3）。总体上，环境科技领域近年来有一批优秀成果问世，涉及各主要子领域，呈现稳定发展态势。获奖项目中各类应用技术研发占较大比例（占奖项总数的85.7%）。环境保护科学技术奖是我国环境保护科研领域中的重要奖项，每年评定一次。经统计，2016—2018年，环境保护科学技术奖共颁发142项，其中一等奖15项、二等奖93项、三等奖30项、科普类4项。可看出近年来，随着国家对环保的重视提升，环保政策与措施的大量出台，环保产业进入了快速发展的时期，而技术创新成为其取得突破性进展的关键。

参考文献

[1] 中国环境科学研究院．“2+26”城市大气污染源排放清单研究［R］．中国环境科学研究院，2019.

[2] Liu T.，Wang X.，Wang B.，et al. Emission factor of ammonia（NH_3）from on-road vehicles in China：tunnel tests in urban Guangzhou［J］．Environmental Research Letters，2014，9（6）：e64027.

[3] Xu P.，Zhang Y.，Gong W.，et al. An inventory of the emission of ammonia from agricultural fertilizer application in China for 2010 and its high-resolution spatial distribution［J］．Atmospheric Environment，2015（115）：141-148.

[4] 郝国朝．陕西省民用燃煤大气污染物排放清单的建立［D］．西安：西安建筑科技大学，2018.

[5] Liu F，Zhang Q R. Recent reduction in NO_x emissions over China：synthesis of satellite observations and emission inventories［J］．Environmental Research Letters，2016，11（11）：e114002.

[6] Wang N.，Liu X. P.，Deng X. J.，et al. Assessment of regional air quality resulting from emission control in the Pearl River Delta Region，southern China［J］．Science of the Total Environment，2016（573）：1554-1565.

[7] Qi J.，Zheng B.，Li M.，et al. A high-resolution air pollutants emission inventory in 2013 for the Beijing-Tianjin-Hebei Region，China［J］．Atmospheric Environment，2017（170）：156-168.

[8] Liu L，Zhang X，Xu W，et al. Temporal characteristics of atmospheric ammonia and nitrogen dioxide over China based one mission data，satellite observations and atmospheric transport modeling since 1980［J］．Atmospheric Chemistry and Physics，2017，17（15）：9365-9378.

[9] 王延龙，李成，黄志炯，等．2013年中国海域船舶大气污染物排放对空气质量的影响［J］．环境科学学报，2018，38（6）：2157-2166.

[10] Lang J.，Tian J.，Zhou Y.，et al. A high temporal-spatial resolution air pollutant emission inventory for agricultural machinery in China［J］．Journal of Cleaner Production，2018（183）：1110-1121.

[11] Kourtidis K.，Georgoulias A. K.，Mijling B.，et al. A new method for deriving trace gas emission inventories from satellite observations：the case of SO_2 over China［J］．Science of the Total Environment，2018（612）：923-930.

[12] 刘晓咏，王自发，王大玮，等．京津冀典型工业城市沙河市大气污染特征及来源分析［J］．大气科学，2019，43（4）：861-874.

[13] Liu H.，Tian H.，Hao Y.，et al. Atmospheric emission inventory of multiple pollutants from civil aviation in China：temporal trend，spatial distribution characteristics and emission features analysis［J］．Science of the Total Environment，2019（648）：871-879.

[14] 薛志钢，杜谨宏，任岩军，等．我国大气污染源排放清单发展历程和对策建议［J］．环境科学研究，2019，32（10）：1678-1686.

[15] 贺克斌．城市大气污染源排放清单编制技术手册［R］．北京：清华大学，2018.

[16] 周晶．大气污染源排放清单构建技术难点及对策建议［J］．科技经济导刊，2017（17）：138-139.

[17] 中国环境科学研究院．“2+26”城市大气污染防治跟踪研究工作手册［R］．中国环境科学研究院，2017.

[18] 刘文清，陈臻懿，刘建国，等．区域大气环境污染光学探测技术进展［J］．环境科学研究，2019，32（10）：1645-1650.

[19] Meng X.，Chen L.，Cai J.，et al. A land use regression model for estimating the NO_2 concentration in shanghai，China［J］．Environmental research，2015（137）：308-315.

[20] Wang G.，Zhao J.，Jiang R.，et al. Rat lung response to ozone and fine particulate matter（$PM_{2.5}$）exposures［J］．Environmental toxicology，2015（30）：343-356.

[21] 胡晓丽．$PM_{2.5}$ 慢性暴露对大鼠肺的致癌作用及其机制研究［D］．天津：天津医科大学，2017.

[22] 李航．$PM_{2.5}$ 对大鼠肺脏的毒性效应及鱼油和维生素 E 的干预作用［D］．新乡：新乡医学院，2017.

[23] Chen R.，Kan H.，Chen B.，et al. Association of particulate air pollution with daily mortality：China Air Pollution and Health Effects Study［J］．American journal of epidemiology，2012（175）：1173–1181.

[24] Chen R.，Zhao Z.，Sun Q.，et al. Size-fractionated particulate air pollution and circulating biomarkers of inflammation，coagulation，and vasoconstriction in a panel of young adults［J］．Epidemiology，2015（26）：328–336.

[25] Cao J.，Yang C.，Li J.，et al. Association between long-term exposure to outdoor air pollution and mortality in China：A cohort study［J］．Journal of Hazardous Materials，2011，186（2–3）：1594–1600.

[26] Chen R.，Zhao A.，Chen H.，et al. Cardiopulmonary benefits of reducing indoor particles of outdoor origin：a randomized，double-blind crossover trial of air purifiers［J］．Journal of the American College of Cardiology，2015（65）：2279–2287.

[27] 韦民红，李素文，陈正慧．多轴差分吸收光谱同时测量多种气体斜柱浓度的研究［J］．淮北师范大学学报（自然科学版），2019，40（3）：17–21.

[28] 李治艳．基于腔衰荡光谱的大气 NO_3 和 N_2O_5 探测及夜间化学过程研究［D］．北京：中国科学技术大学，2019.

[29] 韩雨佳．基于吸收光谱技术的气体速度和浓度测量实验研究［D］．杭州：浙江大学，2019.

[30] Wang S. S.，Shi C. Z.，Zhou B.，et al. Observation of NO_3 radicals over Shanghai，China［J］．Journal of Atmospheric Environment，2013（7）：401–409.

[31] 张军科，罗彬，张巍，等．成都市夏冬季大气胺颗粒物的单颗粒质谱研究［J］．中国环境科学，2019，39（8）：3152–3160.

[32] Chen Z. Y.，Zhang J. S.，Zhang T. S.，et al. Haze observations by simultaneous lidar and WPS in Beijing before and during APEC，2014［J］．Science China Chemistry，2015，58（9）：1385–1392.

[33] 韦民红，李素文，陈正慧．多轴差分吸收光谱同时测量多种气体斜柱浓度的研究［J］．淮北师范大学学报（自然科学版），2019，40（3）：17–21.

[34] 张晓春，宋庆利，曹永，等．国产傅立叶变换红外光谱温室气体在线监测仪及其在大气本底监测中的初步应用［J］．大气与环境光学学报，2019，14（4）：279–288.

[35] 谢云峰，曹云者，杜晓明，等．土壤污染调查加密布点优化方法构建及验证［J］．环境科学学报，2016，36（3）：981–989.

[36] 陈秋兰．我国土壤环境监测制度的现状、主要问题及对策［J］．环保科技，2018，24（4）：59–64.

[37] 逯雨，李义连，杨森，等．基于 J&E/AAM 模型的污染场地 VOCs 风险防控［J］．环境科学研究，2018，31（5）：868–877.

[38] 徐申．化学氧化 – 微生物耦合修复 BaP 污染土壤初探［D］．杭州：浙江大学，2019.

[39] 高彦鑫，王夏晖．我国土壤环境风险评估与预警机制研究［J］．环境科学与技术，2015，38（S1）：410–414.

[40] 唐碧玉，施意华，邱丽，等．电感耦合等离子体质谱法测定土壤中 6 种重金属可提取态的含量［J］．理化检验（化学分册），2019，55（7）：846–852.

[41] 梁焱，陈盛，张鸣珊，等．快速溶剂萃取 – 气相色谱 – 质谱法测定土壤中 24 种半挥发性有机物含量［J］．理化检验（化学分册），2016，52（6）：677–683.

[42] 雷梅，王云涛，顾闰尧，等．基于知识图谱的土壤重金属快速监测技术进展［J］．中国环境科学，2018，38（1）：244–253.

[43] 周际海，黄荣霞，樊后保，等．污染土壤修复技术研究进展［J］．水土保持研究，2016，23（3）：366–372.

[44] 徐世春，于兆丽，黄吉慧．固体废弃物的污染防治现状及防治对策［J］．中国科技信息，2005（13）：386.
[45] 矫旭东．我国城市废弃物处理现状、问题及管理对策研究［J］．再生资源与循环经济，2019，12（1）：18-22.
[46] 我国固体废物处理行业 2007 年发展综述［J］．中国环保产业，2008（10）：18-20.
[47] 中国环境保护产业协会固体废物处理利用专业委员会 . 我国固体废物处理利用行业 2008 年发展综述［J］．中国环保产业，2009（9）：19-23.
[48] 李金惠，赵传军，刘丽丽 . 固体废物处理利用行业 2017 年发展综述［J］．中国环保产业，2018（10）：7-15.
[49] 陈瑛，胡楠，滕婧杰，等．我国工业固体废物资源化战略研究［J］．中国工程科学，2017，19（4）：109-114.
[50] 陶思源．关于我国农业废弃物资源化问题的思考［J］．理论界，2013（5）：28-30.
[51] 官章琴．农林废弃物对废水中 Cr（Ⅵ），Cu^{2+}，Zn^{2+}，Pb^{2+} 的吸附特性研究［D］．青岛：中国海洋大学，2010.
[52] 邹筱，李玉琴．基于循环经济理论的快递包装回收体系构建［J］．包装学报，2016，8（4）：60-66.
[53] 张伟，秦城．论我国对电子垃圾和报废汽车的管理办法［J］．中国环保产业，2017（12）：31-34.
[54] Dirk B. Electronic Scrap：A Growing Resource［J］．Precious Metals，2001，21（7）：21-24.
[55] 关于加快推进生态文明建设的意见［J］．中国资源综合利用，2015（5）：9-15.
[56] 国务院印发《关于深化中央财政科技计划（专项、基金等）管理改革的方案》［J］．稀土信息，2015（2）：35-37.
[57] 于璇．生产者责任延伸制度推行，电器电子成先行试点［J］．电器，2017（2）：26.
[58] Zhang X. Y. Atmospheric aerosol compositions in China：spatial/temporal variability，chemical signature，regional haze distribution and comparisons with global aerosols［J］．Atmospheric Chemistry and Physics，2012，12（2）：779-799.
[59] Zhang R. Formation of Urban Fine Particulate Matter［J］．Chemical Reviews，2015，115（10）：3803-3855.
[60] Zhang R. Chemical characterization and source apportionment of $PM_{2.5}$ in Beijing：seasonal perspective［J］．Atmospheric Chemistry and Physics，2013，13（14）：7053-7074.
[61] Wang L. Atmospheric nanoparticles formed from heterogeneous reactions of organics［J］．Nature Geoscience，2010，3（4）：238-242.
[62] Sun Y. L. Aerosol composition，sources and processes during wintertime in Beijing，China［J］．Atmospheric Chemistry and Physics，2013，13（9）：4577-4592.
[63] Quan J. Characteristics of heavy aerosol pollution during the 2012-2013 winter in Beijing，China［J］．Atmospheric Environment，2014（88）：83-89.
[64] Liu X. G. Formation and evolution mechanism of regional haze：a case study in the megacity Beijing，China［J］．Atmospheric Chemistry and Physics，2013，13（9）：4501-4514.
[65] Ji D. The heaviest particulate air-pollution episodes occurred in northern China in January，2013：Insights gained from observation［J］．Atmospheric Environment，2014（92）：546-556.
[66] Huang R J. High secondary aerosol contribution to particulate pollution during haze events in China［J］．Nature，2014，514（7521）：218-222.
[67] He H. Mineral dust and NO_x promote the conversion of SO_2 to sulfate in heavy pollution days［J］．Scientific Reports，2014（4）：e4172.
[68] Fan W. Graphene oxide and shape-controlled silver nanoparticle hybrids for ultrasensitive single-particle surface-enhanced Raman scattering（SERS）sensing［J］．Nanoscale，2014，6（9）：4843-4851.
[69] Mauldin Ⅲ R. L，Berndt T.，Sipilä M.，et al. A new atmospherically relevant oxidant of sulphur dioxide［J］.

Nature，2012，488（7410）：193-196.
[70] Rollins A. W.，Browne E. C.，Min K. E.，et al. Evidence for NO_x control over nighttime SOA formation [J]. Science，2012，337（6099）：1210-1212.
[71] Zhang S.，Li G.，Tian L.，et al. Short-term exposure to air pollution and morbidity of COPD and asthma in East Asian area：A systematic review and meta-analysis [J]. Environmental Research，2016（148）：15-23.
[72] 王晓燕. 大气环境监测与质量控制研究 [J]. 中国资源综合利用，2019，37（9）：119-121.
[73] 胡晓，张国超，林陈爽，等. 基于激光雷达的宁波地区气溶胶垂直分布特征研究 [J]. 气象与环境科学，2019，42（2）：74-81.
[74] 卢乃锰，闵敏，董立新，等. 星载大气探测激光雷达发展与展望 [J]. 遥感学报，2016，20（1）：1-10.
[75] 季承荔，陶宗明，胡顺星，等. 三波长激光雷达探测卷云有效激光雷达比 [J]. 中国激光，2016，43（8）：268-274.
[76] 赵虎. 多波长激光雷达结合现场仪器的大气气溶胶探测方法和实验研究 [D]. 西安：西安理工大学，2017.
[77] Woolcock P. J.，Brown R. C. A review of cleaning technologies for biomass-derived syngas [J]. Biomass and Bioenergy，2013（52）：54-84.
[78] Li M. T.，Anh P.，Roddy D.，et al. Technologies for measurement and mitigation of particulate emissions from domestic combustion of biomass：A review [J]. Renewable and Sustainable Energy Reviews，2015（49）：574-584.
[79] Parihar A. K. S.，Hammer T.，Sridhar G. Development and testing of plate type wet ESP for removal of particulate matter and tar from producer gas [J]. Renewable Energy，2015（77）：473-481.
[80] Mertens J.，Anderlohr C.，Rogiers P.，et al. A wet electrostatic precipitator（WESP）as countermeasure to mist formation in amine based carbon capture [J]. International Journal of Greenhouse Gas Control，2014（31）：175-181.
[81] Pudasainee D.，Paur H.，Fleck S.，et al. Trace metals emission in syngas from biomass gasification [J]. Fuel Processing Technology，2014（120）：54-60.
[82] Anderlohr C.，Brachert L.，Mertens J.，et al. Collection and generation of sulfuric acid aerosols in a wet electrostatic precipitator [J]. Aerosol Science and Technology，2015，49（3）：144-151.
[83] Mertens J.，Brachert L.，Mertens J.，et al. ELPI+ measurements of aerosol growth in an amine absorption column [J]. International Journal of Greenhouse Gas Control，2014（23）：44-50.
[84] Faria F. P.，Reynaldo S.，Fonseca T. C. F.，et al. Monte Carlo simulation applied to the characterization of an extrapolation chamber for beta radiation dosimetry [J]. Radiation Physics and Chemistry，2015（116）：226-230.
[85] Guo Y. B.，Yang S. Y.，Xing M.，et al. Toward the development of an integrated multiscale model for electrostatic precipitation [J]. Industrial and Engineering Chemistry Research，2013，52（33）：11282-11293.
[86] Adamiak K. Numerical models in simulating wire-plate electrostatic precipitators：A review [J]. Journal of Electrostatics，2013，71（4）：673-680.
[87] Rezaei F.，Jones C. W. Stability of Supported Amine Adsorbents to SO_2 and NO_x in Postcombustion CO_2 Capture.2. Multicomponent Adsorption [J]. Industrial and Engineering Chemistry Research，2014，53（30）：12103-12110.
[88] Fan Y. F，Rezaei F.，Labreche Y.，et al. Stability of amine-based hollow fiber CO_2 adsorbents in the presence of NO and SO_2 [J]. Fuel，2015（160）：153-164.
[89] Miller D. D.，Chuang S. S. C. Experimental and Theoretical Investigation of SO_2 Adsorption over the 1，3-Phenylenediamine/SiO_2 System [J]. Journal of Physical Chemistry C，2015，119（12）：6713-6727.
[90] Lin K. Y. A.，Petit C.，Park A. H. A. Effect of SO_2 on CO_2 capture using liquid-like nanoparticle organic hybrid

materials[J]. Energy Fuel, 2013, 27 (8): 4167-4174.

[91] Farr S., Heidel B., Hilber M., et al. Influence of flue-gas components on mercury removal and retention in dual-loop flue-gas desulfurization[J]. Energy Fuel, 2015, 29 (7): 4418-4427.

[92] Rumayor M., Diaz-Somoano M., Lopez-Anton M. A., et al. Temperature programmed desorption as a tool for the identification of mercury fate in wet-desulphurization systems[J]. Fuel, 2015 (148): 98-103.

[93] Sedlar M., Pavlin M., Popovic A., et al. Temperature stability of mercury compounds in solid substrates[J]. Open Chemistry, 2015, 13 (1): 404-419.

[94] Vainio E., Lauren T., Demartini N., et al. Understanding low-temperature corrosion in recovery boilers: Risk of sulphuric acid dew point corrosion[J]. J-for-Journal of Science and Technology for Forest Products and Processes, 2014, 4 (6): 14-22.

[95] Sporl R., Maier J., Scheffknecht G. Sulphur oxide emissions from dust-fired oxy-fuel combustion of coal[J]. Ghgt-11, 2013 (37): 1435-1447.

[96] Boningari T., Pappas D. K., Ettireddy P. R., et al. Influence of SiO_2 on M/TiO_2 (M = Cu, Mn, and Ce) formulations for low-temperature selective catalytic reduction of NOx with NH_3: Surface properties and key components in relation to the activity of NO_x reduction[J]. Industrial and Engineering Chemistry Research, 2015 (8): 2261-2273.

[97] Cha W., Yun S. T., Jurng J. Examination of surface phenomena of V_2O_5 loaded on new nanostructured TiO_2 prepared by chemical vapor condensation for enhanced NH_3-based selective catalytic reduction (SCR) at low temperatures[J]. Physical Chemistry Chemical Physics, 2014 (33): 17900-17907.

[98] Park E., Kim M., Jung H., et al. Effect of sulfur on Mn/Ti catalysts prepared using chemical vapor condensation (CVC) for low-temperature NO reduction[J]. ACS Catalysis, 2013 (7): 1518-1525.

[99] Usberti N., Jablonska M., Blasi M. D., et al. Design of a "high-efficiency" NH_3-SCR reactor for stationary applications: A kinetic study of NH_3 oxidation and NH_3-SCR over V-based catalysts[J]. Applied Catalysis B: Environmental, 2015 (179): 185-195.

[100] Beretta A., Usberti N., Lietti L., et al. Modeling of the SCR reactor for coal-fired power plants: Impact of NH_3 inhibition on Hg^0 oxidation[J]. Chemical Engineering Journal, 2014 (257): 170-183.

[101] Camposeco R., Castillo S., Mejia-Centeno I. Performance of V_2O_5/NPTiO_2-Al_2O_3-nanoparticle-and V_2O_5/NTiO_2-Al_2O_3-nanotube model catalysts in the SCR-NO with NH_3[J]. Catalysis Communications, 2015 (60): 114-119.

[102] Mejia-Centeno I., Castillo S., Camposeco R., et al. Activity and selectivity of V_2O_5/$H_2Ti_3O_7$, V_2O_5-WO_3/$H_2Ti_3O_7$ and Al_2O_3/$H_2Ti_3O_7$ model catalysts during the SCR-NO with NH_3[J]. Chemical Engineering Journal, 2015 (264): 873-885.

[103] Camposeco R., Castillo S., Mugica V., et al. Role of V_2O_5-WO_3/$H_2Ti_3O_7$-nanotube-model catalysts in the enhancement of the catalytic activity for the SCR-NH_3 process[J]. Chemical Engineering Journal, 2014 (242): 313-320.

[104] 李想，李俊华，何煦，等. 烟气脱硝催化剂中毒机制与再生技术[J]. 化工进展，2015，34 (12): 4129-4138.

[105] Shan W. P., Liu F. D., He H., et al. The remarkable improvement of a Ce-Ti based catalyst for NO_x abatement, prepared by a homogeneous precipitation method[J]. Chemcatchem, 2011 (3): 1286-1289.

[106] Liu F. D., Asakura K., He H., et al, Influence of sulfation on iron titanate catalyst for the selective catalytic reduction of NO_x with NH_3[J]. Applied Catalysis B-Environmental, 2011, 103 (3-4): 369-377.

[107] Cheng H. H. Antibacterial and regenerated characteristics of Ag-zeolite for removing bioaerosols in indoor environment[J]. Aerosol and Air Quality Research, 2012, 12 (3): 409-419.

[108] Ourrad H., Thevenet F., Gaudion V., et al. Limonene photocatalytic oxidation at ppb levels: Assessment of gas phase reaction intermediates and secondary organic aerosol heterogeneous formation [J]. Applied Catalysis B: Environmental, 2015 (168-169): 183-194.
[109] Russell J. A., Hu Y., Chau L., et al. Indoor-biofilter growth and exposure to airborne chemicals drive similar changes in plant root bacterial communities [J]. Applied and Environmental Microbiology, 2014 (16): 4805-4813.
[110] Ragazzi M., Tosi P., Rada e C., et al. Effluents from MBT plants: plasma techniques for the treatment of VOCs [J]. Waste Management, 2014 (11): 2400-2406.
[111] Luengas A., Barona A., Hort C., et al. A review of indoor air treatment technologies [J]. Reviews in Environmental Science and Bio/Technology, 2015 (3): 499-522.
[112] 中国环境保护产业协会固体废物处理利用委员会 . 我国固体废物处理利用行业 2008 年发展综述 [J]. 中国环保产业, 2009 (9): 19-23.
[113] 金兆荣, 徐宏, 侯峰, 等. 热等离子体技术处理危险废物的应用探讨 [J]. 现代化工, 2018, 38 (5): 6-10.
[114] 赵由才, 陈彧, 晏振辉, 等. 危险废物回转窑焚烧技术优化及二次污染控制 [J]. 有色冶金设计与研究, 2018, 39 (2): 44-47, 50.
[115] Suchowska-Kisielewicz M., Sadecka Z., Myszograj S., et al. Mechanical-biological treatment of municipal solid waste in Poland-case studies [J]. Environmental Engineering & Management Journal, 2017, 16 (2): 481-491.
[116] Li Y., Jin Y., Li J., et al. Effects of thermal pretreatment on degradation kinetics of organics during kitchen waste anaerobic digestion [J]. Energy, 2017 (118): 377-386.
[117] 李文浩, 金宁奔, 楼紫阳, 等. 城市污水厂污泥内循环自热高温微好氧消化的处理 [J]. 环境工程学报, 2017, 11 (9): 5182-5187.
[118] Yay A. S. E. Application of life cycle assessment (LCA) for municipal solid waste management: A case study of Sakarya [J]. Journal of Cleaner Production, 2015 (94): 284-293.
[119] 梁锐明, 殷鹏, 周脉耕. 大气 $PM_{2.5}$ 长期暴露对健康影响的队列研究进展 [J]. 环境与健康杂志, 2016, 33 (2): 172-177.
[120] 梁锐明. 长期暴露于 $PM_{2.5}$ 与心脑血管疾病死亡关联研究 [D]. 北京: 中国疾病预防控制中心, 2017.
[121] 洪银兴, 刘伟, 高培勇, 等. "习近平新时代中国特色社会主义经济思想" 笔谈 [J]. 中国社会科学, 2018 (9): 4-73, 204-205.
[122]《环境工程》2019 年全国学术年会论文集 (下册) [C].《环境工程》编委会、工业建筑杂志社有限公司:《环境工程》编辑部, 2019.
[123] 叶粤婷, 方宏萍, 张美崎, 等. 浅析地下水污染现状及修复技术 [J]. 贵州农机化, 2019 (3): 22-24, 31.
[124] 高伟. 试析受污染土壤的微生物环保修复技术 [J]. 绿色环保建材, 2019 (10): 29-31.
[125] 赵勇胜. 地下水污染场地的控制与修复 [M]. 北京: 科学出版社, 2015.
[126] 闵小波, 柴立元, 柯勇, 等. 我国有色冶炼固体废物处理相关技术及政策建议 [J]. 环境保护, 2017, 45 (20): 24-30.
[127] 郑艳红, 杨岩飞 . 攀枝花钒钛磁铁矿冶炼废渣中重金属钒元素活动性研究 [J]. 四川环境, 2012, 31 (S1): 18-22.
[128] 张英仙, 刘钢, 曹磊, 等. 浅析小城镇生活垃圾污染防治中存在的主要问题及对策 [J]. 环境科学与管理, 2011, 36 (4): 11-14.
[129] 王琛, 田庆华, 王亲猛, 等. 铜渣有价金属综合回收研究进展 [J]. 金属材料与冶金工程, 2014, 42 (6):

50–56.

[130] 郭学益，王松松，王亲猛，等. 氧气底吹炼铜模拟软件SKSSIM开发与应用［J］. 有色金属科学与工程，2017，8（4）：1–6.

[131] 王亲猛，郭学益，廖立乐，等. 氧气底吹炼铜多组元造锍行为及组元含量的映射关系［J］. 中国有色金属学报，2016，26（1）：188–196.

[132] 杜祥琬，钱易，陈勇，等. 我国固体废物分类资源化利用战略研究［J］. 中国工程科学，2017，19（4）：27–32.

[133] 项娟，王德芳，吴迪，等. 固体废弃物资源化的发展趋向分析［J］. 冶金与材料，2018，38（5）：173–174.

[134] 孙汉文，安建华，梁淑轩，等. 固体废物污染状况分析与废物资源化的思考［J］. 河北大学学报（自然科学版），2006（5）：506–514.

[135]《关于修改〈关于做好下放危险废物经营许可证审批工作的通知〉部分条款的通知》环办土壤函〔2016〕1804号.

[136] 臧文超，王芳. 坚持绿色发展，推进工业固体废物管理与利用处置［J］. 环境保护，2018，46（16）：12–16.

[137] 国务院中国21世纪议程［J］. 国土资源，2002（11）：47.

[138] Cui H.，Sošić G. Recycling common materials：Effectiveness，optimal decisions，and coordination mechanisms［J］. European Journal of Operational Research，2019，274（3）：1055–1068.

[139] De Souza R. G.，Clímaco J. C. N.，Sant' Anna A. P.，et al. Sustainability assessment and prioritisation of e–waste management options in Brazil［J］. Waste management，2016（57）：46–56.

[140] Davis J. M.，Garb Y. A model for partnering with the informal e–waste industry：rationale，principles and a case study［J］. Resources，Conservation and Recycling，2015（105）：73–83.

撰稿人：韩佳慧　张超杰　彭道平　赵　锐　刘　平

专题报告

大气环境学科发展研究

1. 引言

党的十八大以来，习近平总书记多次就打赢蓝天保卫战等工作发表重要讲话，还老百姓蓝天白云、繁星闪烁成为生态环保工作的重中之重。2018 年 3 月，十三届全国人大一次会议通过了《中华人民共和国宪法修正案》，把生态文明和“美丽中国”写入《宪法》，这就为生态文明建设提供了国家根本大法。2018 年 3 月 17 日，十三届全国人大一次会议批准《国务院机构改革方案》，组建生态环境部，统一实行生态环境保护执法。特别是在 2018 年 5 月召开的全国第八次生态环境保护大会上，正式确立了习近平生态文明思想，这是在我国生态环境保护历史上具有里程碑意义的重大理论成果，为环境战略政策改革与创新提供了思想指引和实践指南[2]。习近平生态文明思想已经成为指导全国生态文明、绿色发展和“美丽中国”建设的指导思想，在国际层面也提升了世界可持续发展战略思想。

截至 2018 年年底，我国主要大气污染物的排放量与浓度已有明显降低，重点区域、主要城市的环境空气质量明显改善。2019 年 3 月 9 日，联合国环境署发布的《北京二十年大气污染治理历程与展望》评估报告中指出：“在 2013—2017 年的短短五年间，北京空气中的细颗粒物（$PM_{2.5}$）年均浓度下降了约 35.6%，京津冀地区的 $PM_{2.5}$ 浓度下降了 39.6%。世界上还没有任何一个城市或地区做到这一点。”该评估报告同时指出：“北京市在大气环境质量改善方面所做的努力，也为全球其他城市，尤其是发展中国家城市提供了值得借鉴的‘北京经验’。”[1]

尽管我国当前大气污染治理已经取得了明显进展，然而，根据 2018 年《中国生态环境状况公报》[3]，全国 338 个地级及以上城市（含直辖市、地级市、自治州和盟）中，121 个城市的环境空气质量达到 GB 3095—2012《国家环境空气质量质》二级标准，其余

217个城市环境空气质量依然超标。同时，目前我国臭氧污染形势凸显，已经成为影响我国空气质量的重要污染物。因此，我国大气污染治理的形势依旧严峻，任务依然繁重。

当前，正值打赢蓝天保卫战三年作战的攻坚期，为总结近两年本学科所取得的相关重要进展，进一步为未来该学科的发展提供参考建议，本报告综述了我国大气环境学科2018—2019年的研究进展和成果，比较了大气环境学科国内外研究进展，并对我国大气环境学科未来发展进行了展望，旨在通过众多大气环保工作者共同思考和探索，科学认知大气环境问题，寻求理性解决之路。

2. 大气环境学科近年研究进展

2.1 大气污染的来源成因和传输规律

大气污染治理的关键在于对其来源及成因的解析。当前，我国大气污染来源复杂，不同地区都有其独有的能源结构和污染排放状况，因此，污染的成因往往因地而异。在大气污染治理初期，污染的来源解析便是众多科学家所关注的焦点之一，随之源解析方法也取得了巨大的发展，这些方法的应用对于我国空气质量改善起到了非常重要的作用。此外，我国大气污染呈现出了典型的区域性和复合性两大特征。区域性是指大气污染的出现通常是覆盖大面积的区域，如京津冀、长三角、珠三角、成渝地区等，而非某单一的城市点。因此，多个相邻区域的大气污染通常密切相关、彼此影响，如北京市的重污染通常受到周边地区如河北省、河南省、天津市等多区域的污染传输影响，在严重污染时段，这种污染物的跨区域传输贡献甚至不亚于本地污染物的排放。大气复合污染通常指光化学污染（即O_3污染）和细颗粒物污染（即$PM_{2.5}$污染）的综合污染效应。这里的复合污染包括多层次的含义。首先，污染源方面包括了燃煤燃烧和机动车排放两大源的复合。其次，大气复合污染是指多种理化反应的多重耦合作用。最后，大气复合污染涉及多区域污染的相互复合，这进一步凸显了区域联防联控的必要性。

作为我国主要的大气污染物$PM_{2.5}$，其源解析技术长期以来受到了广泛关注且相关研究取得了重要进展。$PM_{2.5}$的来源解析方法主要包括：①扩散模型。扩散模型是基于污染源清单和污染源排放量，模拟污染物排放、迁移、扩散和化学转化等不同条件下污染物的时空分布状况，估算污染源对污染物质量浓度的贡献。扩散模型能很好地建立有组织排放源类与大气环境质量之间的定量关系，但无法应用于污染源强且难以确定的无组织开放源（如沙尘、海盐粒子等）。另外，扩散模型需明确污染源个数和方位、颗粒物扩散过程中详细气象资料以及颗粒物在大气中生成、消除和输送等重要特征参数，这些资料和参数的难以获取，限制了模型的运用。②受体模型。受体模型通过测量源和大气环境受体样品的物理、化学性质，定性识别对受体有贡献的污染源并定量计算各污染源的贡献率。受体模型旨在研究排放源对受体的贡献，已广泛应用于城市、区域以至全球的大气环境。受体模式给出污染物对各类排放源的贡献值，可作为大气污染防治战略性决策的依据。目前研究和运用比较多的受体模型方法大致可以分为显微镜法和化学法。其中，显微镜法能观测颗粒物形貌，测定颗粒物组分，从而能客观准确地对大气颗粒物的来源进行定性或半定量的识别，也能为进一步定量计算各类源的贡献率提供客观基础，但该方法分析时间长，费用昂贵，对颗粒物中占有很大比例的无定性有机成分不敏感，在观测粒子密度和体积时误差较大。化学法主要分为化学质量平衡法、多元统计模型和富集因子法。化学质量平衡法是开展大气颗粒物来源研究、为大气颗粒物污染防治决策提供科学依据的重要技术方法，它是美国 EPA 推荐的用于研究 $PM_{2.5}$、PM_{10} 和 VOC 等污染物的来源及其贡献的一种重要方法。多元统计模型可分为因子分析法、主因子分析法和正矩阵因子分析法。③单颗粒物源解析：单颗粒物源解析法是通过提取和识别单个大气颗粒物的化学特征谱，对颗粒物的来源做出直接和清晰判断的一种方法，该法由于电子微探针、核子微探针、质子微探针扫描电镜等分析手段得到了广泛的应用。④扩散模型和受体模型联用。扩散模型可以计算由于成分谱相似而使受体模型污染解析的某些特定污染源的贡献，使得污染治理方案更有针对性；受体模型的优势在于不要求对污染源进行详细调查，不依赖于气象资料和气溶在大气中的许多特性参数，便能解决扩散模型难以处理的问题。两种传统模型具有各自的优势，其结合使用已成为当前研究的趋势之一。

污染源清单是大气污染科学研究和管理决策均亟须的关键信息[4-6]，但长期以来一直是我国大气污染领域的一个薄弱环节。近年来，国内研究者针对我国社会经济快速变化的特点，构建了适宜我国的大气污染源清单编制技术方法，并广泛地应用于空气污染、气象、能源和控制决策等各方面。2017 年 7 月大气重污染成因与治理攻关项目启动后，“2+26”城市大气污染源排放清单研究课题组基于大量实地调研、测试和城市清单编制实践，研究建立了结合网格化管理、基于区县和乡镇调研的城市大气污染源排放清单编制技术，在“2+26”城市进一步完善了 2016 年排放清单，编制了 2017 年和 2018 年大气污染源排放清单[7]，并把大气重污染成因与治理攻关项目形成的排放清单编制技术推广到汾渭平原 11 个城市。该时期我国大气污染源排放清单研究得到了迅速发展，我国科研工作者开展了城市、区域和全国尺度的不同污染物排放清单研究，污染源类延伸到航空、船舶、农业机械等，研究手段采用了卫片解译、隧道测试等，清单的时空分辨率得到进一步提升[8-22]。

中国环境科学研究院编写了《“2+26”城市大气污染防治跟踪研究工作手册》，该手册对排放清单团队组建、活动水平数据调查和收集、排放量核算、排放清单数据和方法一致性审核、清单数据库和清单报告等进行了详细的规定，具有很强的操作性[23]。

造成区域性污染的原因包括排放源、天气系统的影响以及区域大气传输等。从排放上看，污染较重的区域一般也是经济较为发达的城市群地区，具有污染物排放集中、排放量大的特点。从天气系统上看，重污染过程一般伴随着不利于污染物扩散的气象条件，如静稳、无风、边界层低、逆温层等。由于气象条件主要是由气象尺度上的天气形势决定的，因此，气象尺度的区域内的气象条件大多趋同；不利于污染物扩散的气象尺度对应区域与排放源所在集中区域耦合，造成了污染物在区域范围内的富集。此外，区域传输也是区域性的重要成因之一。

近年来，爆发性增长成为多个城市重霾污染过程的典型特征，有研究者将 $PM_{2.5}$ 爆发式增长的主要原因归结为本地积累、区域传输和二次转化。对于北京市，$PM_{2.5}$ 爆发式增长通常不是上述某一原因独立导致，而是三者综合作用的结果[24]。此外，大气新粒子生成（new particle formation，NPF）是大气中颗粒物形成研究的重要方面之一，其形成和增长涉及分子簇的形成及其之后的增长，这些粒子主要由凝结核组成，其直径可以从最初的几纳米增长到超过一百纳米的尺寸。分子簇的形成在大气中每时每刻都在发生，其形成也有较高的环境要求。大气 NPF 的时间和空间范围有几个数量级的差异，这种现象被称为区域 NPF（几十千米到几百千米发生 NPF 现象）和次区域 NPF（几千米到几十千米）。目前，多数关于超细粒子的研究都是在城市区域内进行的，而在观察到的 NPF 事件中，通常有 10% ~ 60% 都产生了新的 CCN，所以，大气 NPF 是全球对流层中 CCN 的重要来源。

关于大气污染传输在近年来也取得了卓有成效的研究，这对于揭示区域性污染的特征和成因及有效管控提供了重要科学依据。为了进一步研究京津冀地区大气污染特征，厘清输送通道的影响，中国科学院及国内科研院所在京津冀地区多次开展了大气环境立体探测技术研究。2017 年 9 月实施的“大气重污染成因与治理攻关项目”更是建立了迄今为止我国京津冀地区最完备的天地空一体化立体综合观测网。16 个地基立体观测站点充分利用区域或典型城市大气中污染物总量的综合观测技术和方法，重点关注太行山输送通道、燕山输送通道、东南部和南部输送通道的空间输送状况，获取了静稳天气下的污染物总量数据、对流天气下的污染物通量数据以及污染物积累过程的观测数据。通过大量的观测和数值模拟等研究，基本弄清了京津冀及周边地区大气污染的成因和污染传输路径，达成了科学共识[25]。研究表明，影响北京地区污染物的主要输送路径有五条，概括为：①西南路径：污染物沿太行山东侧，经河北南部—石家庄—保定，形成一条西南—东北走向的高污染带；②东南路径：地面处于高压后部的稳定天气条件，高浓度污染物在低层东南气流的输送下由山东、河北东南部、天津向北京及下游地区输送；③偏东路径：在偏东风气流作用下，由河北秦皇岛、唐山、宝坻向北京地区输送；④偏西路径：山西省的高浓度污染物在低空偏西气流作用下，越过太行山输送到北京及平原地区；⑤西北路径：主要为沙尘输送影响，多发生在春季。

2.2 大气污染的健康效应

大气污染是颗粒物和气态污染物的混合物，颗粒物主要是 PM_{10} 和 $PM_{2.5}$，而气态污染

物主要是 NO_x，SO_2，O_3 和 CO。诸多研究表明，大气污染对呼吸系统疾病发病的影响多呈线性关系，PM_{10}，$PM_{2.5}$，SO_2，NO_2 等污染物浓度越高，发病率和死亡率也越高，并且 SO_2 和 NO_2 等刺激性气体在浓度不高时对人体的危害也很大[26-29]。

细颗粒物被认为是危害最大的空气污染物。美国环境保护局、世界卫生组织和欧盟在评价空气污染的健康危害时均选择细颗粒物（$PM_{2.5}$）作为代表性空气污染物。同时，$PM_{2.5}$ 也是诸多地区的首要污染物，其来源、成分和粒径谱等特征复杂，对健康的影响也存在差异。对于粒径谱，研究显示颗粒物粒径越小，其与人群死亡率和循环系统效应生物标志的关联越强，尤其是粒径小于 0.5μm 的颗粒物[30]。对于颗粒物成分，我国有时间序列研究显示 OC，EC 和一些水溶性盐类对居民日死亡率和急诊就医人数之间存在显著性关系[31]；另一项定群性研究发现 $PM_{2.5}$ 中 OC，EC 和一些金属元素对肺功能、血压和循环系统效应生物标志的效应更强[32, 33]。

随着近年来大气污染治理取得的巨大进展，我国公众受大气污染的影响也有明显减弱的趋势，据估计，自我国《大气污染防治行动计划》实施以来，我国城市地区由于环境大气 $PM_{2.5}$ 暴露所导致的公众呼吸系统和循环系统疾病的发病率显著减低，由于这类疾病导致的住院治疗人数大幅减少，有效改善了公众的身心健康[34, 35]。

2.2.1 大气污染暴露评价

暴露评价是环境管理工作、健康风险评估和流行病学研究的基础[36]。空气污染存在较强的时空变异性，因而不同的地点、室内外、不同季节的污染水平存在差异。土地利用回归模型和卫星遥感等国外先进暴露评价技术已逐步引入国内，尽管相关研究仍处于初步探索阶段，但为我国科研工作者实现高时空分辨率的大气污染模拟提供了新的发展方向[37]。有学者发现暴露 $PM_{2.5}$ 环境下的咽炎患者咽部正常菌种检出率明显降低（$P < 0.05$），条件致病菌检出率明显增加（$P < 0.05$）。$PM_{2.5}$ 可以破坏咽部微生态平衡，导致正常菌群种类及数量减少，致病菌易于定植，破坏咽部黏膜正常结构，导致咽炎发生，并且损伤程度随着 $PM_{2.5}$ 日均值浓度及暴露时间的增加而加重[38]。还有研究发现，气候变化可能对我国绝大多数人口居住地区的空气质量产生不利影响，在典型浓度路径 4.5（RCP 4.5）情景下，到 21 世纪中叶，气候变化将使我国 $PM_{2.5}$ 和臭氧的人均暴露浓度增加 3% ~ 4%。在假设我国未来排放和人口分布保持不变的情况下，气候变化引起 $PM_{2.5}$ 和臭氧浓度升高所导致的过早死亡人数将每年增加 2 万人左右。而随着未来人口老龄化的加剧，这一过早死亡人数还将进一步上升[39]。

我国学者开展了大量大气污染物短期暴露与人群发病效应的探索性研究。这些研究探讨了大气污染物与人群发病的急性效应[40]以及与症状[41]、生理指标[42]的相关关系，还探讨了大气污染水平与急性传染性疾病（流感、流感样病例）[43]、慢性传染性疾病（如肺结核）[44]、不良出生结局[45]以及抑郁发生[46]的相关关系。此外，我国该方面的研究范围也有了进一步的扩展，研究范围从单个城市到多个城市[47]乃至全国层面[48-51]。

2.2.2 大气污染毒理学

毒理学的角度主要是通过实验研究一定剂量的某种污染物质导致细胞发生损伤、畸变、死亡的分子生物学特征，了解污染物中的成分对细胞活性的影响，分析其可能发生的炎症反应、氧化应激损伤和致癌性。大气污染物毒理学机制研究能为其健康效应提供科学上的直接证据，但是人们日常生活接触到的大气污染是长时间、低浓度暴露的，实验室研究是具有精确性的，真实条件下的健康损害很难通过实验室来观测，难以获得直观明确的结论。

在呼吸系统方面，国内学者研究发现了 $PM_{2.5}$ 与几个相关炎症因子的关系，揭示了 $PM_{2.5}$ 造成肺部炎性反应的分子机制和免疫反应机制，并进一步评估了 $PM_{2.5}$ 和臭氧在引起肺部损伤效应中的联合作用[52]；同时，研究评估了沙尘天气（沙尘暴）中 $PM_{2.5}$ 对人体和哺乳类动物的肺细胞毒作用[53]。在心血管系统方面，国内学者发现气颗粒物可引起大鼠心脏组织和心肌细胞的损伤，抑制心肌细胞间缝隙连接通信，引起自主神经系统功能紊乱、氧化应激和炎症反应、血管内皮结构与功能的改变[54]。在致癌性方面，国内学者发现 PM 及其成分具有遗传毒性和促细胞增殖效应，其中涉及 DNA 修复系统和细胞凋亡系统活性的抑制[55]。大气污染为心血管疾病的危险因素之一，$PM_{2.5}$ 与心血管疾病关联密切，会增加心血管疾病患者的病死率。数项横断面研究表明，大气污染的长期暴露可以增加高血压等疾病的患病风险[56-59]。

2.2.3 大气污染流行病学

流行病学研究能直接回答空气污染暴露与人体健康的关系，能提供大气污染危害性的最直接科学依据。大气污染流行病学研究成果对于我国优化环境管理、标准制定和风险交流具有重要意义。流行病学角度的统计调查通常用住院量、急诊量、发病率和死亡率来表征健康影响，对搜集到的统计调查数据根据时间序列来进行数列分析和预测。这是最能反映大气污染与人体健康关系的研究方法，尽管不能提供病理学上的科学解释，但是对于环境管理和政策制定具有重要价值，目前国际上大气环境健康标准也主要是基于此类型的研究结果来制定的。许多流行病学研究证实，大气颗粒物浓度的上升会导致人心肺系统发病率和死亡率增加。$PM_{2.5}$ 吸入人体肺部，释放出的各种化学组分或颗粒物本身与肺组织如肺泡上皮细胞、巨噬细胞等各种细胞类型作用，诱导细胞应激反应或直接对细胞产生损伤作用，最终诱发产生哮喘、肺部炎症甚至肺癌等多种肺部疾病[60-62]。

2.3 大气环境监测技术

近年来，我国大气环境监测技术研究在国家和地方强劲的科技需求推动下，也取得了显著进展，已初步形成了以国控网络监测站为骨干的环境地面监测网络体系。大气环境监测单项技术已取得重要突破，初步形成了满足常规监测业务需求的技术体系。随着技术的进步，我国区域立体探测技术也在不断发展，从垂直定向观测向三维扫描观测发展，从固定站点观测向走航移动观测发展，从颗粒物的空间观测到臭氧、VOC 等气态污染物的空间观测，从单一污染要素观测到环境、污染物等多要素协同观测等。

2.3.1 常规环境监测技术

在气态污染物在线监测技术方面，建立了差分吸收光谱法 SO_2，NO_2 等气体在线监测标准[63]，完善了标定技术体系。在颗粒物在线监测技术方面，国内主流的 β 射线方法经过不断完善和改进，在仪器性能指标和日常操作维护易用性方面已经达到较高水平，建立了较为先进的网络化质控技术体系。在污染源在线监测领域，国内通过不断技术升级，在提高现有污染源监测仪器性能的同时，推动了现有技术向超低排放领域应用发展。针对垃圾焚烧烟气组分复杂、高腐蚀的特点，采用傅里叶红外光谱技术为主的多组分在线测量技术；对于以机动车为代表的流动污染源发展了以非分散红外技术为代表的机动车尾气遥测技术。在大气氧化性（NO_3，OH 自由基等）监测领域[64, 65]，完成了大气 NO_3 自由基现场监测技术系统研制，并进行了夜间化学过程研究[66]。成功研发单颗粒气溶胶飞行时间质谱仪[67]、大气颗粒物激光雷达，并在京津冀综合观测实验等场合得到应用[68]。

2.3.2 大气环境遥感监测技术

在地基遥感方面，地基激光雷达作为一种主动式地基遥感设备，通过硬件设备和算法的不断改进，提高了对气溶胶成分的探测精度、进一步降低了探测盲区，并在沙尘暴、灰霾探测中得到了应用。发展了多轴差分吸收光谱仪，实现了 SO_2，NO_2 等气体柱浓度的在线监测[69]，并开始大规模推广应用。在车载遥感方面，研究了使用车载走航 SOF-FTIR 观测 VOCs、车载多轴 DOAS 观测 SO_2/NO_2 通量、车载激光雷达观测颗粒物通量和总量，结合空气质量监测系统，用于获取移动式监测环境空气质量及多种气象参数。如重点城市的观测路线应能围绕该区域的代表性区域，且能路线闭合；大范围观测路线应选择经过重点城市的高速公路网，且路线应尽可能沿输送路径、能覆盖整个污染气团剖面，观测路线应尽量避开道路上方有遮挡物（如隧道、树荫）的路线。在机载遥感方面，研发的机载激光雷达、机载差分吸收光谱仪和机载多角度偏振辐射计，已在天津、唐山地区进行了飞行试验，在获取大气气溶胶、云物理特性、大气成分、污染气体、颗粒物等大气成分有效信息的同时，相互补充并共同描述了大气环境实时状况。在星载遥感监测方面，国内已研发了大气痕量气体差分吸收光谱仪、大气主要温室气体监测仪以及大气气溶胶多角度偏振探测仪，可望实现航空平台上对污染气体（SO_2，NO_2 等）、温室气体（CO_2，CO 等）以及气溶胶颗粒物分布的遥感监测[70]。我国于 2018 年首次获取了全球 NO_2 柱浓度空间分布结果，结合采用多源（OMI，MODIS 等）卫星二级数据，通过网格化插值算法获得区域污染物（SO_2，NO_2，颗粒物）的空间分布，还可分析大气污染过程不同阶段、不同区域污染物总量。

2.3.3 大气立体监测技术

大气立体监测技术以光与环境物质的相互作用为物理机制，将低层大气环境任意测程上的化学和物理性质的测量手段从点式传感器转向时间、空间、距离分辨的遥测，通过建立污染物的光谱特征数据库，研发污染物的光谱定量解析算法，再结合光机电算工程化技术，形成以 DOAS（差分光学吸收光谱学）技术、LIDAR（激光雷达）技术、FTIR（傅立叶变换红外光谱）技术以及 LIBS（激光击穿光谱学）技术等为主体的环境监测体系，从而实现多空间尺度性、多时间尺度性、多参数遥测，从根本上改变传统的大气研究由点到线再到面的演绎法，为大气环境研究提供了一个全新的研究角度，克服了传统大气环境监测中的诸多局限性。大气立体监测技术可以应用于环境污染、环境安全和工业过程控制的在线现场监测、地基平台监测、机载平台监测、球载平台监测以及星载平台监测。该技术可实现颗粒物、气态污染物、不同类型污染源等的针对性且全面的观测；同时，对各城市常规监测站主要污染物数据进行逐时收集，作为地面污染物浓度信息的补充[71]。

2.4 重点污染源大气污染治理技术

相比发达国家，我国的发展特点为多行业并重且保持了非常快的发展速度，因此，污染源更为复杂多样，对各类源全面且针对性的认识及减排便成为当前污染减排的首要任务之一。从污染物主要来源看，主要是电力、冶金、建材、化工等工业排放，机动车、船舶等交通运输排放，城市扬尘、散烧煤、农畜业等面源排放。改善空气质量关键是有效控制这些污染源的排放，大幅降低大气污染负荷。自 2018 年以来，围绕《打赢蓝天保卫战三年行动计划》目标，在大气专项等科研任务支持下，我国加强了对重点污染源的治理技术研发，持续推进了污染源治理，有力支撑了我国空气质量的持续改善。

2.4.1 工业源大气污染治理技术

（1）颗粒物治理技术方面。我国颗粒物的治理经历了从机械式除尘器到湿式除尘再到静电除尘 / 布袋除尘 / 电袋复合除尘转变的历程。目前，以电力行业为代表的除尘技术以及发展到了一个新的高度，通过多环节环保设备的联用，如“电除尘器 / 袋式除尘器 + 湿式静电除尘器”或“低低温电除尘器 + 湿法脱硫除尘一体化装置”等，已实现燃煤电厂的超低排放。

随着《火电厂大气污染物排放标准》（GB 13223—2011）和《煤电节能减排升级与改造行动计划（2014—2020 年）》（发改能源〔2014〕2093 号）的发布执行，我国除尘器行业在技术创新方面成效显著，一系列新技术在实践应用中取得了良好的业绩。除湿式电除尘外，低低温电除尘、高频电源供电电除尘、超净电袋复合除尘、袋式除尘等技术也得到快速发展和广泛应用，另外旋转电极电除尘、粉尘凝聚技术、烟气调质、隔离振打、分区断电振打、脉冲电源、三相电源供电等一批新型电除尘技术也已在一些电厂中得到应用。

近年来主要在颗粒物凝结动力学机理研究、基于强化细颗粒脱除的静电 / 布袋增效技术研究以及多场协同作用下颗粒物高效控制新技术开发等方面取得了重大进展。燃煤电厂以超低排放技术为核心，颗粒物治理技术呈现多元化发展的趋势，主要围绕低低温电除尘及湿式电除尘技术开展研究；另外，旋转电极、粉尘凝聚、烟气调质、电源技术（单相晶闸管高压电源、恒流高压电源、高频高压电源、三相晶闸管高压电源和脉冲高压电源等）等电除尘技术也有进展。针对高温电除尘技术工程应用开展了一系列研究，为高温气氛下的颗粒物控制奠定了基础，已在有色冶金和化工等行业得到初步推广应用。袋式除尘器和电袋复合除尘器已在燃煤电厂锅炉和工业锅炉烟气净化上广泛应用，普遍采用超细面层滤料、高硅氧（改性）滤料、覆膜滤料等；聚四氟乙烯基过滤材料关键技术及产业化取得重大成果，适用于燃煤电厂、钢铁、水泥、垃圾焚烧等行业。随着2019年《钢铁行业超低排放改造实施方案》的正式发布实施，高效四电场、高频电源等电除尘技术在烧结机头烟气除尘领域也逐步得到应用。建材行业近年来通过提标改造一方面将电除尘改为袋式除尘或电袋除尘，另一方面采用覆膜滤料或超细面层滤料进行除尘升级；而静电除尘器主要技术研究则集中在设备的精细化设计（极板、极线优化，气流分布优化等）和高压电源应用上。石油化工催化裂化烟气袋式除尘技术在干法工艺、过滤材料、余热回收和安全防爆等方面实现重大突破，成果已在石化企业推广应用。针对燃煤工业锅炉负荷波动明显、烟尘差异大等问题，开发了导电玻璃钢阳极筒 + 芒刺阴极线 + 高频电源组合的高效湿式电除尘器。

（2）脱硫技术。随着我国出台更为严格的大气污染排放标准，推动脱硫技术朝着高效、高可靠性、高适用性进一步发展，并涌现出了一批具有自主知识产权的高效脱硫技术；高效、低成本、高可靠性及高适用性成为我国 SO_2 控制技术发展的方向。目前主要的 SO_2 控制技术包括：①湿法高效脱硫技术。石灰石—石膏湿法脱硫技术由于脱硫效率高、技术成熟、吸收剂来源丰富等优势，应用最为广泛。近几年，我国在湿法烟气脱硫的强化传质与多种污染物协同脱除机理，以及高效脱硫技术的研究上取得重大突破，自主研发了pH值分区控制、单塔 / 双塔双循环、双托盘 / 筛板 / 棒栅塔内构件强化传质、脱硫添加剂等系列脱硫增效关键技术。②半干法脱硫技术。烟气循环流化床技术是一种干法 / 半干法脱硫技术，具有气固接触良好，传热、传质效果理想，运行可靠，固态产物易于处理等特点，适用于燃用高硫煤机组。近年来，我国在烟气循环流化床脱硫技术方面取得突破，研发了多级增湿强化污染物脱硫新技术，突破了半干法烟气净化技术在脱硫效率和多种污染物协同控制上的局限，目前已形成具有自主知识产权的循环流化床半干法烟气脱硫除尘及多污染物协同净化技术，同时该技术已出口国外。③氨法脱硫技术。该方法是资源回收型环保工艺。针对超低排放，主要是通过增加喷淋层以提高液气比、加装塔盘强化气流均布传质等措施进行了一定的改进。④活性焦 / 炭吸附法，该方法脱硫效率高，脱硫过程不用水，无废水、废渣等二次污染问题。

（3）脱硝技术。当前，火电厂 NO_x 控制技术主要有两类：第一类是控制燃烧过程中 NO_x 的生成，即低氮燃烧技术。低氮燃烧技术是通过降低反应区内氧的浓度、缩短燃料在高温区内的停留时间、控制燃烧区温度等方法，从源头控制 NO_x 生成量。目前，低氮燃烧技术主要包括低过量空气技术、空气分级燃烧、烟气循环、减少空气预热和燃料分级燃烧等技术。第二类是对生成的 NO_x 进行处理，即烟气脱硝技术。烟气脱硝技术主要有 SCR，SNCR 和 SNCR/SCR 联合脱硝技术等。其中，SCR 脱硝技术是目前世界上最成熟，实用业绩最多的一种烟气脱硝工艺，该技术的脱硝效率一般为 80% ~ 90%，结合锅炉低氮燃烧技术后可实现机组 NO_x 排放浓度小于 50mg/m^3。SNCR 脱硝效率一般在 30% ~ 70%，氨逃逸一般大于 3.8mg/m^3，NH_3/NO_x 摩尔比一般大于 1。SNCR 技术的优点在于不需要昂贵的催化剂，反应系统比 SCR 工艺简单，脱硝系统阻力较小、运行电耗低。与 SCR 脱硝技术相比，SNCR/SCR 联合脱硝技术中的 SCR 反应器一般较小，催化剂层数较少，且一般不再喷氨，而是利用 SNCR 的逃逸氨进行脱硝，适用于部分 NO_x 生成浓度较高、仅采用 SNCR 技术无法稳定达到超低排放的循环流化床锅炉，以及受空间限制无法加装大量催化剂的现役中小型锅炉改造。

（4）挥发性有机物（VOCs）治理技术方面。近年来，我国 VOCs 控制理论不断发展，VOCs 控制正向从源头控制到末端治理的全工艺流程治理转变，并逐步走入精细化、持续化、规范化的发展轨道，以吸附技术、催化燃烧技术、生物技术以及几种典型组合技术为代表的 VOCs 控制技术得到推广应用。在源头控制方面，泄漏检测与修复技术、密闭收集技术、原料替代等在工业源 VOCs 治理方面得到了推广。在末端治理方面，吸附技术、冷凝技术等常用回收技术的发展推动了高浓度 VOCs 的回收和资源化利用；催化燃烧技术历来是研究热点，通过催化剂制备方法的调变和金属元素掺杂改性，提升了催化剂的低温区间的反应活性、稳定性及抗中毒能力，开发了高效抗硫 / 氯中毒、宽温度窗口的系列催化剂配方，为高湿度、复杂成分、含硫 / 氯有机废气的工业化处理提供了技术支撑；蓄热燃烧技术在高性能蓄热材料研发及燃烧室结构优化方面得到发展，实现了 VOCs 高效高热回收效率处理；生物技术在菌种的驯化、填料改性等研究方面取得一定进展，已在制药、化工、纺织等行业实现工程应用。自《大气污染防治行动计划》实施以来，我国不断加强 VOCs 污染防治工作，印发 VOCs 污染防治工作方案，出台炼油、石化等行业排放标准，一些地区制定地方排放标准，加强 VOCs 监测、监控、报告、统计等基础能力建设，取得了明显进展。

2.4.2 移动源大气污染治理技术

生态环境部发布的《中国移动源环境管理年报（2019）》指出，我国已连续十年成为世界机动车产销第一大国，机动车等移动源污染已成为我国大气污染的重要来源，移动源污染防治的重要性日益凸显。2018 年，全国机动车四项污染物排放总量初步核算为 4065.3 万吨。其中，一氧化碳（CO）3089.4 万吨，碳氢化合物（HC）368.8 万吨，氮氧化物（NO_x）562.9 万吨，颗粒物（PM）44.2 万吨。针对这些大量排放的污染物，我国从多个方面对移动源大气污染进行了系统治理，相关技术主要包括：

（1）清洁燃料与替代技术方面。主要通过燃油添加剂改善燃油品质，实验开发了葡萄糖水溶液乳化柴油、DMF- 柴油混合燃料等多种新型替代燃料，在降低油耗的基础上减少了机动车大气污染物排放。船用清洁燃料应用研究实现突破，成果可在远洋船舶、内河与近海客船、货船等应用；成功研制了岸电供电装置，岸电系统带载运行稳定，满足船岸连接的要求，可有效降低靠港船舶的污染物排放。

（2）机内处理技术方面。主要通过精确控制发动机工作过程、优化缸内燃烧过程来降低内燃机 NO_x，PM 等污染物的排放。缸内直喷技术（GDI）得到了长足发展，实现了缸内直喷快速、高效和低排放的起动；实现了 GDI 汽油机分层控制及高 EGR 稀释的高效清洁燃烧方式；结合直喷式和涡流室式柴油机的优点，优化加速混合气形成，为降低柴油机 NO_x 和 PM 排放提供了新的途径。柴油机燃油喷射雾化以及缸内机械过程优化取得一定进展，优化了柴油机的燃烧以及排放性能；研究发现改变进气门升程差可实现对发动机缸内气体运动的调控组织，进而实现对发动机燃烧性能、废气排放的全面优化。废气再循环技术（EGR）得到进一步深入研究，确定了满足 EGR 分区条件下燃烧边界参数阈值范围，提出了燃烧效率与有害排放协同优化准则控制下的扩展燃烧模式使用工况范围；揭示了不同大气压力下、不同 EGR 率的生物柴油—乙醇—柴油（BED）燃料在高压共轨柴油机燃烧的变化规律，为柴油机在高原实现高效低污染的燃烧提供了理论依据。农用柴油机机内净化技术方面，通过数值仿真计算，对柴油机本机结构进行优化和强化，完成了燃油系统、增压器、EGR 系统等参数的确定与优化，通过对柴油机关键部件的结构及工艺的优化和升级，具备满足非道路国Ⅳ / Ⅴ阶段排放标准的潜力。

（3）排放后处理技术方面。随着移动源相关法律的颁布实施以及环保标准的日益严格，我国移动源排放后处理技术得到进一步发展，主要包括颗粒物过滤技术（DPF）、选择性催化还原技术（SCR）、稀燃氮捕集技术（LNT）、船用中速机和低速机低压 LP-SCR 系统、船舶废气洗涤脱硫系统以及多污染物协同脱除技术等；目前我国已在 DPF 再生技术、催化剂配方设计、热稳定性及抗中毒性能、催化剂涂覆工艺、催化载体及吸附材料研发、多场耦合技术等方面取得重大突破。

PM 和 NO_x 污染物协同脱除技术方面，研究建立了柴油机排气中 NO_x 催化氧化反应及 NO_x-PM 反应中间产物的评价方法；针对低温等离子体（NTP）对柴油机碳烟和 NO_x 的协同脱除作用，研究揭示了 NTP-NC 系统脱除 NO_x 的催化机制及实现 PM 低温燃烧的作用机理，为 NTP 催化同时控制 NO_x 和 PM 排放的技术发展提供理论基础。

（4）政策改进方面。2016 年和 2018 年，我国分别发布了轻型车和重型车国Ⅵ标准。与以往主要借鉴欧洲排放标准不同，国Ⅵ轻型车标准融合了世界上最先进的控制思路，在燃油技术中性、污染排放限值、蒸发排放控制、在线诊断要求等方面比欧Ⅵ标准更为严格。如国Ⅵ轻型车颗粒物（PM）和一氧化碳（CO）限值分别为 0.003g/km 和 0.5g/km，比相应的欧Ⅵ标准低 40% 和 50%，此外，我国更重视油品质量的改善，特别是采取综合措施降低柴油硫含量，实现了车用柴油和普通柴油标准接轨，为国Ⅳ到国Ⅵ阶段柴油车排

放标准的快速加严奠定了基础。1998—2017 年，我国机动车的碳氢化合物（HC）、CO、$PM_{2.5}$ 排放量分别下降了 31.4%、51.0%、46.7%。轻型汽油车排放控制成绩尤为突出，目前国Ⅴ轻型汽油车主要污染物排放较无控的国零水平降低了 98% 以上。重型柴油车颗粒物排放削减显著，但其实际道路的 NO_2 排放控制仍然存在较大挑战。在今后一段时间内，柴油车 NO_x 排放控制仍是大气污染防治的主要任务之一。与汽油车相比，柴油车采用稀燃方式，氧气过量，排气中的 CO 和 HC 含量远低于汽油车，因此 NO_x 和 PM 是主要污染物。2018 年《政府工作报告》明确指出，要"开展柴油货车超标排放专项治理"；在 2019 年国务院印发的《打赢蓝天保卫战三年行动计划》通知中明确指出，要"推进老旧柴油车深度治理，具备条件的安装污染控制装置、配备实时排放监控终端，并与生态环境部等有关部门联网，协同控制颗粒物和氮氧化物排放"；而 2019 年《柴油货车污染治理攻坚战行动计划》更是给出了在用柴油车污染治理的具体行动方案[72]。

2.4.3 面源及室内空气污染净化技术

（1）面源大气污染控制技术方面。近年来，随着大气污染防治行动的全面展开，面源大气污染受到政府和社会的日益关注。目前，我国主要在煤改气及天然气锅炉低氮燃烧、生物质炉灶利用、餐饮业油烟分解、路面扬尘净化、农畜业氨排放控制等面源污染物控制等方面取得了一定进展。推进煤改气及低氮燃烧技术在治理原煤散烧过程中得到了应用，并进一步研究开发了配套低氮燃烧器的燃气锅炉；生物质炉灶在新型炉具市场呈增长趋势，采用二次进风半气化燃烧方式，研究设计了热效率较高的生物炉灶；催化臭氧氧化、介质阻挡放电等技术在餐饮业油烟净化中得到应用，可同时抑制了二次污染的产生；开展了炉灶节能燃烧与油烟减排协同系统研制，完成了新型高效商用中餐炉灶的技术开发；开展了智能升降导烟环吸、宽屏低吸油烟高效捕集技术、后置静电分离与前端机械过滤组合净化技术在家用油烟机的应用研究；纳膜抑尘技术、气雾抑尘技术、新型高效道路环保抑尘剂、土壤扬尘生态覆盖卷等已开始应用于扬尘治理；通过低氮饲料喂养、饲养房改造，及构建农畜业污染物减排控制技术体系，有望解决我国农畜业的氨排放问题。

（2）室内空气污染物净化技术方面。室内空气污染构成复杂，通常随着建筑物所处地理位置、装修材料构成及时间、建筑物用途等发生巨大变化。近年来我国在室内空气中的挥发性有机污染物（VOCs）、超细颗粒物以及有毒有害微生物防治方面取得了显著进展。低温下催化分解甲醛、苯等挥发性有机污染物的治理研究得到了迅速的发展；典型循环"存储—放电"等离子体可实现室温条件下所有湿度范围内甲醛和苯系物的完全氧化。研究开发了高效空气过滤器和静电驻极体过滤器等除尘设备，可有效去除室内空气中的超细颗粒物。研究开发的新型高中效空气过滤、高强度风管紫外线辐照和室内空气动态离子杀菌组合空气卫生工程技术等有害微生物净化新方法，均显示出优良的空气除菌效果。

2.5 区域大气污染联防联控

近年来，我国大气环境质量总体上进入了以多污染物共存、多污染源叠加、多尺度关联、多过程耦合、多介质影响为特征的复合型大气污染阶段。区域性污染特征在空间上表现为主要污染超标城市的区域化分布，即我国的重污染城市主要集中在京津冀、长三角、珠三角及四川盆地等区域。区域性污染特征还体现在时间上重污染过程的区域同步性，即同一区域内各大城市的重灰霾污染过程的出现、发展及消失基本是同步发生的。区域大气复合污染给现行环境管理模式带来了巨大挑战，单个城市大气污染防治的管理模式已经难以有效解决当前越来越复杂的大气污染问题。因此，需要加强区域复合大气污染控制战略研究，制订多污染物综合控制方案，逐步建立区域协调机制和管理模式。

联防联控是有效的公共治理手段，在很多领域都有应用，从环境治理、生态保护到公共卫生、疾病防控，再到安全管理等，都发挥着十分重要的作用[73]。2017—2018年，原北京市环境保护局和天津市人民政府办公厅相继印发了《北京市“十三五”时期大气污染防治规划》和《天津市2018年大气污染防治工作方案》，对两城市未来污染减排提出了具体要求。2018年6月，《国务院关于印发打赢蓝天保卫战三年行动计划的通知》中提出：“到2020年$PM_{2.5}$未达标地级及以上城市$PM_{2.5}$浓度比2015年下降18%以上，地级及以上城市空气质量优、良天数占比达80%，重度及以上污染天数占比较2015年下降25%以上”。2018年9月，生态环境部、国家发展和改革委员会等联合发布了《京津冀及周边地区2018—2019年秋冬季大气污染综合治理攻坚行动方案》，该方案要求“京津冀及周边地区‘2+26’城市全面完成2018年空气质量改善目标；2018年10月1日至2019年3月31日，京津冀及周边地区$PM_{2.5}$平均浓度同比下降3%左右，重度及以上污染天数同比减少3%左右”。综上所述，京津冀地区大气污染联防联控目标逐渐严格，进入稳定巩固阶段，并且逐渐将空气质量管理目标由年时间尺度转向日时间尺度，要求重污染天气的减少整体走向精细化的日尺度空气质量管理模式。此外，通过制定适用于京津冀及周边地区的大气污染综合观测技术规范，建立了区域大气污染综合立体观测网，开展了近地面及大气边界层气象和大气化学过程的同步观测，构建了监测数据综合分析及共享应用平台，实现了大气环境多源数据综合管理业务化，为大气重污染成因研究提供精准数据集，提升了京津冀秋冬季重污染成因机制研究和精细化源解析的能力，推动了京津冀及周边地区空气质量的持续改善。

2.6 大气污染防治立法及管理

环境保护作为一项基本国策，要求把经济效益、社会效益和环境效益很好地结合起来在推进经济建设的同时，要大力保护和合理利用各种自然资源，开展环境污染综合治理。近年来，我国政府出台了一系列防治大气环境污染的法规、文件、条例及规定等，如大气环境质量标准等，对一些量大面宽、环境影响较普遍的多种大气广域污染物浓度的限值制定了标准。《环境空气质量标准》（GB 3095—1996）分为三级，以便进行管理。第一级标准是为保护广大自然生态和舒适美好的生活条件要求而应达到的水平；第二级标准是为保护广大人民健康和城市生态应达到的水平；第三级标准是为大气污染状况已经比较严重的工业城镇或工业区制定的过渡性管理标准，是保护大多数人的健康和城市一般的植物需要应达到的水平。近年来，我国建立的相关大气污染控制标准有《环境空气自动监测标准传递管理规定（试行）》《京津冀及周边地区 2017—2018 年秋冬季大气污染综合治理攻坚行动方案》《大气污染防治管理条例》等。

为保证环境法规的实施，我国建立了完整的环境监测系统并采用各种先进手段监测大气污染，为科学的环境管理积累了大量的数据和资料。为保证国家各种环境保护法令和条例的执行，我国已建立起从中央到地方的各级环境管理机构，加强了对环境污染的控制管理和组织领导。

3. 大气环境学科国内外研究进展比较

3.1 大气污染的来源成因和传输规律

3.1.1 颗粒物研究

近年来，探索雾霾成因的颗粒物相关研究成为国内外的研究重点，主要研究方向包括颗粒物的化学组成特征、来源解析、新粒子生成、二次颗粒物的生成机制、颗粒物的老化与吸湿增长、颗粒物对光的吸收散射以及人体健康效应等[74-84]。然而与欧美国家相比，我国在关于详细反应机理的烟雾箱实验以及新粒子生成机制研究方面仍存在一定差距。

3.1.2 硫化物研究

国内外对硫化物的研究主要集中于硫酸盐对于二次有机气溶胶生成的贡献，以及硫酸盐颗粒物对于辐射强迫的影响等方向。国外学者 Mauldin 等在 *Nature* 上发表的文章给出了新的硫化物氧化路径，指出了 creigee 自由基在硫化物氧化过程中的重要作用，具有突破性意义[85]。

3.1.3 氮氧化物研究

由于氮氧化物在大气复合污染中的重要作用，其对臭氧及颗粒物贡献的研究、其源汇机制研究成为国内外的研究重点，相比于欧美国家，我国展开的关于详细反应机理的研究较少。关于氮氧化物研究国内外的研究成果也存在一定差异，我国对机理的探究突破性成果较少；国外大多数实验室和观测实验都集中研究臭氧和 OH 自由基对 SOA 的生成中，但研究 NO_x 对 SOA 生成作用的很少。HONO 在对流层中的来源一直是研究的热点，然而目前关于 HONO 的生成机理以及来源认识仍然不清楚。此外，国外学者还观测到了颗粒物中有机氮氧化合物在夜间的生成过程，这一观测结果将有助于对颗粒有机物的污染进行控制[86]。

3.1.4 臭氧与光化学领域研究

作为大气化学研究的重点和难点之一，臭氧及自由基化学是国内外大气学者的重要研究方向。结合我国国情，在本领域的研究重点与国际存在一定差别。我国研究者更加关注在高 NO_x 或高 VOCs 条件下污染大气环境的大气化学过程[87-90]；国外研究者除了关注污染大气环境中的化学过程，还对包括热带雨林[91, 92]、寒带森林[93, 94]或者是海洋[95]、极地[96]等环境下天然源排放的异戊二烯、萜烯类物种在低 NO_x 条件下氧化对于 HO_x 循环和 SOA 生成的贡献。

3.2 大气污染的健康效应

早期西方空气污染状况比较严重，但其意识到大气环境的重要性较早，并开始了一系列的治理，在工业化后期，其治理体系和技术已经较为成熟。如美国的健康影响研究所（The Health Effects Institute，HEI）成立于 1980 年，是一家独立的研究机构，致力提供空气污染对健康影响的科学证据。同时，国外定量评估污染物对呼吸系统疾病入院风险影响的研究开始较早，Sousa 等对巴西里约热内卢的研究显示，PM_{10} 增加 $10\mu g/m^3$ 与呼吸入院风险增加 2% 有关[97]。Kloog 等对美国中大西洋各州的研究结果表明，$PM_{2.5}$ 每增加 $10\mu g/m^3$，呼吸系统疾病入院率增加 2.2%[98]。与国外相比，当前我国相关研究内容主要集中在宏观区域层面健康损失核算、健康损失的经济代价评估及控制大气污染的潜在健康收益等方面，微观个体层面的研究相对匮乏。其中，微观个体层面又以国外流行病案例研究为主。国内多个方向研究尚处于定性的起步阶段。①大气污染暴露方面，国内外关于大气污染物的短期暴露对人群的健康风险已经进行了大量研究[99]。时间序列研究、病例交叉研究和队列研究，是目前主要的研究方法。研究的健康效应结局主要为：死亡（总死亡率、疾病别死亡率），发病率（疾病别发病率），医院门诊或急诊的就诊人次，住院率等。在我国，相关工作虽然取得了一定进展，但对国外先进暴露评价技术的借鉴较少，如“随机化人类暴露剂量模型”、卫星遥感反演技术、土地利用回归技术、室内外穿透模拟技术。②毒理学研究方面。尽管我国已开展了不少的毒理学研究工作，但研究方法上具体国外先进水平尚有不小的差距。2017 年，Chen 等对欧洲地区的粗颗粒物和 O_3，NO_2 进行了健康效应评价，结果表明，污染物浓度每升高单位浓度，居民非意外死亡率会相应增加 2.1%（95%CI：0.6% ~ 3.7%）、4.1%（95%CI：1.2% ~ 7.1%）[100]；同时，我国一般采用气管滴注方法给大鼠进行颗粒物染毒，尚无动态吸入暴露装置，给结果解释带来挑战；最后，尚缺乏基因缺陷动物模型的引进和建立，这对于探索空气污染所致损伤的作用机制具有极其重要的作用。③流行病学。目前，现有的大部分大气污染流行病学研究都是在发达国家开展的。欧洲大气污染与健康效应（air pollution and health：a european approach，APHEA）项目通过收集 30 个城市的大气污染和死亡数据，分析得出 PM 和 NO_2 与总死亡率、心血管和呼吸系统死亡率显著相关，但不同城市间结果具有异质性[101，102]。亚洲公共卫生与大气污染（public health and air pollution in asia，PAPA）项目在中国和泰国的四个城市中开展研究，发现大气中 PM_{10}、NO_2 和 SO_2 浓度增加会导致心血管和呼吸系统疾病的死亡风险增加[103]。然而，由于不同国家和地区大气污染暴露水平、污染物特征和组成成分、气候条件和生活方式、人群易感性等各有不同，导致不同地区的研究结果之间可能存在差异。我国现有流行病学研究中大多存在明显的暴露测量误差问题，给对结果的解释带来较大的挑战，同时也制约了未来高质量流行病学研究的顺利开展。此外，尽管我国已开展了大量的流行病学研究工作，但多是较低水平的重复工作，高质量的研究不多见。国内的研究方法主要有多元回归模型，泊松回归模型，广义加性模型等[104-109]。

3.3 大气环境监测技术

大气环境监测技术主要包括大气污染源监测技术、空气质量监测技术、大气边界层探测技术、区域空气质量监测技术、大气灰霾监测技术等几个重点研究方向[110]。

在大气污染源监测技术研究方面，国际上已将各类先进监测技术应用到大气污染源监测上，监测装备已向理化、生物、遥测、应急等多种监测分析相结合的方向发展，实现了多参数实时在线测量的集成化和网络化等多功能。我国已研发了污染源烟气 SO_2，NO_2 和烟尘等自动连续在线监测技术与设备，仍需开发针对新型污染物和温室气体的源排放监测技术与设备[111]。

在空气质量监测技术研究方面，国外发达国家通过组织大型观测计划发展了一系列关键污染物在线监测、超级站和流动观测平台（如飞机、飞艇、车船）以及多目标多污染物长期定位观测站网。我国已突破 O_3，VOCs，颗粒物质量浓度—粒径分布—化学成分等在线监测技术以及激光雷达探测颗粒物的关键技术，研制出了一批具有自主知识产权并具有国际竞争力的大气污染监测设备[112]。

在大气边界层探测技术研究方面，国际上发展了系列大气边界层垂直分布的探测技术，包括高精度的边界层气象要素（温度、湿度、气压、风速、风向）垂直分布的地基精确探测设备以及探空气球和系留气球搭载的高精度、高时间分辨率气象参数传感器。我国主要开展了基于观测高塔的边界层要素的观测技术研究[113-115]。

在区域空气质量监测技术研究方面，欧洲建立了跨越国境的酸雨评价计划监测网（EMEP），监测指标也从酸雨扩展到 O_3 和 $PM_{2.5}$ 等多污染物。美国建立了各种类型的监测网，其中大气在线（AirNow）实现了对多污染物监测结果的实时发布。中国环境监测总站在全国建立了城市空气质量监测网，主要对 SO_2，NO_2 和 PM_{10} 进行了业务化的在线监测。我国还在珠三角地区初步建立了大气复合污染立体监测网络，实现了对主要大气污染物的在线监测、远程控制和网络质控。

在大气灰霾监测技术研究领域，国外发达国家已经建立了比较完善的大气灰霾监测技术与方法体系。大气灰霾监测技术方面，主要采用光学方法直接测量大气消光特性变化趋势进行大气灰霾监测；采用自动在线和离线分析相结合的方式监测大气细颗粒物（$PM_{2.5}$）的质量浓度及化学组成方面的应用技术与设备也较为广泛，其中滤膜采样—天平称重法是目前国内外广泛公认的方法。大气灰霾遥感监测方面，国际上很多国家都投入了大量的研究经费和精力，通过星载遥感装备对全球大气颗粒物、臭氧等污染组分的动态变化进行长期观测；一些研究机构还采用激光雷达遥测手段对大气灰霾、臭氧、云、边界层性质等特性及空间分布进行了探测与分析。大气灰霾形成过程监测方面，国外主要是以烟雾箱模拟和大气环境下光化学中间过程物监测为主；同时多个研究小组开展了不同环境大气中 HO_x 自由基氧化性的相关研究。此外，国外还开展了对不同大气环境下的 NO_3 自由基（污染及清洁背景大气，陆地及海边大气等）的测量，出现了基于机载和星载平台的 NO_3 观测。我国相关机构相继开展了灰霾典型污染物、PM_{10} 和 $PM_{2.5}$ 颗粒物质量浓度在线监测等关键技术研究和设备开发。但现有大气灰霾监测技术体系大气灰霾监测技术及设备中大部分核心设备仍需进口，国产环境监测设备在品种、数量、性能、质量上仍满足不了实际工作需要，难以为我国大气灰霾的实验室模拟、外场观测和常规监测提供技术保障和平台支持。

综上所述，发达国家在大气环境监测技术领域起步较早、技术较成熟、仪器设备较先进，而我国虽在该领域研究进步较快、但在技术及设备研究方面仍然处于落后阶段。

3.4 重点污染源大气污染治理技术

3.4.1 工业源大气污染物治理技术

颗粒物治理技术方面，颗粒物控制一直是国内外环境学科的研究热点，研究内容涵盖从颗粒物源排放特征到颗粒物形成规律和二次转化；从颗粒物间相互作用到在外场作用下的聚并和长大；从颗粒物的单独脱除到颗粒物与其他污染物的共同脱除机制的研究。近年来欧美等发达国家的诸多研究机构侧重于生物质等可再生能源利用过程的源排放特征和颗粒物形成规律研究[116-122]；在颗粒物捕集模型方面，国外诸多研究机构建立了成套的颗粒动力学模型，尤其是在静电捕集模型方面较国内更为全面[123-125]。国内近年来主要在煤燃烧过程 $PM_{2.5}$ 控制技术的基础研究和工程应用方面取得突破。

硫氧化物治理技术方面，近年来国外研究机构侧重于新型资源化脱硫及多种污染物协同脱除技术的研发[126-132]；一些国家已制定 SO_3 排放标准，并在脱除 SO_3 研究方面取得较大进展[133，134]。相对而言，国内学者主要侧重 SO_2 高效控制技术及新型资源化脱硫技术的研究；SO_3 协同控制及监测研究已开展部分工作，但目前国内在 SO_3 排放、控制研究基础仍较为薄弱，未来还需进一步加强。

NO_x 治理技术方面，近年来国外研究机构主要在新型低温 SCR 催化剂配方开发、反应机理及反应动力学探索、纳米材料的研究与应用等方面取得了重要进展[135-142]。国内学者从分子角度[143-145]揭示了催化剂碱金属 / 碱土金属 / 重金属 /SO_2，HCl 等酸性气体中毒机理，发现催化剂的酸碱性以及氧化还原性的强弱决定了催化活性、选择性以及抗中毒性能，并通过稀土金属氧化物、过渡金属氧化物以及类金属元素的掺杂改性提升了催化剂上述性能，开发了适合我国复杂多变煤质特性的高效抗中毒催化剂配方。

VOCs 治理技术方面，国外对 VOCs 治理的研究起步较早，治理技术较为成熟，已实现从原料到产品、从生产到消费的全过程减排。目前单项治理技术中的材料改性、反应机理是国外研究的热点[146-149]；另外，国外研究者针对生物—光催化氧化技术、生物—吸附技术、吸附—光催化技术等组合治理工艺进行了大量研究，致力于降低 VOCs 处理过程中的二次污染和能耗、提高经济性[150]。国内近年来在诸如活性炭吸附回收技术、催化燃烧技术、吸附—脱附—催化燃烧技术等主流治理技术方面取得了突破性进展，但在广谱性 VOCs 氧化催化剂、疏水型的蜂窝沸石成型材料以及高强度活性炭纤维的研究方面需进一步加强。

3.4.2 移动源大气污染物治理技术

随着移动源污染物脱除技术的发展，重型柴油机、船舶等具有大排量、高颗粒物浓度特性的移动源尾气处理成为研究重点，同时针对多种污染物的协同处理技术、多场耦合技术成为重点研究领域。欧美等发达国家机动车尾气控制技术较为成熟，目前主要集中在开展实际行驶工况（real driving emission，RDE）的研究，同时对已批准型号实施实际行驶排放检测。近年来，我国在机动车排放控制技术研发上取得长足发展，如在提出满足国Ⅳ/国Ⅴ的重型柴油车尾气治理技术路线基础上，成功设计研发了具有国际先进水平的催化剂及其制备技术，开发形成了一系列车载匹配技术集成体系等。

移动源 NO_x 排放控制方面，针对低温工况即冷启动时的 NO_x 排放研究成为热点。国内学者多采用优化催化剂配方以及开展以烃类作为还原剂的 SCR 技术研究路线[151，152]；而国外学者则更倾向于开发新型 NO_x 吸附载体以及耦合材料技术来解决低温工况问题。机动车颗粒物排放控制方面，为了更好地适应实际车辆行驶工况，国内外学者主要对相关涂层材料、颗粒分布、DPF 技术的再生问题以及过滤材料与催化剂（CDPF）的集成开发进行了大量研究[153-155]。

3.4.3 面源及室内空气污染治理技术

面源大气污染控制技术方面，国外在大气面源污染控制方面的研究起步较早，针对面源污染的发生机制、传播途径、污染效应等开展了大量的研究工作。目前欧美等发达国家燃气锅炉技术已经达到较为完善的水平；清洁炉灶方面，欧洲部分国家的生物质能源中约有 85% 用于家庭取暖；关于农业畜牧业氨排放控制，国外除了对减排模型和整体控制的研究，也对单个污染物的排放情况和减排技术进行了相关探讨[156]。与发达国家相比，我国在大气面源污染治理方面仍有欠缺，在散烧煤治理、生物质灶具、餐饮业油烟、农业氨排放等方面有待深入研究。

室内空气污染物净化技术方面，欧美、日本等发达国家在室内空气污染物的治理上已经相当成熟，空气净化器的家庭拥有率已经达到50%以上。近年来旨在发展光催化、紫外线等净化技术以便更高效地脱除多种室内空气污染物。相比而言，针对室内空气污染物的去除，我国主要进行了新型高效、低成本室内空气净化产品和相关技术的研制和开发，并实现了部分相关技术的产业化应用。

4. 大气环境学科发展趋势及展望

随着建设生态文明和美丽中国写入宪法，这为全面、系统、持续地贯彻生态文明理念提供了根本法律依据。通过各级政府的大气污染治理措施，我国大气环境在2018年有所改善，但大气环境整体恶化趋势尚未得到根本遏制。目前，我国大气环境问题特点表现为：大气污染物浓度水平高；重污染事件（$PM_{2.5}$）发生频率高，速度快，范围广；区域污染以及复合污染较多（如多种污染源及污染物）。在今后几年，依然需要从以下多个方面进一步提高与改善。

4.1 大气污染的来源成因和传输规律

（1）落实大气污染总量控制理论，实现新常态的国家经济增长中大气污染排放的增量最小化。针对未来经济增长过程中的新增排放，在科技上要准确把握不同特色区域的大气环境约束条件，科学把握破解大气环境约束的关键和重点。

（2）扭转污染趋势，在消除重污染的前提下，实现全国空气质量的长效改善。针对大气环境质量目标确定源排放与空气质量之间的非线性关系，在目前国家一系列大型活动空气质量保障取得成功的实践中，深化大气污染的成因机制及其健康影响等基础研究。

（3）进一步优化源清单技术。建立国家大气污染源排放清单是空气质量管理中最关键的一环。需构建国家大气污染物排放清单和污染源实时监控系统，跟踪重点污染源的主要污染物排放，包括一次颗粒物，SO_2、NO_x、VOCs和NH_3等。目前我国排放清单校核及不确定性分析仍然有待完善，需要充分借鉴发达国家的方法和经验，结合我国排放清单编制工作实际，开展排放清单数据审核及不确定性分析的深入研究，进一步为我国大气污染源排放清单的校核和不确定性分析提供技术支撑。

（4）量化大气污染防控措施的有效性及健康效应。在典型城市群区域构建大气复合污染联防联控技术及评估体系，全面提升国家大气污染的监控监管能力。在科技上逐步从目前的总量防控转变到环境质量改善以及环境风险管控。在这一层面上，仍需针对大气复合污染的特征，完善包括网格化监测体系、量化估算污染物的环境及人体健康效应、预测预报、有针对性制定并实施防控方案、方案结果的评估及检验在内的技术体系。

（5）发电及非电行业烟气净化技术。当前，火电行业主要污染物排放量快速下降。然而，钢铁、水泥、玻璃、陶瓷等其他行业企业的治理步伐仍相对迟缓，在多行业之间联防联控和污染物协同控制效果有待提高。同时，相对于火电行业，非电行业污染物排放量大且种类繁多，相关行业的排放标准要求也参差不齐，但大气污染物排放标准则相对宽松，对污染企业减排治污的约束力不强，也限制了先进环保治理技术的研发和推广。

4.2 大气污染的健康效应

从暴露评价来看，应开展基础性暴露调查或研究工作，如典型人群暴露参数数据、高精度的土地利用信息、卫星遥感以及人口和地理图层，并酌情开放获取。与此同时，加快应用当前国际上暴露评价的先进技术，如随机化人类暴露剂量模型、土地利用模型、卫星遥感反演技术、室内外穿透模拟技术，为我国的大气污染流行病学研究提供具有高时空分辨率的暴露数据。从毒理学研究来看，其一，应加快先进分子生物学新技术的引入，如生物芯片、全基因组或表观基因组高通量测序；其二，应注重引入基因缺陷动物模型的研究，加强易感性研究，并阐明其作用机制；其三，应尽早建立动态吸入染毒暴露装置，开展模拟我国大气环境真实暴露情况下的动物实验，尤其是亚慢性和慢性的动物实验。从流行病学研究来看，其一，应大量开展针对 $PM_{2.5}$（不同成分和来源）、O_3、CO 的研究，从功能异常深入蛋白组、代谢组、表观遗传和基因组等微结构的改变，从对心肺系统的影响到对生殖发育、神经行为等多系统的影响，全面阐释大气污染对我国人群的健康危害及其作用通路；其二，鉴于颗粒物是我国最主要的大气污染物，应强化对其理化特征（粒径、成分和来源）相关健康影响的研究；其三，优先考虑适时开展我国大气污染的前瞻性队列研究，为我国制修订环境空气质量标准和开展大气污染健康风险评估提供切实可靠的本土科学依据。

众所周知，大气污染具有极强的空间传输特性，因此开展大的区域范围内不同城市健康损失差异研究对于明晰大气污染危害、识别暴露人群分布及推进区域大气污染联防联治等具有重要参考价值。由于国内流行病实证研究案例匮乏，直接借鉴国外暴露响应系数结果会导致健康损失核算产生偏差。采用泊松回归模型测度居民健康损失量时需要确定污染物安全阈值，事实上，不仅不同类型大气污染物安全阈值不同，即便同类型污染物也无相同阈值标准，而这会影响最终评价结果。考察大气污染健康危害时多从心血管疾病、呼吸系统疾病和肺癌等入手，存在着忽略其他健康终端的缺陷。

4.3 大气环境监测领域

我国自主研发的监测技术和设备还不能满足国家臭氧等二次污染业务化监测的需求，与大气复合污染形成过程监测的需要还有一定的差距。同时，我国监测系统在监测仪器配备、技术人员素质、监测技术研究等方面还难以保障监测工作需要。目前，国家监测网主要监测针对的是污染物整体浓度，对于更为细化的信息，如 $PM_{2.5}$ 化学组成、来源解析、健康效应等方面的监测与科研工作严重欠缺，无法反映污染物的全面特征支撑大气污染防治工作。未来五年，亟待在以下关键技术和平台建设方面有所突破。

4.3.1 突破的大气环境监测关键技术

研发典型行业关键污染物（超细颗粒物、VOCs、NH_3 和 Hg 等）源排放在线监测技术，重点源宽粒径稀释采样和快速在线监测技术，大气重金属、同位素和生物气溶胶监测技术；突破大气自由基、大气新粒子化学成分和大气有机物（全组分）测量技术；集成车载、机载探测和星载遥测等监管技术及大气边界层理化结构综合探测技术；构建大气污染源排放综合监测、大气复合污染及其前体物立体观测以及大气环境监测质量控制等大气污染监测技术体系，为大气 $PM_{2.5}$ 化学组分、光化学烟雾及其前体物和中间产物提供监测技术解决方案和成套装备[111]。

4.3.2 建设的先进大气环境监测技术创新研究平台

利用地基 MAX-DOAS（多轴差分吸收光谱仪）和大气细颗粒物探测激光雷达等设备，建设"灰霾及其前体物立体监测网络"，开展 SO_2、NO_x、HCHO（甲醛）等大气细颗粒气态前体物和颗粒物 PM_{10}（可吸入颗粒物）/$PM_{2.5}$ 的垂直总量和廓线的监测研究，将弥补目前环保监测网络单一地面监测数据的不足，为研究灰霾的形成、演变和区域输送规律、开展雾霾准确预报提供技术手段。

针对我国大气复合污染防治研究，亟须建设我国自己的大气环境探测与模拟实验研究设施，将形成从实验室微观机理研究到模拟大气环境实验，再到外场观测实验和验证的有机闭环链条，揭示我国城市和区域尺度的大气复合污染形成机理并量化其环境影响，建立符合中国特点的相关污染模式，从而预测我国不同区域背景下大气复合污染及其环境效应的发展趋势并提出控制思路，为国家和地方制定有效的控制战略提供科技支撑。

4.3.3 进一步加强大气立体监测技术

京津冀及周边地区大气污染综合立体观测网实现了大气环境多源数据综合管理业务化，为大气重污染成因研究提供精准数据集，提升了京津冀秋冬季重污染成因机制研究和精细化源解析的能力，推动了京津冀及周边地区空气质量的持续改善。通过综合环境空气质量监测预警和发布平台，为环境空气质量监测和污染成因综合研究提供技术支撑，最终为实现我国空气质量的全面改善奠定了坚实的基础。然而，当前该监测技术仅应用于京津冀地区，而在我国其他重污染区域，如长三角、成渝等地区的应用还严重不足。因此，为了进一步改善这些重污染区域空气质量，还需进一步增强相关区域的综合立体监测技术。

4.4 大气污染治理技术

当前我国大气污染减排形势严峻，国家大气污染物排放标准的日益严格，产业转型升级需求迫切，大气污染防治正从总量减排向总量减排与空气质量改善并重转变，对我国大气污染治理技术提出了新的要求。亟须加强污染源多污染物全过程深度减排技术的创新研发，实现高效率低成本污染物净化技术等薄弱环节技术难题的突破，提高多污染物脱除效率和副产品资源化利用水平。

工业源大气污染治理技术方面，围绕开展细颗粒物、硫氧化物、氮氧化物、汞等重金属、挥发性有机物（VOCs）等污染物高效脱除与协同控制研究，重点突破燃煤烟气 SO_3/重金属等非常规污染物高效治理、燃煤烟气污染物与温室气体协同减排、非电工业烟气污染物超低排放控制、污染物脱除与资源化利用一体化、多污染物协同控制、典型行业 VOCs 排放控制及替代、农业农村等关键技术与装备。作为大气复合污染中的重要前体物，VOCs 治理方面依然存在一些明显的问题，如源头控制依然不足、无组织排放问题突出、治污设施简易低效、运行管理不到位以及监控监测不到位等。因此，在未来依然需要对这些明显存在的问题进行针对性的改进。

移动源大气污染治理技术方面，面向更加严格的移动源污染物排放控制要求，重点推动机动车（包括柴油车、汽油车、摩托车和替代燃料车等）尾气高效后处理关键技术与装备的发展和应用，加快开展船舶与非道路机械大气污染物高效控制技术的研发。面源及室内空气污染净化技术方面，针对面源污染源多元化的排放特征，重点突破居民燃煤和城市扬尘控制、氨排放控制等关键技术与成套装备；针对治理室内与密闭空间空气污染、消除健康风险的需求，重点突破室内亚微米颗粒（$PM_{1.0}$）、半挥发性有机物（SVOCs）、气固二次污染物净化等关键技术与设备，为空气质量长效改善提供关键技术支撑。此外，针对移动源中的柴油车源需进一步实现颗粒物及氮氧化物的协同排放。

此外，氨气是大气环境中含量最为丰富的碱性气体，一方面可以促进硫酸盐、硝酸盐的生成而增加大气细颗粒物（$PM_{2.5}$）的浓度；另一方面可以中和大气酸性物质，降低酸雨对生态环境的影响。密集的氮肥施用和畜牧业养殖等农业活动使中国成为全球氨排放最高的区域之一。当前我国对氨的观测还非常有限，对于其来源还存在一定的认识不足；同时，氨减排后产生的环境效应，如酸雨问题的加强等，又值得去进一步评估。因此，未来对于我国氨的减排及治理过程中引发的二次影响还需值得进一步评估。

4.5 空气质量改善管理控制技术

4.5.1 法规空气质量模型技术体系研究

按环境影响评价、排污许可制度实施、城市与区域控制措施效果评估的要求，通过典型区域案例的数据集成和质控研究，开展不同地形示踪扩散实验，形成支撑法规空气质量模型验证的基础数据集，开展不同尺度和不同类型空气质量模型的比较研究，构建我国法规空气质量模型遴选指标、标准、评估与准入退出机制，建立污染控制方案及政策法规影响空气质量的定量评估技术方法，选择典型区域开展技术示范。

4.5.2 大气污染区域联防联控制度和管理技术体系研究

针对重点区域大气污染联防联控的机制创新，深入分析不同区域及不同部门的利益冲突，研究区域（城市）之间产业转移、能源优化、联合减排、资金补偿、信息共享等协同关系，从国家层面上研究跨区域、跨部门的协作机制和体制创新模式；以区域空气质量整体持续改善目标为约束，构建经济驱动、能源战略、末端治理和成本效益的综合调控方案和快速评价技术，建立城市—区域—国家多尺度多目标多污染物协同控制的情景分析和动态展示平台；提出有效推进区域污染联防联控的若干关键法律法规、制度条例、管理政策（建议稿）等，构建大气污染区域联防联控管理技术体系。

4.5.3 大气环境管理的经济手段和行业政策研究

系统评估我国现有国家和地方大气环境管理经济政策及其实施成效，以空气质量改善为目标，系统研究并设计我国环境经济政策基本框架，重点突破大气环境资源定价和绿色GDP（国内生产总值）评价方法、区域空气质量改善和重点行业污染控制边际成本定量分析技术，研究排放指标有偿使用和分配技术、经济激励和惩罚政策；基于多污染物有效减排，研究以清洁生产审计、最佳适用技术应用、排污税调节为重点的行业大气污染防治技术与经济政策和以领跑者制度为重点的行业激励政策；为以最小成本实现国家、区域和城市空气质量改善目标和主要大气污染物减排指标提供理论体系、技术方法和政策建议。

参考文献

[1] 李海生.序言——《环境科学研究》“庆祝中华人民共和国成立70周年”大气专刊［J］．环境科学研究，2019，32（10）：1615-1616.

[2] 李干杰.以习近平新时代中国特色社会主义思想为指导奋力开创新时代生态环境保护新局面［J］．环境保护，2018，46（5）：7-19.

[3] 生态环境部.2018年中国生态环境状况公报［R］．生态环境部，2019：7-16.

[4] Zhao Y.，Qiu L. P.，Xu R. Y.，et al. Advantages of a city-scale emission inventory for urban air quality research and policy：the case of Nanjing，a typical industrial city in the Yangtze River Delta，China［J］．Atmospheric Chemistry and Physics，2015，15（21）：12623-12644.

[5] Wang M.，Shao M.，Chen W.，et al. Trends of non-methane hydrocarbons（NMHC）emissions in Beijing during 2002—2013［J］．Atmospheric Chemistry and Physics，2015，15（3）：1489-1502.

[6] Wang L. T.，Wei Z.，Yang J.，et al. The 2013 severe haze over southern Hebei，China：model evaluation，source apportionment，and policy implications［J］．Atmospheric Chemistry and Physics，2014，14（6）：3151-3173.

[7] 中国环境科学研究院.“2+26”城市大气污染源排放清单研究［R］．中国环境科学研究院，2019.

[8] Liu T.，Wang X.，Wang B.，et al. Emission factor of ammonia（NH_3）from on-road vehicles in China：tunnel tests in urban Guangzhou［J］．Environmental Research Letters，2014，9（6）：e64027.

[9] Xu P.，Zhang Y.，Gong W.，et al. An inventory of the emission of ammonia from agricultural fertilizer application in China for 2010 and its high-resolution spatial distribution［J］．Atmospheric Environment，2015（115）：141-148.

[10] 郝国朝.陕西省民用燃煤大气污染物排放清单的建立［D］．西安：西安建筑科技大学，2018.

[11] Liu F.，Zhang Q.，R. Recent reduction in NO_x emissions over China：synthesis of satellite observations and emission inventories［J］．Environmental Research Letters，2016，11（11）：e114002.

[12] Wang N.，Liu X. P.，Deng X. J.，et al. Assessment of regional air quality resulting from emission control in the

Pearl River Delta Region，southern China［J］. Science of the Total Environment，2016（573）：1554–1565.

［13］Qi J.，Zheng B.，Li M.，et al. A high-resolution air pollutants emission inventory in 2013 for the Beijing-Tianjin-Hebei Region，China［J］. Atmospheric Environment，2017（170）：156–168.

［14］Liu L.，Zhang X.，Xu W.，et al. Temporal characteristics of atmospheric ammonia and nitrogen dioxide over China based one mission data，satellite observations and atmospheric transport modeling since 1980［J］. Atmospheric Chemistry and Physics，2017，17（15）：9365–9378.

［15］王延龙，李成，黄志炯，等. 2013年中国海域船舶大气污染物排放对空气质量的影响［J］. 环境科学学报，2018，38（6）：2157–2166.

［16］Lang J.，Tian J.，Zhou Y.，et al. A high temporal-spatial resolution air pollutant emission inventory for agricultural machinery in China［J］. Journal of Cleaner Production，2018（183）：1110–1121.

［17］Kourtidis K.，Georgoulias A. K.，Mijling B.，et al. A new method for deriving trace gas emission inventories from satellite observations：the case of SO_2 over China［J］. Science of the Total Environment，2018（612）：923–930.

［18］刘晓咏，王自发，王大玮，等. 京津冀典型工业城市沙河市大气污染特征及来源分析［J］. 大气科学，2019，43（4）：861–874.

［19］Liu H.，Tian H.，Hao Y.，et al. Atmospheric emission inventory of multiple pollutants from civil aviation in China：temporal trend，spatial distribution characteristics and emission features analysis［J］. Science of the Total Environment，2019（648）：871–879.

［20］薛志钢，杜谨宏，任岩军，等. 我国大气污染源排放清单发展历程和对策建议［J］. 环境科学研究，2019，32（10）：1678–1686.

［21］贺克斌. 城市大气污染源排放清单编制技术手册［R］. 清华大学，2018.

［22］周晶. 大气污染源排放清单构建技术难点及对策建议［J］. 科技经济导刊，2017（17）：138–139.

［23］中国环境科学研究院．"2+26"城市大气污染防治跟踪研究工作手册［R］. 中国环境科学研究院，2017.

［24］胡京南，柴发合，段菁春，等. 京津冀及周边地区秋冬季 $PM_{2.5}$ 爆发式增长成因与应急管控对策［J］. 环境科学研究，2019，32（10）：1704–1712.

［25］刘文清，陈臻懿，刘建国，等. 区域大气环境污染光学探测技术进展［J］. 环境科学研究，2019，32（10）：1645–1650.

［26］王永星，杨似玉，张杰，等. 郑州市 PM_{10} 与儿童医院门诊量相关性分析［J］. 中国卫生工程学，2019，18（3）：372–375.

［27］梁海旭，王海滨．我国大气污染物对人群健康效应影响及时空分布规律［J］. 慢性病学杂志，2019，20（8）：1159–1163.

［28］马驰. 大气悬浮颗粒物污染浓度对户外健身人群健康影响研究［J］. 环境科学与管理，2019，44（7）：88–91.

［29］杨皓，鞠勇，陈俊，等. 成都市重污染天气对高新区儿童上呼吸道健康的影响［J］. 预防医学情报杂志，2019，35（4）：376–385.

［30］Meng X.，Chen L.，Cai J.，et al. A land use regression model for estimating the NO_2 concentration in shanghai，China［J］. Environmental Research，2015（137）：308–315.

［31］洪也，张莹，马雁军，等. 沈阳市 $PM_{2.5}$ 离子成分对呼吸疾病门诊数影响研究［J］. 中国环境科学，2018，38（12）：4697–4705.

［32］施小明．大气 $PM_{2.5}$ 及其成分对人群急性健康影响的流行病学研究进展［J］. 山东大学学报（医学版），2018，56（11）：1–10.

［33］Wu S.，Deng F.，Wei H.，et al. Association of cardiopulmonary health effects with source-appointed ambient fine particulate in Beijing，China：a combined analysis from the Healthy Volunteer Natural Relocation（HVNR）study［J］. Environmental Science Technology，2014（48）：3438–3448.

[34] Lin H. L., Liu T, Xiao J. P., et al. Quantifying short-term and long-term health benefits of attaining ambient fine particulate pollution standards in Guangzhou, China [J]. Atmospheric Environment, 2016 (137): 38-44.

[35] Lin H. L., Liu T., Xiao J. P., et al. Mortality burden of ambient fine particulate air pollution in six Chinese cities: results from the Pearl River Delta study[J]. Environment International, 2016 (96): 91-97.

[36] 环境保护部 . 中国人群暴露参数手册（成人卷）[M]. 北京：中国环境出版社，2013.

[37] Meng X., Chen L., Cai J., et al. A land use regression model for estimating the NO_2 concentration in Shanghai, China[J]. Environmental research, 2015 (137): 308-315.

[38] 张莉，张雯雯，刘佳荣，等. $PM_{2.5}$ 暴露对人类咽部微生态的影响 [J]. 中国耳鼻咽喉头颈外科，2019，26（7）：391-393.

[39] Hong C. P., Zhang Q., Zhang Y., et al. Impacts of climate change on future air quality and human health in China [J]. Proceedings of the National Academy of Sciences of the United States of America, 2013, 116 (35): 17193-17200.

[40] Tian Y., Liu H., Zhao Z., et al. Association between ambient air pollution and daily hospital admissions for ischemic stroke: A nationwide time-series analysis [J]. Plos Medicine, 2018, 15 (10): e1002668.

[41] Cui L., Conway G. A., Jin L., et al. Increase in medical emergency calls and calls for central nervous system symptoms during asevere air pollution event, January 2013, Jinan city, China [J]. Epidemiology, 2017, 28 (1): S67-S73.

[42] Li H., Wu S., Pan L., et al. Short-term effects of various ozone metrics on cardiopulmonary function in chronic obstructive pulmonary disease patients: Results from a panel study in Beijing, China [J]. Environmental Pollution, 2018 (232): 358-366.

[43] Feng C., Li J., Sun W., et al. Impact of ambient fine particulate matter($PM_{2.5}$) exposure on the risk of influenza-like-illness: a time-series analysis in Beijing, China [J]. Environmental Health, 2016 (15): e17.

[44] Ge E., Fan M., Qiu H., et al. Ambient sulfur dioxide levels associated with reduced risk of initial outpatient visits for tuberculosis: A population based time series analysis [J]. Environmental Pollution, 2017 (228): 408-415.

[45] Liu W. Y., Yu Z. B., Qiu H. Y., et al. Association between ambient air pollutants and preterm birth in Ningbo, China: a time-series study [J]. BMC Pediatrics, 2018, 18 (1): e305.

[46] Chen C., Liu C., Chen R., et al. Ambient air pollution and daily hospital admissions for mental disorders in Shanghai, China [J]. Science of the Total Environment, 2018 (613): 324-330.

[47] Yin P., He G., Fan M., et al. Particulate air pollution and mortality in 38 of China's largest cities: time series analysis [J]. BMJ-British Medical Journal, 2017 (356): ej667.

[48] Yin P., Chen R., Wang L., et al. Ambient ozone pollution and daily mortality: a nationwide study in 272 Chinese cities [J]. Environment Health Perspectives, 2017, 125 (11): e17006.

[49] Wang L., Liu C., Meng X., et al. Associations between short-term exposure to ambient sulfur dioxide and increased cause-specific mortality in 272 Chinese cities [J]. Environment International, 2018 (117): 33-39.

[50] Chen R., Yin P., Meng X., et al. Associations between ambient nitrogen dioxide and daily cause-specific mortality: evidence from 272 Chinese cities [J]. Epidemiology, 2018, 29 (4): 482-489.

[51] Chen R., Yin P., Meng X., et al. Fine particulate air pollution and daily mortality: a nationwide analysis in 272 Chinese cities [J]. American Journal of Respiratory and Critical Care Medicine, 2017, 196 (1): 73-81.

[52] Wang G., Zhao J., Jiang R., Song W. Rat lung response to ozone and fine particulate matter($PM_{2.5}$) exposures [J]. Environmental toxicology, 2015 (30): 343-356.

[53] 胡晓丽. $PM_{2.5}$ 慢性暴露对大鼠肺的致癌作用及其机制研究 [D]. 天津：天津医科大学，2017.

[54] 李航. $PM_{2.5}$ 对大鼠肺脏的毒性效应及鱼油和维生素 E 的干预作用 [D]. 新乡：新乡医学院，2017.

[55] Chen R., Kan H., Chen B., et al. Association of particulate air pollution with daily mortality: China Air Pollution

and Health Effects Study [J]. American journal of epidemiology，2012（175）：1173–1181.

[56] Liu C.，Chen R.，Zhao Y.，et al. Associations between ambient fine particulate air pollution and hypertension：A nationwide cross–sectional study in China [J]. Science of the Total Environment，2017（584）：869–874.

[57] Lin H.，Guo Y.，Zheng Y.，et al. Long–term effects of ambient $PM_{2.5}$ on hypertension and blood pressure and attributable risk among older Chinese adults [J]. Hypertension，2017，69（5）：806–812.

[58] Yang B. Y.，Qian Z. M.，Vaughn M. G.，et al. Is prehypertension more strongly associated with long–term ambient air pollution exposure than hypertension? Findings from the 33 Communities Chinese Health Study [J]. Environmental Pollution，2017（229）：696–704.

[59] Dong G. H.，Qian Z. M.，Xaverius P. K.，et al. Association between long–term air pollution and increased blood pressure and hypertension in China [J]. Hypertension，2013，61（3）：578–584.

[60] Chen R.，Zhao Z.，Sun Q.，et al. Size–fractionated Particulate Air Pollution and Circulating Biomarkers of Inflammation，Coagulation，and Vasoconstriction in a Panel of Young Adults [J]. Epidemiology，2015（26）：328–336.

[61] Cao J.，Yang C.，Li J.，et al. Association between long–term exposure to outdoor air pollution and mortality in China：A cohort study [J]. J Hazard Mater，2011（186）：1594–1600.

[62] Chen R.，Zhao A.，Chen H.，et al. Cardiopulmonary benefits of reducing indoor particles of outdoor origin：a randomized，double–blind crossover trial of air purifiers [J]. Journal of the American College of Cardiology，2015（65）：2279–2287.

[63] 韦民红，李素文，陈正慧 . 多轴差分吸收光谱同时测量多种气体斜柱浓度的研究 [J]. 淮北师范大学学报（自然科学版），2019，40（3）：17–21.

[64] 李治艳 . 基于腔衰荡光谱的大气 NO_3 和 N_2O_5 探测及夜间化学过程研究 [D]. 北京：中国科学技术大学，2019.

[65] 韩雨佳 . 基于吸收光谱技术的气体速度和浓度测量实验研究 [D]. 杭州：浙江大学，2019.

[66] Wang S. S.，Shi C. Z.，Zhou B.，et al. Observation of NO_3 radicals over Shanghai，China [J]. Journal of Atmospheric Environment，2013（7）：401–409.

[67] 张军科，罗彬，张巍，等. 成都市夏冬季大气胺颗粒物的单颗粒质谱研究 [J]. 中国环境科学，2019，39（8）：3152–3160.

[68] Chen Z. Y.，Zhang J. S.，Zhang T. S.，et al. Haze observations by simultaneous lidar and WPS in Beijing before and during APEC，2014 [J]. Science China Chemistry，2015，58（9）：1385–1392.

[69] 韦民红，李素文，陈正慧 . 多轴差分吸收光谱同时测量多种气体斜柱浓度的研究 [J]. 淮北师范大学学报（自然科学版），2019，40（3）：17–21.

[70] 张晓春，宋庆利，曹永，等. 国产傅里叶变换红外光谱温室气体在线监测仪及其在大气本底监测中的初步应用 [J]. 大气与环境光学学报，2019，14（4）：279–288.

[71] 刘文清，陈臻懿，刘建国，等. 区域大气环境污染光学探测技术进展 [J]. 环境科学研究，2019，32（10）：1645–1650.

[72] 单文坡，余运波，张燕，等. 中国重型柴油车后处理技术研究进展 [J]. 环境科学研究，2019，32（10）：1672–1677.

[73] 何伟，张文杰，王淑兰，等. 京津冀地区大气污染联防联控机制实施效果及完善建议 [J]. 环境科学研究，2019，32（10）：1696–1703.

[74] Zhang X. Y. Atmospheric aerosol compositions in China：spatial/temporal variability，chemical signature，regional haze distribution and comparisons with global aerosols [J]. Atmospheric Chemistry and Physics，2012，12（2）：779–799.

[75] Zhang R. Formation of Urban Fine Particulate Matter [J]. Chemical Reviews，2015，115（10）：3803–3855.

[76] Zhang R. Chemical characterization and source apportionment of $PM_{2.5}$ in Beijing: seasonal perspective [J]. Atmospheric Chemistry and Physics, 2013, 13 (14): 7053–7074.

[77] Wang L. Atmospheric nanoparticles formed from heterogeneous reactions of organics [J]. Nature Geoscience, 2010, 3 (4): 238–242.

[78] Sun Y. L. Aerosol composition, sources and processes during wintertime in Beijing, China [J]. Atmospheric Chemistry and Physics, 2013, 13 (9): 4577–4592.

[79] Quan J. Characteristics of heavy aerosol pollution during the 2012–2013 winter in Beijing, China [J]. Atmospheric Environment, 2014 (88): 83–89.

[80] Liu X. G. Formation and evolution mechanism of regional haze: a case study in the megacity Beijing, China [J]. Atmospheric Chemistry and Physics, 2013, 13 (9): 4501–4514.

[81] Ji D. The heaviest particulate air–pollution episodes occurred in northern China in January, 2013: Insights gained from observation [J]. Atmospheric Environment, 2014 (92): 546–556.

[82] Huang R. J. High secondary aerosol contribution to particulate pollution during haze events in China [J]. Nature, 2014, 514 (7521): 218–222.

[83] He H. Mineral dust and NO_x promote the conversion of SO_2 to sulfate in heavy pollution days [J]. Scientific Reports, 2014 (4): e4172.

[84] Fan W. Graphene oxide and shape–controlled silver nanoparticle hybrids for ultrasensitive single–particle surface–enhanced Raman scattering (SERS) sensing [J]. Nanoscale, 2014, 6 (9): 4843–4851.

[85] Mauldin III R. L., Berndt T., Sipilä M., et al. A new atmospherically relevant oxidant of sulphur dioxide [J]. Nature, 2012, 488 (7410): 193–196.

[86] Rollins A. W., Browne E. C., Min K. E., et al. Evidence for NO_x control over nighttime SOA formation [J]. Science, 2012, 337 (6099): 1210–1212.

[87] Ma J. Z., Wang W., Chen Y., et al. The IPAC–NC field campaign: a pollution and oxidization pool in the lower atmosphere over Huabei, China [J]. Atmospheric Chemistry and Physics, 2012, 12 (9): 3883–3908.

[88] Zhang Q., Yuan B., Shao M., et al. Variations of ground–level O_3 and its precursors in Beijing in summertime between 2005 and 2011 [J]. Atmospheric Chemistry and Physics, 2014, 14 (12): 6089–6101.

[89] Lou S., Holland F., Rohrer F., et al. Atmospheric OH reactivities in the Pearl River Delta– China in summer 2006: measurement and model results [J]. Atmospheric Chemistry and Physics, 2010, 10 (7): 11243–11260.

[90] Guo S., Hu M., Zamora M. L., et al. Elucidating severe urban haze formation in China [J]. Proceedings of the National Academy of Sciences, 2014, 111 (49): 17373–17378.

[91] Ng N. L. Secondary organic aerosol (SOA) formation from reaction of isoprene with nitrate radicals (NO3) [J]. Atmospheric Chemistry and Physics, 2008, 8 (14): 4117–4140.

[92] Edwards P. M., Evans M. J., Furneaux K. L., et al. OH reactivity in a South East Asian tropical rainforest during the Oxidant and Particle Photochemical Processes (OP3) project [J]. Atmospheric Chemistry and Physics, 2013 (13): 9497–9514.

[93] Ehn M., Thornton J. A., Kleist E., et al. A large source of low–volatility secondary organic aerosol [J]. Nature. 2014, 506 (7489): 476–479.

[94] Jokinen T., Berndt T., Makkonen R., et al. Production of extremely low volatile organic compounds from biogenic emissions: Measured yields and atmospheric implications [J]. Proceedings of the National Academy of Sciences, 2015, 112 (23): 7123–7128.

[95] Wilson T. W., Ladino L. A., Alpert P. A., et al. A marine biogenic source of atmospheric ice–nucleating particles [J]. Nature, 2015 (525): 234–241.

[96] Ofner J., Balzer N., Buxmann J., et al. Halogenation processes of secondary organic aerosol and implications on

halogen release mechanisms [J]. Atmospheric Chemistry and Physics，2012，12 (13)：5787-5806.

[97] Sousa S. I.，Pires，et al. Short-term effects of air pollution on respiratory morbidity at Rio de Janeiro-part II：health assessment [J]. Environment International，2012 (43)：1-5.

[98] Kloog I.，Nordio F.，Zanobetti A.，et al. Short term effects of particle exposure on hospital admissions in the mid-Atlantic states：a population estimate [J]. Plos One，2014，9 (2)：e88578.

[99] Zhang S.，Li G.，Tian L.，et al. Short-term exposure to air pollution and morbidity of COPD and asthma in East Asian area：A systematic review and meta-analysis [J]. Environmental Research，2016 (148)：15-23.

[100] Chen S.，Zhao R.，Wang W.，et al. The impact of short-term exposure to air pollutants on the onset of out-of-hospital cardiac arrest：A systematic review and meta-analysis [J]. International Journal of Cardiology，2017 (226)：110-117.

[101] Xu Q.，Li X.，Wang S.，et al. Fine Particulate Air Pollution and Hospital Emergency Room Visits for Respiratory Disease in Urban Areas in Beijing，China，in 2013 [J]. Plos one，2016，11 (4)：e0153099.

[102] Wedzicha J. A.，Seemungal T. A. COPD exacerbations：defining their cause and prevention [J]. Lancet，2007，370 (9589)：786-796.

[103] Sint T.，Donohue J. F.，Ghio A. J. Ambient air pollution particles and the acute exacerbation of chronic obstructive pulmonary disease [J]. Inhalation toxicology，2008，20 (1)：25-29.

[104] Kan H.，Chen R.，Tong S. Ambient air pollution，climate change，and population health in China [J]. Environment International，2012 (42)：10-19.

[105] Lu F.，Xu D.，Cheng Y.，et al. Systematic review and meta-analysis of the adverse health effects of ambient $PM_{2.5}$ and PM_{10} pollution in the Chinese population [J]. Environmental Research，2015 (136)：196-204.

[106] Shang Y.，Sun Z.，Cao J.，et al. Systematic review of Chinese studies of short-term exposure to air pollution and daily mortality [J]. Environment International，2013 (54)：100-111.

[107] Kan H.，Chen B.，Hong C. Health impact of outdoor air pollution in China：current knowledge and future research needs [J]. Environ Health Perspectives，2009，117 (5)：eA187.

[108] 韩业林. 大气颗粒污染物健康损害效应及户外锻炼对策的研究 [D]. 太原：山西大学，2017.

[109] 赵毅. 我国主要城市空气污染的预测预警及健康效应研究 [D]. 兰州：兰州大学，2018.

[110] 吴莹，王玉祥. 颗粒物手工监测与自动监测比对分析 [J]. 干旱环境监测，2019，33 (3)：97-101.

[111] 王晓燕. 大气环境监测与质量控制研究 [J]. 中国资源综合利用，2019，37 (9)：119-121.

[112] 胡晓，张国超，林陈爽，等. 基于激光雷达的宁波地区气溶胶垂直分布特征研究 [J]. 气象与环境科学，2019，42 (2)：74-81.

[113] 卢乃锰，闵敏，董立新，等. 星载大气探测激光雷达发展与展望 [J]. 遥感学报，2016，20 (1)：1-10.

[114] 季承荔，陶宗明，胡顺星，等. 三波长激光雷达探测卷云有效激光雷达比 [J]. 中国激光，2016，43 (8)：268-274.

[115] 赵虎 . 多波长激光雷达结合现场仪器的大气气溶胶探测方法和实验研究 [D]. 西安：西安理工大学，2017.

[116] Woolcock P. J.，Brown R. C. A review of cleaning technologies for biomass-derived syngas [J]. Biomass and Bioenergy，2013 (52)：54-84.

[117] Li M. T.，Anh P.，Roddy D.，et al. Technologies for measurement and mitigation of particulate emissions from domestic combustion of biomass：A review [J]. Renewable and Sustainable Energy Reviews，2015 (49)：574-584.

[118] Parihar A K S，Hammer T，Sridhar G. Development and testing of plate type wet ESP for removal of particulate matter and tar from producer gas [J]. Renewable Energy，2015 (77)：473-481.

[119] Mertens J.，Anderlohr C.，Rogiers P.，et al. A wet electrostatic precipitator (WESP) as countermeasure to mist

formation in amine based carbon capture [J]. International Journal of Greenhouse Gas Control, 2014 (31): 175–181.

[120] Pudasainee D., Paur H., Fleck S., et al. Trace metals emission in syngas from biomass gasification [J]. Fuel Processing Technology, 2014 (120): 54–60.

[121] Anderlohr C., Brachert L., Mertens J., et al. Collection and Generation of Sulfuric Acid Aerosols in a Wet Electrostatic Precipitator [J]. Aerosol Science and Technology, 2015, 49 (3): 144–151.

[122] Mertens J., Brachert L., Mertens J., et al. ELPI+ measurements of aerosol growth in an amine absorption column [J]. International Journal of Greenhouse Gas Control, 2014 (23): 44–50.

[123] Faria F. P., Reynaldo S., Fonseca T. C. F., et al. Monte Carlo simulation applied to the characterization of an extrapolation chamber for beta radiation dosimetry [J]. Radiation Physics and Chemistry, 2015 (116): 226–230.

[124] Guo Y. B., Yang S. Y., Xing M., et al. Toward the Development of an Integrated Multiscale Model for Electrostatic Precipitation [J]. Industrial and Engineering Chemistry Research, 2013, 52 (33): 11282–11293.

[125] Adamiak K. Numerical models in simulating wire-plate electrostatic precipitators: A review [J]. Journal of Electrostatics, 2013, 71 (4): 673–680.

[126] Rezaei F., Jones C. W. Stability of supported amine adsorbents to SO_2 and NO_x in postcombustion CO_2 Capture.2. multicomponent adsorption [J]. Industrial and Engineering Chemistry Research, 2014, 53 (30): 12103–12110.

[127] Fan Y. F., Rezaei F., Labreche Y., et al. Stability of amine-based hollow fiber CO_2 adsorbents in the presence of NO and SO_2 [J]. Fuel, 2015 (160): 153–164.

[128] Miller D. D., Chuang S. S. C. Experimental and theoretical investigation of SO_2 adsorption over the 1, 3-phenylenediamine/SiO_2 system [J]. Journal of Physical Chemistry C, 2015, 119 (12): 6713–6727.

[129] Lin K. Y. A., Petit C., Park A. H. A.. Effect of SO_2 on CO_2 capture using liquid-like nanoparticle organic hybrid materials [J]. Energy Fuel, 2013, 27 (8): 4167–4174.

[130] Farr S., Heidel B., Hilber M., et al. Influence of Flue-Gas Components on Mercury Removal and Retention in Dual-Loop Flue-Gas Desulfurization [J]. Energy Fuel, 2015, 29 (7): 4418–4427.

[131] Rumayor M., Diaz-Somoano M., Lopez-Anton M. A., et al. Temperature programmed desorption as a tool for the identification of mercury fate in wet-desulphurization systems [J]. Fuel, 2015 (148): 98–103.

[132] Sedlar M., Pavlin M., Popovic A., et al. Temperature stability of mercury compounds in solid substrates [J]. Open Chemistry, 2015, 13 (1): 404–419.

[133] Vainio E., Lauren T., Demartini N., et al. Understanding low-temperature corrosion in recovery boilers: Risk of sulphuric acid dew point corrosion [J]. J-for-Journal of Science and Technology for Forest Products and Processes, 2014, 4 (6): 14–22.

[134] Sporl R., Maier J., Scheffknecht G. Sulphur oxide emissions from dust-fired oxy-fuel combustion of coal [J]. Ghgt-11, 2013 (37): 1435–1447.

[135] Boningari T., Pappas D. K., Ettireddy P. R., et al. Influence of SiO_2 on M/TiO_2 (M = Cu, Mn, and Ce) formulations for low-temperature selective catalytic reduction of NO_x with NH_3: Surface properties and key components in relation to the activity of NO_x reduction [J]. Industrial and Engineering Chemistry Research, 2015 (8): 2261–2273.

[136] Cha W., Yun S. T., Jurng J. Examination of surface phenomena of V_2O_5 loaded on new nanostructured TiO_2 prepared by chemical vapor condensation for enhanced NH_3-based selective catalytic reduction (SCR) at low temperatures [J]. Physical Chemistry Chemical Physics, 2014 (33): 17900–17907.

[137] Park E., Kim M., Jung H., et al. Effect of sulfur on Mn/Ti catalysts prepared using chemical vapor condensation (CVC) for low-temperature NO reduction [J]. ACS Catalysis, 2013 (7): 1518-1525.

[138] Usberti N., Jablonska M., Blasi M. D., et al. Design of a "high-efficiency" NH_3-SCR reactor for stationary applications. A kinetic study of NH_3 oxidation and NH_3-SCR over V-based catalysts [J]. Applied Catalysis B: Environmental, 2015 (179): 185-195.

[139] Beretta A, Usberti N, Lietti l, et al. Modeling of the SCR reactor for coal-fired power plants: Impact of NH_3 inhibition on Hg^0 oxidation [J]. Chemical Engineering Journal, 2014 (257): 170-183.

[140] Camposeco R., Castillo S., Mej A-centeno I. Performance of V_2O_5/$NTiO_2$-Al_2O_3-nanoparticle-and V_2O_5/$NTiO_2$-Al_2O_3-nanotube model catalysts in the SCR-NO with NH_3 [J]. Catalysis Communications, 2015 (60): 114-119.

[141] Mej A-Centeno I., Castillo S., Camposeco R., et al. Activity and selectivity of V_2O_5/ $H_2Ti_3O_7$, V_2O_5-WO_3/$H_2Ti_3O_7$ and Al_2O_3/$H_2Ti_3O_7$ model catalysts during the SCR-NO with NH_3 [J]. Chemical Engineering Journal, 2015 (264): 873-885.

[142] Camposeco R., Castillo S., Mugica V., et al. Role of V_2O_5-WO_3/ $H_2Ti_3O_7$-nanotube-model catalysts in the enhancement of the catalytic activity for the SCR-NH_3 process [J]. Chemical Engineering Journal, 2014 (242): 313-320.

[143] 李想，李俊华，何煦，等. 烟气脱硝催化剂中毒机制与再生技术 [J]. 化工进展，2015，34 (12): 4129-4138.

[144] Shan W. P., Liu F. D., He H., et al. The Remarkable Improvement of a Ce-Ti based Catalyst for NO_x Abatement, Prepared by a Homogeneous Precipitation Method [J]. Chemcatchem, 2011, 3 (8): 1286-1289.

[145] Liu F. D., Asakura K., He H., et al. Influence of sulfation on iron titanate catalyst for the selective catalytic reduction of NOx with NH_3 [J]. Applied Catalysis B-Environmental, 2011, 103 (3-4): 369-377.

[146] Cheng H. H. Antibacterial and Regenerated Characteristics of Ag-zeolite for Removing Bioaerosols in Indoor Environment [J]. Aerosol and Air Quality Research, 2012, 12 (3): 409-419.

[147] Ourrad H., Thevenet F., Gaudion V., et al. Limonene photocatalytic oxidation at ppb levels: Assessment of gas phase reaction intermediates and secondary organic aerosol heterogeneous formation [J]. Applied Catalysis B: Environmental, 2015 (168): 183-194.

[148] Russell J. A., Hu Y., Chau L., et al. Indoor-biofilter growth and exposure to airborne chemicals drive similar changes in plant root bacterial communities [J]. Applied and Environmental Microbiology, 2014 (16): 4805-4813.

[149] Ragazzi M., Tosi P., Rada e C., et al. Effluents from MBT plants: plasma techniques for the treatment of VOCs [J]. Waste Management, 2014 (11): 2400-2406.

[150] Luengas A, Barona A, Hort C, et al. A review of indoor air treatment technologies [J]. Reviews in Environmental Science and Bio/Technology, 2015 (3): 499-522.

[151] 张道军，马子然，王宝冬，等. SCR 脱硝技术在非电行业烟气治理中的应用进展 [J]. 现代化工，2019，39 (10): 24-28.

[152] Gu T., Jin R., Liu Y., et al. Promoting effect of calcium doping on the performances of MnO_x/TiO_2 catalysts for NO reduction with NH_3 at low temperature [J]. Applied Catalysis B: Environmental, 2013 (129): 30-38.

[153] Morgan C. Platinum Group Metal and Washcoat Chemistry Effects on Coated Gasoline Particulate Filter Design [J]. Johnson Matthey's international journal of research exploring science and technology in industrial applications, 2015, 59 (3): 188-192.

[154] 胡志远，宋博，全铁枫，等. GDI 汽油车 NEDC 循环颗粒物排放特性 [J]. 汽车技术，2016 (8): 53-57.

[155] 郭宇辰．柴油机 SCR 气体流动特性优化及其对转化效率的影响研究［D］．昆明：昆明理工大学，2018.
[156] Philippe F. X.，Cabaraux J. F.，Nicks B. Ammonia emissions from pig houses：Influencing factors and mitigation techniques［J］．Agriculture，Ecosystems and Environment，2011，141（3–4）：245–260.

撰稿人：张军科　闫　政　张建强

水环境学科发展研究

1. 引言

水是人类赖以生存的必要条件之一。长期以来人类对于水环境的保护意识并不高，导致水资源短缺、水环境质量恶化、水生态健康受损，流域布局性环境风险问题突出，水环境安全形势严峻。如今，随着经济的快速发展，环境污染问题越来越严重，水环境也逐渐恶化，用牺牲环境为代价换来的经济快速发展并非长远之策，因此人们的观念慢慢发生转变，开始关注环境保护工作，如何解决好水环境保护工作已经成为全人类都要重视的问题。

党中央、国务院高度重视水环境保护工作。自“九五”开始，就集中力量对“三河三湖”等重点流域进行综合整治，“十一五”以来，大力推进污染减排，水环境保护取得积极成效。但是，我国水污染严重的状况仍未得到根本性遏制，区域性、复合型、压缩型水污染日益凸显，已经成为影响我国水安全的最突出因素，防治形势十分严峻。近年来，随着国家对环境保护重视程度的不断提高，“水十条”“十三五”规划、“河长制”和“湖长制”等一系列支持性政策的出台给水处理行业带来广阔的市场空间。纵观我国整体经济发展速度，“十三五”规划期间是整体经济转型升级的重要转折点，在此期间我国逐步进入由传统产业向现代产业的转型升级，优胜劣汰，并且各行业在发展模式上积极转变，努力朝着精细化方向发展，为供给侧改革提供了有利时机。“绿水青山就是金山银山”“生态文明建设”等大量的建设理念的全面普及，再次阐明了“十三五”规划阶段，全面提升环境资源利用率，有效降低发展中环境代价的时代主题。[1]

目前，我国水处理涉及的水体处理类型有工业废水处理、地表水处理、脱盐与海水淡化、饮用水净化等；水处理相关技术主要涉及吸附、生物降解、光催化、微生物燃料电池、人工湿地、臭氧处理、活性污泥、絮凝等技术；目标污染物主要包括重金属、含氮污染物、酚类污染物、抗生素等物质；相关机理、性能或指标包括动力学研究、生物群落、膜污染、机制研究等。主要学科涉及环境科学、工程—环境、工程—化学、水资源、化学—跨学科、生物工程学和应用微生物等领域。具体来说，水环境领域的主要内容：预防和治理水体污染，保护和改善水环境质量，合理利用水资源，提供安全饮用水以及不同用途与要求的用水的工艺技术和工程措施。其主要研究领域包括：水体自净及其利用，给水净化处理，城市污水处理，工业废水处理与利用，废水再生与回用，城市、区域和水系的水污染综合整治和受污染水体的修复，水环境质量标准和废水排放标准等。[2]

2015 年 4 月国务院印发《水污染防治行动计划》（以下简称"《水十条》"）对 2020 年和 2030 年我国地表水水质指标提出了非常明确具体的要求。但是，目前地表水指标与 2020 年和 2030 年工作目标还有一定差距。2016 年全国地表水 1940 个断面中，Ⅴ类和劣Ⅴ类分别占 6.9% 和 8.6%，海河水系主要支流为重度污染，滇池仍为中度污染。水污染防治工作仍然十分艰巨，形势依然严峻。结合国家在水方面的科技需求，未来我们在重点流域和区域水质持续改善、水环境管理、水污染治理、饮用水安全保障技术体系构建以及典型流域验证示范及推广应用等相关方面大有可为。"十二五"和"十三五"期间，在水环境领域，国家在水环境重大科技专项布局，着重加强重要水体、水源地、源头区、水源涵养区等水质监测与预报预警技术体系建设；突破饮用水水质健康风险控制、地下水污染防治、污废水资源化能源化与安全利用。

2. 近年研究进展

2.1 重要水体、水源地、源头区水质监测与预测预警技术体系

2.1.1 国内应用现状

近年来，我国突发性水污染事件频发。由于此类事件具有随机性和不可预见性，严重威胁着生态环境和城市供水水质安全[3]。对水质监管机构及相关环保部门而言，快速实时监测、精确识别水质异常、科学提供预警决策以及构建三者有机结合的技术体系，已成为当前亟待研究的课题。

建立源水水质监测和预警技术体系是世界公认可有效避免水体污染，保障源水水质和供水安全的可行方法。该技术在欧美已得到广泛应用，如美国俄亥俄河预警系统设定 15 个沿河分布的色谱监测点，各监测点收集数据传输给一个独立的中心系统来判定多种污染物的浓度变化趋势[4]；日本淀川河水质预警系统配备了先进的有机物监测设备、TOC、色谱和紫外光分析仪、标准水质监测器和色味监测仪，该系统的预警功能可同时指挥大阪多个大型水厂共同采取措施，确保供水安全[5]。此外，加拿大圣克莱尔河预警系统、英国特伦特河预警系统、法国巴黎市区水质预警系统等，均是该领域应用较为成功的案例[6]，为我国相关系统的构建和应用提供了经验和参考。

目前，虽然我国仍然以强化常规处理、增加预处理和深度处理工艺、加强供水系统保护等滞后性处理措施来保障供水安全，但流域监测预警系统和源水监测预警系统也得到长足发展。我国在各流域推进水质自动监测站建设，包括松花江、辽河、海河、黄河、淮河、长江、珠江、太湖、巢湖、滇池等，并在此基础上，以为水厂提供水质信息为目的建立了潍坊峡山水库预警系统、顺德区水质监测预警系统、徐州市小沿河水质监测预警系统、上海市水质监测预警系统等[7, 8]。

2.1.2 新理念与技术

重要水体、水源地、源头区水质监测与预测预警技术体系是以保障环境生态和饮用水水源地水质安全为目标，基于物联网架构，综合采用多种水质监测技术和水质模拟和评估方法建立的集水体“水质监测—预测—评估—综合决策”于一体的环境信息系统工程[5]。动态数据采集模块是整个系统构建的关键，系统通过多种监测方式，为重要水体和饮用水水源地监测预警提供数据基础。依据预警模型评估的结果为综合调控管理目标的确定提供依据，从而指导处理处置方法，并最终基于技术评估结果生成综合调控方案。近年来，我国于环境模型设计、智能云平台搭建、硬件装备研发等方面均取得突破。

卫星遥感技术被引入水质监测与预测预警系统，通过卫星遥感影像高精度获取水色、水质要素参数浓度以及相关光学变量，从而满足湖泊和流域等水环境监测和预测预警等的现实需求。该系统不仅可以满足水质现状的监控，追溯过去，揭示污染物变化规律，还能通过结合动力模型，模拟水质未来变化趋势。该技术实现了的主要功能包括：①富营养化主要灾害蓝藻水华遥感监测；②离散三维荧光光谱藻类的识别与测定技术；③小型化水质总磷总氮的在线监测。水环境遥感技术有助于水体富营养化、水生植物丰度、水面变化的动态把握，为我国了解、掌握和管理流域水环境变化发挥不可替代的作用。

此外，三维荧光分析技术也被引入水质监测与预测预警系统。国内研究人员采用三维荧光光谱表征了污水厂各处理单元及受纳水体上下游的样品，应用平行因子分析方法获得了样品中各主成分的激发发射光谱图及荧光强度得分矩阵。类蛋白质荧光强度得分可与样品 COD 值建立相关曲线，污水厂与受纳水体样品的相关系数分别为 0.930 和 0.913，类蛋白质荧光可以反映样品点的有机污染程度。该研究为污水处理厂的运行及其对受纳水体影响提供了新的思路和方法。

我国研究人员自主研究开发了环境水质自动监控与分析决策物联网系统并投入商用。该系统主要是由数据采集系统、网络系统、环保智能化集成系统、环境水质自动监控系统和分析决策系统等构成的整体水质监控与分析决策解决方案。系统主要用途是针对环境水体，包括地表各类水体进行水质在线监测，构建物联网监控与分析决策平台，用于监控各类水体的水质变化情况，实现水质变化的早期预警，模拟衍变过程，同时监控并分析各类污染源排放对水体水质变化的影响。环境水质自动监控与分析决策物联网系统的建立，实现了水质的实时监测和远程监控，可预警预报水质状况、为解决跨行政区域的水污染事故纠纷提供判断依据，使受水区居民生活和工农业生产用上放心水；同时减少了进行人工测量的频次，体现节约型社会和以人为本的管理理念，对创建和谐社会起到积极作用。

在重要流域监测预警方面，“十二五”国家科技支撑计划“南水北调中线工程水源地及沿线水质监测预警关键技术研究与示范”项目的三个课题均取得丰硕成果，为水质监测与预测技术的实践提供了丰富经验。其中，第一课题“南水北调中线工程水质传感网的多载体检测与自适应组网技术研究与示范”由长江流域水环境监测中心牵头，经过四年的努力攻关，中心全面评估了丹江口水源区的水质安全状况，提出了水源区监测站网优化布设方案，研发了多载体水质监测传感器，集成了固定监测台站、浮标、智能监测车（船）、水下仿生机器人、卫星遥感等多目标、多尺度的水质智能感知节点，研发了适合于水源区的自适应组网技术，建立了立体水质监测传感网络，圆满完成了课题规定的各项任务。

由武汉大学牵头的“水体污染控制与治理”国家科技重大专项课题——“三峡库区及上游流域水环境风险评估与预警技术研究与示范”实现了三峡库区及上游流域水环境风险评估与预警业务化高精度模型“从无到有”的突破和业务化系统平台“从有到优”的进步，并在四川、重庆、湖北等地进行了示范应用，能及时、准确、有效地辅助业务部门进行风险处置，具有重大的环境效益、生态效益和经济效益。技术层面上的突破主要为：①实现了本土化大尺度高精度环境模型；②按需进行模块组装和集成构架水环境风险评估与预警智能云平台；③每天 0 点准时预报未来三天的水质浓度，推送水质预报信息；④精准发现偷排事件，将环境管理由被动应对转为主动监管；⑤水环境精细化管理成套软硬件装备，为水环境安全保驾护航。

2.2 饮用水水质健康风险控制

2.2.1 国内饮用水安全保障现状

水质是影响我国城市饮用水水源地安全的首要问题。4555 个城市饮用水水源地中，有 638 个饮用水水源地水质不合格，影响人口 5695 万人；我国城市集中式饮用水水源地的保护、监测和管理状况较差，水源地存在的水质污染风险较大，城市饮用水源应急能力不能适应城市饮用水安全保障的要求[9]。在水污染事故频发的背景下，饮用水源地水质风险问题迫在眉睫。“水十条”第二十四款明确要求了保障饮用水水源安全的六项具体任务，其宗旨可以概括为“保水质、防风险、缩差距、促直饮”四个方面。

我国饮用水安全保障中的主要问题包括：水源地上游及周边污染源缺乏有效管理、缺乏系统的监管措施且监测标准不统一、饮水安全保障规范化管理与污染治理亟待加强[10]。近年来，随着“水十条”的深入落实，大量业内工作者在饮用水质健康风险控制领域也提出了一些新理念与新技术。

2.2.2 新理念与技术

曲久辉[11]等结合我国传统净水工艺特点，在饮用水处理工艺改革方向上提出了新思路。①采用标准与效应协同调控的安全工艺：保障饮用水的健康安全，要求水厂出水不仅达到水质卫生标准，还必须不具有可导致效应的毒性。为此，下一代净水厂将突破现有的以有限指标为依据的水质评价和调控方法的局限，建立标准与效应协同调控的水质安全保障新工艺。其基本内涵是，将水质标准和关键毒性指标作为同等重要的判据，在技术选择、工艺设计和过程调控时，以毒性水平作为决定性的关注因素和工艺各环节安全性的核心评价指标。与此同时，输配水过程的毒性水平也被纳入供水安全的控制目标，以此推动饮用水处理技术创新和工艺改革以风险控制为核心目的。②研发厂外净化与厂内处理耦合的简捷工艺：依据经济和适用的原则，以最少单元、最短流程、最低成本来获得最优水质的工艺是未来净水厂的主导技术模式。减少厂内处理负荷和简化处理流程的有效措施之一，就是强化厂外设施的水质净化功能。其中，将原水输送管道作为反应器有针对性地去除目标污染物，可取得事半功倍的效果，如毒副产物前驱体去除、消毒副产物与耗氧有机物同时达标、高藻/有机微污染水协同处理等。③开发不用或少用化学药剂的清洁工艺：多数净水厂大量使用絮凝剂、氧化剂等化学药剂，铝残留、消毒副产物等二次污染成为水质健康风险的主要成因。因此，不用或少用化学药剂的清洁技术必将成为未来水处理厂工艺改革的主流方向。未来技术应充分利用材料、信息等技术的最新成果，为饮用水处理提供更多和更可靠的短流程设计选择，不投加或少投加化学药剂的清洁工艺必然成为未来水处理厂的主导概念。

我国研究者从饮用水中新型消毒副产物（disinfection by-products，DBPs）含氮消毒副产物（N-DBPs）和碘代消毒副产物（I-DBPs）的生成机制出发，提出了饮用水健康风险控制策略。即通过高级氧化技术有效控制前体物浓度；通过调控消毒方式、消毒剂投加量、原水水质（温度、酸碱度、溴化物、碘化物、溶解性有机氮、无机氮）等因素对消毒后 N-DBPs 和 I-DBPs 的生成进行过程控制；利用氧化降解、还原脱卤、吸附去除、物理分离等技术在自来水输送途中和二次供水过程中进行 DBPs 末端控制。通过统筹研究和系统工程，实现 DBPs 全流程控制[12]。

基于国内外研究现状，从建立应急反应机制到应急备用水源的建设，我国研究人员系统研究了饮用水风险管控技术的发展方向，利用全面的风险管控体系（内部环境、目标设定、风险辨识、风险分析、风险评估、风险应对、风险监控和预警、信息与沟通）评估模型计算风险值，从而实现对承担风险所带来的收益、减缓风险所消耗的成本进行科学比较。研究结果表明，我国应研发以应急处理为主，因地制宜的周期性高负荷水质风险的预测模型[13]。

国内学者采用双相溶剂热法合成出了含铅的金属有机纳米管材料。实验结果表明含铅的金属有机纳米管材料具有良好的耐用性和稳定性，对水中的多溴联苯醚表现出良好的吸附性能。采用该材料作为吸附剂，建立了基于含铅金属有机纳米管材料的分散固相萃取技术—气相色谱—质谱分析饮用水中痕量多溴联苯醚的新方法，为应用水中特征微污染物的检测分析提供了新手段。

针对饮用水重金属污染这一普遍关注的社会问题，有学者采用安全微生物和化学联合技术对饮用水重金属污染物进行控制，研究筛选了去除饮用水中常见微污染重金属离子铬、镉、锑等和有机物酚、消毒副产物等微生物菌群。在此基础上，通过固定微生物菌群，研制了微生物反应器，并对运行参数进行优化，测试了去除微污染物的能力。合成和表征了载纳米氧化铁活性炭多孔材料，测试了其去除饮用水中微污染重金属铬、镉、铊等和有机物酚、消毒副产物等的性能和运行寿命，研究了解吸和再生工艺。将固定化微生物反应器和载纳米氧化铁碳活性炭反应器串联，通过小试、中试和示范工程确定出适用于实际生产的工艺参数。

此外，我国研究人员重点针对高性能同时去除砷锑材料开发及规模化制备技术、除砷锑技术原理与方法、一体化反应器设计及过程控制方法、同时去除砷锑技术系统集成等问题开展系统性工作。开发了多种高效除砷、除锑、同时除砷锑新材料，系统研究了不同材料吸附砷锑性能以及影响要素，揭示了砷锑在吸附剂表面的形态转化、界面转移的微界面过程，提出了基于不同砷或锑浓度与形态特征的材料优化制备原理。以上述研究成果为基础，创建了基于上述材料的铁基凝胶吸附—旋流多相分离技术、原位负载—包覆再生技术、铁铝凝胶吸附—膜分离技术、超导—磁分离技术等关键技术，研制或优化设计了适配反应器，并完成设备成套化、模块化设计。应用上述技术，完成湖南某县 YGT 水厂除砷除锑示范工程（1000 m^3/d），连续稳定运行 210 天，出水砷锑等指标均达到国家饮用水标准（GB 5749—2006），同时该单元药剂成本低于 0.07 元 / 吨水。该技术实现了饮用水中砷锑高效、经济、稳定去除并建立可规模化的应用。

2.3 农村生活污水

2.3.1 我国农村生活污水污染概况

2019 年 2 月 28 日，国家统计局发布了《2018 年国民经济和社会发展统计公报》，公报显示，截至 2018 年末，我国内地总人口 139538 万人，其中城镇常住人口为 83137 万人，占总人口的比重（常住人口城镇化率）为 59.58%，因此农村依然分布有大量人口，农村排放的生活污水量巨大。仅 2017 年，我国农村生活污水排放量已超 148 亿吨，并呈现逐渐增长的趋势。目前我国农村生活污水的排放量已占全国生活污水排放量近四分之一。与此同时，受农村地区发展水平的限制以及村民环保意识淡薄、污水收集系统简陋、污水处理设备落后等原因，大部分农村生活污水未经有效的处理就直接排入河流或渗入地下，造成了农村地区水环境的严重污染[14]。

我国农村生活污水主要分为两类，一类是灰水，主要包括洗浴、洗涤、厨房排水等；另一类是黑水，主要包括人畜粪尿及粪便冲洗水等。有研究发现，生活污水中 95% 的 TN、90% 的 TP 和 50% 的 COD 均分布于黑水中，灰水中有机质相对较少，污水碳氮比较低，而且一般排放量比黑水大。此外，两种污水中可能均含有病原微生物。我国农村生活污水的处理很大程度上与污水的收集方式相关，收集方式的不同直接影响后续水处理方式的选择，在现有收集管理模式中，黑水与灰水一般不单独收集。目前，农村污水的收集处理方式主要有三种，即纳入城市污水处理系统集中处理、村组处理、分户处理，具体情况如表 1 所示[15]。

表 1　我国农村污水收集方式

污水收集方式	技术概况	使用范围
纳入城市污水处理系统	村镇统一铺设管网并接入附近的市政管网，进入城市污水处理厂统一处理	离城市较近的村镇，地势较附近城市高，或有市政污水管网穿过
村组处理	进入城市污水处理厂统一处理，村镇统一铺设管网，污水收集后进入村镇污水处理站处理	地势平缓，居住集中
分户处理	单户或临近几户铺设管道，污水收集后单独处理、排放	居住分散，地势不适合管网铺设

2.3.2　农村生活污水处理研究进展

我国农村地区面积广阔，不同区域农村用水习惯不同，污水排放规律及水质有差异。因此，农村污水的治理必须根据当地实际情况，因地制宜[16]。

我国北方地区多属于温带季风或大陆气候，夏季炎热，冬季寒冷。因此，在严峻的污染现状下，结合地域气候条件，综合分析农村污水的来源及水质、水量特点，选用适合、有效的污水处理工艺，既可保障北方农村地区用水安全，又可为农村环境连片整治提供基础条件，对推动社会主义新农村建设具有重大而现实的意义[17]。有研究人员用 AEB 生物膜技术处理图们江流域农村生活污水。通过分析不同运行条件下该技术对图们江流域农村生活污水的处理性能，阐明其净化机理；通过动力学研究及动力学参数的探求，建立适合图们江流域农村生活污水的基质降解动力学模型；通过试运行，设计该技术在图们江流域的运行方案；并对该技术的能效性做出科学地评价。以此，研究开发适合图们江流域农村生活污水处理的膜技术，为该技术在图们江流域的推广与应用提供科学的理论依据。

针对西部地区冬季低温条件下人工湿地或氧化塘处理效率低下的问题，有研究团队利用成熟的微生物鉴定、培养、挂菌技术，开展西部地区在冬季对水质净化具有很好贡献的低温功能菌的研究工作，通过低温功能菌的培养、模拟挂菌及野外冬季净化能力的实验，确定提升西部地区冬季人工湿地或氧化塘处理污水的净化能力，同时在西部地区的夏季开展具有水质净化能力、观赏性强及经济价值高的水生植物的遴选，确定对农村生活污水具有很好净化能力、适应本地区环境特点、具有较高经济价值的物种。

在东部发达地区，研究人员根据农村的快速城市化进程，将农村地区分为人口集聚区、空心化区域和相对稳定区，进行分类调研，并构建涵盖规划设计、建设、管理运营和废弃的全生命周期成本分析框架；研究城镇管网向农村地区延伸的有效性边界，分散处理方案的合理规模的选择，权宜性分散处理方案的适用范围；研究处理方案的当前有效性和未来有效性问题。在此基础上，以社会成本最小化为导向，明确各级政府、村集体和村民等相关主体的责任分担机制以及促进农村生活污水处理能力建设和可持续发展的制度创新空间。

针对农村分散生活污水水质复杂、污水排放不规律、水量变化大、难以集中处理等特点，有研究团队基于国家重大科技专项开发出一套由水生高等植物为主体，结合环状水流，厌氧 / 好氧（A/O）密闭和开放式相结合，配备吸附功能填料的以植物净化为核心的污水处理技术。该系统对分散农村生活污水可以进行初步降解处理，水力停留时间（HRT）在 80 ~ 120h 时，COD 满足污水排放二级标准；HRT 在 120 ~ 200h 时，总氮和氨氮均能满足污水排放二级标准；HRT 在 200h 时，总磷的出水浓度可以满足污水排放二级标准。增加填料能够明显提高 TP 去除率，从 15.76% 提升至 41.33% ~ 52.52%。

2.4　工业和城市污水毒害污染物综合控制

2.4.1　工业和城市污水毒害污染物处理概述

目前，我国城市各类污废水年排放总量近 700 亿吨，是城市水环境的主要污染源，但同时也是一种来源稳定、具有潜在利用价值的可再生资源。预计到 2020 年，缺水城市的再生水利用率将达到 20% 以上，京津冀区域将达到 30% 以上。因此，城市污水再生与循环利用是我国“水十条”的重要工作内容，具有重大的国家需求，对于控制水体污染、改善水环境质量、构建可持续城市水系统具有重要意义。国家自然科学基金委员会工程与材料科学部、化学科学部、地球科学部和生命科学部会同政策局、计划局于 2015 年 10 月联合召开了主题为“城市污水再生与循环利用的关键基础科学问题”的第 143 期双清论坛。来自国内 25 所高校与科研院所的 60 余名专家应邀出席了论坛。与会专家围绕城市污水再生与循环利用领域的研究现状、发展趋势及面对的挑战进行了交流和深入讨论，凝练和提出了我国在该研究领域急需关注和解决的重要基础科学问题、前沿研究方向和科学基金资助战略。

城市污水再生与循环利用过程中，污染物的去除与转化、化学物质能源化以及再生水循环过程的生态风险控制，是近年来受到广泛关注的关键问题。诠释和破解这些问题，是发挥和强化城市污水资源属性及其生态效益的科学基础。其中，提高城市污水处理厂中有毒微污染物的去除效率，保证出水的生态安全性是城市污水处理研究的一个热点。对于新兴化学污染物等有毒有害污染物，其处理技术主要包括活性炭吸附、臭氧氧化和膜技术等。活性炭对某些有毒有害污染物如烷基酚具有较好的吸附效果，但对再生水中存在的微生物代谢产物等大分子物质去除效果较差，而且大分子物质的存在会堵塞活性炭空隙，缩短活性炭使用周期，增加经济成本。臭氧氧化能快速与含有不饱和键的化合物反应，形成醛、酮、羧酸等反应产物；同时臭氧灭活微生物能力强，经过投加适量的 O_3 处理后，水中的病原微生物能被有效灭活。膜技术由于具有高效性、安全性和稳定性等特点，备受关注。膜分离主要分低压膜（微滤和超滤）和高压膜（纳滤和反渗透膜）。高压膜对再生水中微量有机污染物如内分泌干扰物的截留主要利用筛分机理，低压膜则主要是通过膜的吸附去除作用来实现。在生物处理方面，针对实际废水的高效菌株选育、应用物理因素和化学药剂实施诱变育种等是近年来的一个热门研究领域。共代谢是一种有前途的去除低剂量有毒难降解有机物的生物降解技术，也受到关注[18]。

2.4.2 工业和城市污水毒害污染物处理研究进展

2.4.2.1 毒害污染物迁移转化理论研究

有研究以上海的水源水体为例，考察有机氯农药、多溴联苯醚（PBDEs）、多氯联苯（PCBs）及有毒重金属等多种持久性有毒污染物（persistent toxic substances，PTS）的污染特性，确定上海地区主要的 PTS 名单；分析这些毒害物在不同环境介质中的时空分布规律和迁移转化规趋；阐明 PTS 的复合污染特征，并对其污染源进行分析，进而提出相关 PTS 污染减排的技术导则。该研究的目的是使上海地区饮用水源地 PTS 的研究跨上一个新的台阶，为上海生态型城市管理对策的建立提供支持作用。

针对太湖水体，有学者同步研究多种常用抗生素和激素在不同湖区水体环境中的分布特征、分配规律和季节性变化及其主要的影响因素；结合建立的生物体内抗生素提取方法和稳定同位素技术，分析典型抗生素和激素及其代谢产物在湖泊食物链各营养级生物体的含量水平；阐明抗生素在湖泊食物链中生物富集与放大的可能性和规律性以及主要的影响机制。研究结果表明，在太湖水体中，磺胺类抗生素、氟苯尼考和林可霉素主要分布在水相中，而氟喹诺酮类和四环素类抗生素主要分布在沉积相。质量平衡显示太湖沉积相是抗生素尤其是氟喹诺酮类和四环素类抗生素重要的源和汇。水体中抗生素的时空分布特征主要受到污染源（畜禽养殖、生活污水等）、抗生素的理化性质和湖水动力学等因素的影响。激素在太湖水相和沉积相均有显著的季节性变化，且冬季浓度较高，其时空分布主要受污染源、湖流情况和水相沉积物之间的迁移。通过对太湖鱼类中抗生素和激素的含量水平和富集规律发现，太湖鱼类中对激素存在明显的富集，而抗生素的富集水平较低。

2.4.2.2 毒害污染物降解技术研究

国家水专项“城镇污水高效低碳资源化利用技术集成与示范”项目针对城市工业、景观生态等再生水利用需求，基于“产品”与“生态服务”一体化的研发思路，以建立“绿色”+“灰色”的耦合城市污水处理、多目标回用技术系统为总目标，开展城镇污水低碳、安全、资源化利用及风险评估技术研究。形成加强型生态修复与恢复技术体系，研发新型节能污水生物处理及污泥安全处理处置技术、再生水中微量有机物削减技术与装备等，该项目针对城市污水处理厂排水在回用过程中，常规物化深度处理工艺存在的建设及运行费用较高、对水中残留的污染物质去除能力不足等问题，开发复合介体吸附强化混凝处理技术及其耦合处理技术，建立复合介体（磁、沸石、粉末炭等）吸附强化混凝过滤和负荷介体高效沉淀耦合膜过滤、高效低耗强化氧化 / 吸附—膜分离成套污水再生利用技术集成与优化等研发。

有研究团队通过系统深入地研究污泥厌氧消化过程中电子受体、共代谢底物等因素对多环芳烃（PAHs）降解的作用，积极阐明厌氧消化过程中 PAHs 降解的影响因素和机制。主要取得的成果如下：①获得了城市污泥中 PAHs 含量种类及分布特征；②研究了不同的污泥预处理方式对污泥厌氧消化多环芳烃的降解效果；③阐明了厌氧消化过程中电子受体、共代谢底物的含量和组成对多环芳烃的降解效果；④研究了表面活性剂对污泥厌氧消化过程中多环芳烃的降解效果及机制；⑤获得了污泥中典型 PAHs 厌氧消化过程中降解的微生物驱动机制；⑥集成上述研究成果建立了污泥厌氧消化中试示范工程，在中试工程上研究了厌氧污泥的脱水性能。

2.5 水环境规划与管理

2.5.1 水环境规划

“九五”时期依据《水污染防治法》重点流域水污染防治规划制度实施大规模治水后，1995—2018 年全国地表水Ⅰ～Ⅲ类断面比例从 27.4% 上升到 71.0%；劣Ⅴ类断面比例从 36.5% 下降到 6.7%[19]。随着我国社会经济持续快速发展，我国流域水污染防治思路、目标和路线等也不断发生变化。

2.5.1.1 “三河三湖”水污染防治“九五”“十五”及“十一五”规划

重点流域水污染防治规划制度首次在 1996 年修正的《中华人民共和国水污染防治法》中予以明确，淮河、海河、辽河（以下简称“三河”）、太湖、巢湖、滇池（以下简称“三湖”）在《国民经济和社会发展“九五”计划和 2010 年远景目标纲要》中被确定为国家的重点流域，即“33211”重点防治工程，自此大规模的流域治污工作全面展开。

“十五”与“九五”计划不同的是，淮河和太湖流域适当调整了流域规划范围，并增加了控制单元和水质目标断面的数量；并决定“十五”期间优先实施“九五”项目，同时根据当时流域区域水环境状况做了补充，将部分项目纳入“十五”计划[20]。

“九五”和“十五”两期计划实施后，全国地表水水质有所改善，“十一五”规划提出了要基于技术经济可行的流域水质提升需求，制定“十一五”可达的总量控制目标和水质目标，力争在规划的 5 年期内完成有限目标，优先解决集中式饮用水水源地、跨省界水体、城市重点水体等突出环境问题。“十一五”规划首次明确了“五到省”原则，即规划到省、任务到省、依据《水污染防治法》“地方政府对当地水环境质量负责”，突出水污染防治地方政府责任，中央政府进行宏观指导，重点保障饮用水水源地水质安全，实施跨省界水质考核和协调解决跨省界纠纷问题[21]。

2.5.1.2　重点流域水污染防治“十二五”规划及《水污染防治行动计划》

2012 年全国污染防治工作会议提出的“由粗放型向精细化管理模式转变、由总量控制为主向全面改善环境质量转变”思路直接推进了“十二五”规划在精细化管理方面的突破。“九五”和“十五”控制单元的分区体系在“十二五”规划中有了进一步的深化演变，即对 8 个重点流域建立了流域—控制区—控制单元的三级分区体系，把控制单元作为“总量—质量—项目—投资”即“四位一体”制定治理方案“落地”的基本单元，先分优先、一般两类控制单元，优先单元再分水质改善、生态保护和污染控制三种类型实施控制单元的分级、分类管理[22, 23]。

2015 年国务院印发实施《水污染防治行动计划》(以下简称“水十条”)，使水污染治理实现了历史性和转折性变化，其最大亮点是系统推进水污染防治、水生态保护和水资源管理，即“三水”统筹的水环境管理体系，为健全污染防治新机制做了有亮点、有突破的探索[24, 25]。

2.5.1.3　重点流域水污染防治“十三五”规划

2017 年 10 月，环境保护部、国家发展和改革委员会、水利部联合印发《重点流域水污染防治规划（2016—2020 年）》，该规划的定位是落实和推进“水十条”的实施[26, 27]。与往期规划相比，“十三五”规划具有以下几个方面的特点：一是深化、细化“水十条”相关要求；二是“十三五”规划范围第一次覆盖全国国土面积，流域边界与水利部门的全国十大水资源一级区边界衔接；三是流域分区管理体系进一步深化细化，在“十二五”规划以县级行政区为基本单元的基础上，“十三五”规划进一步精确到以乡镇级行政区为基本单元，将全国划分为 1784 个控制单元，并与 1940 个考核断面建立一一对应关系；四是规划项目实施动态管理，规划文本中不再具体列出项目清单，由各地根据水环境质量改善需求，自主、及时实施中央和省级水污染防治项目储备库中的项目。规划范围涵盖长江、黄河、珠江、松花江、淮河、海河、辽河七大流域，近岸海域中的环渤海地区以及千岛湖及新安江上游、闽江、九龙江、九洲江、洱海、艾比湖、呼伦湖、兴凯湖等其他流域。

2018 年，深入实施《水污染防治行动计划》；出台《中央财政促进长江经济带生态保护修复奖励政策实施方案》；印发《长江流域水环境质量监测预警办法（试行）》，组建长江生态环境保护修复联合研究中心；发布实施城市黑臭水体治理、农业农村污染治理、长江保护修复、渤海综合治理、水源地保护攻坚战行动计划或实施方案；提高船舶污染控制水平，发布《船舶水污染物排放控制标准》(GB 3552—2018)。36 个重点城市 1062 个黑臭水体中，1009 个消除或基本消除黑臭，消除比例达 95%。支持 300 个市县开展化肥减量增效示范。完成 2.5 万个建制村环境综合整治。浙江省“千村示范、万村整治”荣获 2018 年联合国地球卫士奖。加强入河、入海排污口监管，推进海洋垃圾（微塑料）污染防治和专项监测，开展“湾长制”试点。推进全国集中式饮用水水源地环境整治，1586个水源地6251个问题整改完成率达99.9%。全国97.8%的省级及以上工业集聚区建成污水集中处理设施并安装自动在线监控装置。加油站地下油罐防渗改造完成比例达78%。

生态环境部公布的《2018中国生态环境状况公报》中显示，2018年，长江、黄河、珠江、松花江、淮河、海河、辽河七大流域和浙闽片河流、西北诸河、西南诸河监测的1613个水质断面中，Ⅰ类占5.0%，Ⅱ类占43.0%，Ⅲ类占26.3%，Ⅳ类占14.4%，Ⅴ类占4.5%，劣Ⅴ类占6.9%。西北诸河和西南诸河水质为优，长江、珠江流域和浙闽片河流水质良好，黄河、松花江和淮河流域为轻度污染，海河和辽河流域为中度污染。

我国水环境工作者在综合分析京津冀区域水资源调控及水环境安全现状与挑战的基础上，提出区域水资源及水环境调控与安全保障策略：通过技术途径打造山水林田湖海水生态格局，构建水健康循环与高效利用模式，发展与水生态承载力相适应的生产生活方式，提升水环境质量与保障区域水生态健康，建立区域水环境质量协同管理体系，加强京津冀产业协同调配与污染减量化以及推进“半城市化”与农村污染治理。相关研究可为京津冀区域生态环境综合治理与国家生态文明建设提供决策支撑。

2.5.2 水环境管理

水资源环境管理是指国家依据有关法律法规对水资源和环境进行管理的一系列工作的总称。水资源环境管理首先体现为对人的管理。经济发展战略、区域发展规划、项目环境影响、生产活动污染控制等都需要进行不同层次的环境影响评价，制定防治对策。为了实现水环境质量与公众健康双保障。水资源环境管理还要针对具体水域，按环境功能区进行分类管理，对污染源分级控制。

“十三五”以来，在环境管理学理论基础研究方面，继续将可持续发展理论、生态环境承载力理论和生态产业理论、复合生态系统理论、循环经济理论、环境容量与环境承载力理论、循环经济与产业生态学理论、人地系统理论、空间结构理论等作为环境管理的理论基础。

2.5.2.1 “河长制”管理体系

“河长制”是指各级党政主要负责人担任“河长”，具体负责组织领导相应河湖的管理和保护工作。早在2003年，浙江长兴县便在全国率先对辖区内的河流试行河长制，当时是由水利局、环卫处负责人担任河长，负责辖区水系清淤、保洁等，水污染防治效果明显。2008年，长兴县出台文件，正式建立起县、镇、村三级河长制管理体系。2013年，浙江出台《关于全面实施“河长制”，进一步加强水环境治理工作的意见》，明确了各级河长包干河道的第一责任人，承担河道“管、治、保”职责，逐渐形成“省、市、县、乡、村”五级河长架构体系。2016年，国家出台《关于全面推行河长制的意见》。至此，“河长制”在全国范围内推广起来。

河长制的实行的优势，贯彻绿色发展理念、破解水污染治理难题、降低水环境治理成本的需要[28]。河流数量众多，各河之间水文条件、污染程度都不一样，各地的实际情况、经济发展也不一致，不能用一个规定管理所有河流。只有地方政府根据实际情况，因地制宜，按照“一河一策”“一湖一策”的原则制定地区性的环境管理方案，解决当地的水污染问题，“一河一策”“一湖一策”在一定程度上可以实现“交易成本最小化”。领导干部具有调度和配置资源的优势，他们牵头组织河流治理的同时，并结合经济、技术和行政手段推进方案的实施，实现预期目标，有效落实责任人。

2.5.2.2 “水十条”治理体系

2015年国家《水污染防治行动计划》（简称“水十条”）发布，明确提出要以改善水环境质量为核心，统筹水资源管理、水污染治理和水生态保护。“水十条”提出了控制排污、促进转型、节约资源等任务，构建水质、水量、水生态统筹兼顾、多措并举、协调推进的格局。减少污染物排放总量，以治水倒逼产业结构调整及转型升级，努力削减工业、城镇生活、农村农业排污总量。增加水量，节水即减污。以控制用水总量、提高用水效率、保障生态用水实现节水增流，强调闸坝联合调度、生态补水等措施，合理安排闸坝下泄水量和时段，维持河湖基本生态用水。

2.5.2.3 “水环境功能区划”生态管理体系

我国对于生态环境的管理越来越重视，其中，对于流域水环境的功能区划就是一项实现生态管理总目标的重要工作。流域水环境功能区划具有重要的生态保护作用：

（1）落实水生态环境保护目标，一般来说，流域水环境的生态保护总目标会通过实现设定的近期目标和远期目标来实现。近期目标的设定需要考虑到目标管理的可行性和可操作性，与不同流域的不同水环境和水生态的现状来设定水环境保护的措施和阶段目标。远期目标则需要遵循高功能、高保护的目标原则，实现流域水环境的生态可持续发展。

（2）生态需水量目标，由于从前人们不重视生态环境的保护导致环境被破坏，如今已有很多流域的河流水源已经接近干涸，还有些地域因为季节性变化的特点，在枯水期时通常会出现断流的情况。为了保证流域水环境最基本的生态功能，必须结合生态需水的最小水量，保证在枯水期河道里也有一定的水量维持水生态。可以通过不同流域不同河段的生态目标，设置不同的生态需水量等级，针对枯水期和丰水期分别设定生态需水量的目标数值，实现生态总目标[29]。

2.5.2.4 “长江经济带”生态保护体系

近年来，长江经济带经济社会发展取得举世瞩目的成就，但城镇化和工业化的高速增长也带来了巨大的生态环境压力，湖泊湿地生态功能退化、江湖关系紧张、环境污染加剧、资源约束趋紧已成为阻碍长江经济带高质量发展的重要因素。

2016年，习近平总书记指出“长江病了，而且病得还不轻”，并提出“当前和今后相当长一个时期，要把修复长江生态环境摆在压倒性位置，共抓大保护，不搞大开发”的要求。可以说，生态修复和环境保护成为现阶段长江经济带高质量发展的首要任务，其中如何立足现状制定适宜的环境目标及管理政策，确保一江清水绵延后世、永续利用成为各省市当前面临的难题[30]。

2.5.2.5 工业园区水环境管理体系

根据《水污染防治行动计划》中要求，要加强社会监督，通过群众的监督来反映水污染的管理状况，积极听取群众的反映和意见，更好地做出相关决策工作。另外，通过“水十条”完善税收政策，就工业园区发展而言，社会参与度不高，管理体系不完善，而工业园区的发展给周边环境带来了极大的生存压力，排污量从原来的生活污水增加到还有大量的工业污水等等，极大程度地降低了水环境质量，也给周边的农业生产和人民群众生活带来了不利影响，但迫于经济发展的压力，政府部门无法从根本上限制工业园区的发展，而工业园区比一般综合性园区存在着更大的环境安全隐患，因此，必须对工业园区进行严格的水环境管理措施，有效保护水环境。

为了顺应我国的经济发展，改革开放以来我国的工业发展一直较为迅速。随着环境意识被大众所关注，政府部门也逐渐意识到工业园区内的环境保护问题，但处理起来却相对困难和复杂。因此，应结合我国工业园区的特点，充分发挥环保部门的监管职能，做好园区内污水统一排放标准，推行水循环利用，利用第三方管理，提高污水减排工作的效率，让工业园区水环境管理在新环境保护法的要求下走可持续发展道路[31]。

2.5.2.6 水生态环境监测系统

中国现行的监测与管理模式多将流域管理机构按照地方部门条块分割，特别是从行政上将一个完整的流域人为分开，从而造成责权交叉多，难以统一规划和协调管理。为了提高每一个生态区域及系统特点得到相应保护，合理开发和利用水生态资源，进而可持续地发展经济和规划生态资源。基于水生态功能分区要求、国省控水质手动、自动监测系统和评价指标体系的特点和经验，开展了基于水生态功能分区的流域水监测与评价研究，编制了《基于水生态功能分区的流域水环境监测与评价》指南。

水生态功能区在水体问题诊断、参考区域识别和保护目标设定等方面已得到了广泛研究。只有对位于同一生态区的干扰与未干扰河流的差异进行对比分析，才能反映出人类活动对河流生态的影响。由于水生态功能区内的水体具有同一性质和生态背景，从而可将区域内的研究成果进行推广。

通过建立分区与监测点之间的关系，精确预测那些没有量进行现场监测水域的状况，并识别其生态背景。通过综合评价优选出影响水生态系统的重要水化学因子及生物典型代表种群，研究不同流域、不同分级条件下监测断面的监测指标体系，对重点流域内一级分区和二级分区内的河流，开展流域水环境质量评价方法研究，提出有针对性的监测指标体系，对流域内每条河流断面或湖库点位，提出特有的监测指标体系和评价体系。

3. 国内外研究进展比较

3.1 水源地或流域水质监测及预警系统研究

3.1.1 国内外水质监测研究比较

基于生物学原理的水质综合毒性监测技术是把生物监测技术与环境科学相结合的一种方法，包括生态学方法、毒理学方法等，其不仅可以用来测定和评价单一化学物质对生物的影响，还能直接用来测定工业废水的毒性及多种化学物质的联合毒性[32]。利用水生生物在一定的水环境条件下，由于水体污染物的影响而产生的生物种群 / 群落、生物组织污染分析、微生物试验、毒性试验来测试水体的污染状况[33]。该技术能够综合反应水质的毒性情况，是一项可以对水质进行一定程度综合预警的技术，包括生物鱼识别技术。Schalie 等人[34]在美国陆军环境卫生研究中心（US Army Center for Environmental Health Research）利用蓝鳃鱼开发出了生物鱼在线监测预警系统，该系统利用鱼类作为水质安全监测的指示生物。该系统已进入实现商业化开发，在纽约市水库的多处进行了测试。另外，德国、法国、日本和英国等国已出现鱼类预警系统专利。在我国，很多地方采用日本青鳉和斑马鱼作为水质在线预警鱼类，其水中活动可以通过三维数据传到计算机中，通过数据分析，就能判断鱼的生命体征是否有变化，从而监测水中是否有污染物侵入以及水质的变化情况。我国研究人员通过研究不同浓度高锰酸钾及氯化锰对日本青鳉胚胎—幼鱼孵化成长的影响，评价高锰酸钾及其副产物（Mn^{2+}）对日本青鳉的毒性效应，结果显示高锰酸钾和氧化锰对日本青鳉的 $LC_{50\sim96h}$ 分别为 1.48mg/L 和 550 mg/L，高锰酸钾对青鳉鱼的急性毒理作用显著，主要是氧化损伤导致；而氧化锰对日本青鳉属低毒性，主要导致生物慢性中毒，急性毒性很少见，两种物质对孵化率影响也不显著。根据日本青鳉对两种物质的毒理学反应情况，在出水口设置生物鱼监测设备，这对于采用高锰酸钾作为饮用水生产预氧化剂的水厂，判断滤后出水高锰酸钾和 Mn^{2+} 是否超标，提供了一个很好的依据[35]。

此外，我国研究者利用淡水发光菌——青海弧菌 Q67 对受微囊藻毒素污染的太湖贡湖湾水源地进行水质毒性试验，他们发现水体中溶解态微囊藻毒素与 Q67 急性毒性效果相关系数达到 0.643（$P<0.01$），完全可以作为水源水微囊藻毒素监测指示生物[36]。2008 年的汶川大地震，利用淡水发光细菌——青海弧菌检测对受灾区饮用水源的安全性进行快速准确的判断，起到了非常好的效果。西班牙学者 Femadez[37]利用生物发光菌监测作为水源水的托姆斯河，结果显示随着季节性变化以及当地工农业废水的流入，河流污染物承载能力下降，并且水中有致癌物质出现。

多维矢量指纹识别技术，以其基于常规水质参数为基础建立污染事件“指纹数据库”的技术特点，弥补了现有预警技术误报警、检测生物不可控性、维护量大等缺陷。依托大量实验数据建立内置数学模型，构建立风险污染物特征数据库，不仅可以对突发性水质污染事件提供快速预警，还可以对污染事件进行综合分析预判[38]。具体实施时，可通过对本地特征污染物的预试验，建立“本地化”的安全基线和污染事件数据库，为当地水源污染的快速预警和应急处理赢得了宝贵的时间。

3.1.2 国内外水质预报预警研究比较

水环境质量预报预警是以流域为单元，以定量的模型或方法模拟污染物在流域范围内的迁移转化过程，确定水环境演变趋势和空间分布，以期开展对水质的常规预测和突发污染情况的预警，同时可用于水环境容量等计算，为流域污染防治规划提供技术支撑[39, 40]。水环境质量预报预警技术的核心是数值化模拟，即水环境模型的建立。水环境模型是用数学的语言和方法描述参加水循环的水体中水质组分所发生的物理、化学、生物和生态学诸方面的变化、内在规律和相互关系的数学模型[41]。

自 1925 年 Phelps 等[42]提出 BOD-DO 模型以来，水环境模型的发展已历经 90 多年，历经从点源污染模型发展到面源污染模型，从单一水质模型发展到机理水质模型。目前国际研究较多、基本获得公认的河流湖库水质模型有 QUAL、MIKE、WASP、EFDC、Delft 3D 等，流域污染负荷模型有 SWAT 和 HSPF 等，其模拟精度高、计算效率高、机理过程相对全面，被国内外广泛应用在水质预测、水质预警、流域规划、水污染治理措施研究等方面。国内研究以对国际模型的二次开发和本地化应用为主。

水质预报预警系统国外相关研究起步较早，文献多集中于针对突发水污染事件的水质预警系统建立与应用，基于常规水环境质量预报预警功能的应用并不多见。美国在俄亥俄河及密西西比河，英国在特棱特河、迪河及泰恩河，法国在塞纳河均建立了突发水污染事故预警系统。由德国、奥地利、匈牙利等 9 个欧洲国家共同开发的多瑙河事故应急预警系统，是由多瑙河沿岸各国的国际警报中心（PIAC）和各国的学术支持机构组成的，在预测预报多瑙河流域水质变化、保障居民饮水安全等方面发挥了重要作用[43, 44]。

我国地表水环境监测网络历经近 30 年的发展，建立了覆盖全国十大流域、指标完备的监测网络，形成了完善的技术标准和业务体系。“十三五”期间国控断面（点位）为 2767 个，共监测 1366 条河流 139 座重要湖库，并要在“十三五”期间形成覆盖全部 2050 个考核断面的国家水质自动监测站网。基于水质自动站的实时数据，大多省级监测站和部分市级监测站建立了基于自动站实时数据的水质异常报警系统。以四川、浙江、广东和江苏为代表的省份以科研项目研究为依托，对基于数值模拟的水环境质量预报预警技术进行了探索性研究。四川省基于水专项课题，构建了流域水环境突发风险监测预警技术体系与基础信息平台以及三峡水库上游入库干支流污染物通量预警模型。目前，四川省环境监测总站将科研成果进一步拓展，探索在岷沱江流域的业务化应用。浙江省的水专项课题对水环境质量预报预警进行了研究，建立区域点源、非点源及通量等多要素动态源清单，提出以跨界污染物通量自动监测驱动河网模型模拟结，动态计算区域控制单元的容量总量等，但科研成果并未进行及时更新，没有开展业务化应用。广东省在北江流域探索建立水源水质安全监控预警平台，研发了水环境风险评估和风险源解析技术、水环境预警监控和应急决策支持系统，构建了武江流域水质预测预报模型。江苏省建立了水质自动站实时监控三级预警体系，形成高效的水质监测预警处置机制，协助查处 100 多起污染情况；建立了太湖水污染及蓝藻监测预警体系，能够对蓝藻水华开展近 3 日预报。

综合国内外研究进展可以看出，在科研方面，国际主流的水质模型较为成熟，但国内基于水质模型的水环境质量预报预警科学研究多以小流域为对象，缺乏宏观尺度的设计和运用。在业务应用方面，国内的水环境质量预报预警业务多以水质自动站实时数据监控为基础，基于机理模型的预报预警大多处在科研阶段，没有形成对水污染防治提供决策支撑的预报预警能力。①科研与实践多以小流域为对象，缺乏宏观流域尺度应用。纵观基于数值模拟的流域综合管理的科学研究，基本以单个水系、集水区或小流域为对象，主要是由于机理模型所需的水文水质监测、下垫面状况等基础数据量繁多，参数率定复杂，需要专业的基础知识进行建模，因此缺乏大尺度的设计和应用。②业务应用以实时监测数据预警为主，缺乏决策支持功能。在国家和地方层面开展的水环境预警业务，多是以水质自动站实时数据监控为基础，对发现的水质异常现象发出预警并进行现场核实。现有进行业务化应用的水环境监控平台大多缺乏基于数值模拟的水质常规预报功能，以及在水环境分析评价基础上的治理决策综合支撑功能。③对水环境质量预报预警业务的认识尚未统一，缺乏顶层设计。

3.2 饮用水环境风险研究

3.2.1 国内外水质风险管控研究比较

国外对突发性水污染事件的风险评估与控制，基本集中在油轮溢油。Ketkar 和 Babu[45]分析了海洋运输事故中的轮船溢油事件，对溢油量与影响溢油的因素做了回归分析，文章指出船只型号的不断增大将增加发生大规模溢油事件的风险。11 个多瑙河流域国家通力合作研发的“多瑙河突发性事故应急预警系统”[46]于 1997 年正式开始运行，经过不断地更新和改进，该系统已经具备迅捷的信息传递能力，形成了比较完备的危险物质数据库，以及比较准确的污染物影响模拟，协助下游国家及时做出必要的预防措施，逐渐成为多瑙河突发性污染事故风险评估控制与应急响应的主要工具。随后突发性水污染风险的研究从恐怖主义袭击、人为投毒、污染物泄漏等方面又逐步转移到微生物污染、政策制订及方法研究等方面。Lenno$_x$ 等[47]研究了英格兰等地农业面源突发性风险，指出了该风险的变化趋势及产生的原因；Urbansky 等[48]研究分析了高氯酸盐在饮用水源中的水质风险；Ward[49]研究了影响水源水质的主要风险、管理方案及突发污染事件的应急反应机制问题；Plummer 等[50]针对加拿大安大略省沃克顿饮用水污染事故，研究分析了多屏障饮用水安全方法；Jalliffier-Verne 等[51]研究和建立了估算区域和气候变化对饮用水水源粪便污染影响的方法，提出将气候变化情景纳入水源保护规划的建议；Duhaime 等[52]研究了牧区隐孢子虫污染饮用水的风险，提出 6 种最佳管理方法。除了突发性事故应急预警系统，许多发达国家积极开展应急备用水源的建设。20 世纪 90 年代，为了规范和指导备用水源地选址和水源处理工作，英国拉夫堡大学编制了专门备用水源地保护规范[53]。Pagano 等[54]通过研究拉奎拉地震案例，提出一种饮用水供应系统的弹性评估模型，借此进行弹性管理，以确保灾害期间饮用水供应系统能正常运行。总体来说，国外的水质风险管控研究主要集中在农业、生活方面，城市、工业影响方面的研究较少。

在国内，水质风险评估方法一直在更新。目前，我国学者对备用水源地的概念和选择做了大量研究。有研究人员将城市应急水源地分为突发性应急供水水源地和后备水源地，并分析了备用水源地选择因素，包括水量、供水水源水质、水源可汲取性、保障城市应急供水的时间、地下水源地的安全性、水源地用水量需求、环境危害、应急供水经济成本、人为干预程度、利益平衡等十个方面[55]。方星等[56]将应急水源地按水资源类型分为地表水应急水源地和地下水应急水源地，按应急状态分为突发性应急水源地和一般应急水源地，并阐述了突发型应急供水与一般应急供水水源地的主要区别：一是开采强度不同，二是开采的周期不同，三是供水量不同，四是开采的政策不同。郄燕秋等[57]提出了城市备用水源的定义、构建类型、主要水质风险及可采取的技术措施等，并对备用水源的设计规模和工程建设标准进行了探讨。周琴等[58]调研长江经济带 92 个地级以上城市，分析取排水口现状及应急水源存在的问题，提出城市水资源安全储备制度、跨行政区域联合供水等建设性措施，为应急水源布局指出了规划思路。

相对来说，国内的水质风险管控研究主要集中在评估方法改进、本地化等方面，研究重点以应急处理为主。

3.2.2 国内外消毒副产物研究比较

自 1974 年首次在氯消毒后的饮用水中识别出消毒副产物氯仿以来，截至 2016 年 12 月，国际通用的 Web of Science 数据库检索到的涉及消毒副产物的文章至少 7000 余篇，相关作者 8000 余位，文章来自 80 余个国家和地区，主要分布在美洲（美国和加拿大为主）、亚洲（中国和日韩为主）、欧洲、大洋洲等。所出版文章中涉及的消毒副产物多来自饮用水消毒，其次为再生水和污水消毒，此外游泳池水的氯消毒副产物也逐渐得到关注。消毒方式主要以氯（$HOCl/OCl^-$）消毒为主，其次为氯胺（一氯胺［NH_2Cl］为主）、二氧化氯（ClO_2）、臭氧（O_3）、紫外（UV）以及多方式组合消毒。可以看出，消毒副产物是一个世界性的问题，得到了相关领域技术人员的普遍关注和研究报道。近十年，相对于三卤甲烷（THMs）、卤乙酸（HAAs）和卤代呋喃酮（MX）等典型含碳消毒副产物（C-DBPs）的研究，卤乙腈（HANs）、卤代硝基甲烷（HNMs）、卤代乙酰胺（HAcAms）、亚硝胺（NAs）等含氮消毒副产物（N-DBPs）、碘代三卤甲烷（I-THMs）等碘代消毒副产物（I-DBPs）、卤代醛、卤代醌、卤代吡咯等新型 DBPs 得到了更多的关注。究其原因，一是较大量的毒理学研究发现，这些新型的 DBPs 对多种模式生物具有较高的潜在毒性（细胞毒性、遗传毒性或致癌性等）；二是这些新型的 DBPs 在许多国家和地区的自来水中有检出，浓度水平处于较低的纳克 / 升（ng/L）至较高的微克 / 升（μg/L）。如何控制饮用水中的消毒副产物，从而降低其对饮水健康造成的潜在风险，成为饮用水和公共卫生等领域内各国学者普遍关注的问题之一。消毒往往是自来水厂的最后一道处理工艺，DBPs 一旦生成，较难对其进行厂内末端去除。因此，需要对新型 DBPs 的生成机制开展深入系统研究，明确其前体物来源和消毒过程的转化机制[59]。近年来，我国学者和工程技术人员在国家自然科学基金委课题和水体污染控制与治理科技重大专项课题等科技项目的资助下，围绕安全消毒和消毒副产物控制，从机制探索、技术研发、工程应用方面开展了大量系统研究，大大推动了我国在消毒与消毒副产物研究领域整体水平的提升，促进了自来水厂生产过程中加氯量的减少、大城市管网分段加氯降低了管网水中的余氯量，使龙头水中的各种消毒副产物浓度大大降低，为保障我国饮用水安全做出了重要贡献。

3.3 城镇污水及工业废水国内外研究比较

在污水治理研究领域，已有较为丰富的研究成果。具体到农村生活污水治理领域，国外对农村生活污水处理技术的研究自 19 世纪中期就开始了，而我国起步相对较晚，正式研究在 20 世纪 80 年代末 90 年代初才开始。近年来，随着农村人居环境整治工作的推进，各种形式的农村生活污水处理技术在我国农村地区得到了推广和应用。农村污水处理技术可以从不同的视角进行分类，从工艺角度上，大体可以分为生物处理系统、生态处理系统、生态生物水处理系统等[60]。国内外学者主要集中在农村生活污水治理技术的开发和不同污水技术组合模式的应用效果评价研究上。目前，在污水治理技术开发上的研究已经相当丰富，例如好氧和厌氧消化池、人工湿地技术[61]、膜生物反应器、塔式蚯蚓过滤等。在效果评价的研究上学者们对不同形式的技术模式进行了评价，例如多土层系统与砂滤池联合处理模式、生物接触氧化与温室结构湿地系统、生活污水综合处理系统等。但当前研究多集中在污水处理技术的改进和优化上，对于污水处理技术的适用性和经济性、治理标准和政策以及污水处理系统的后期运营维护研究不足。由于我国关于农村生活污水的研究起步较晚，且农村生活污水具有其独有的特征，在许多领域及内容上尚需要进行更加深入细致的研究。

近几年，国际污水处理行业出现了以下趋势：污染物削减功能被进一步强化。一方面，随着经济社会发展，污染强度不断增大，污染物种类日趋复杂；另一方面，随着公众环境意识增强，水环境质量要求不断提高。为此，一些发达国家的污水处理厂正在由生物脱氮除磷（BNR）向强化脱氮除磷（ENR）方向发展，有些甚至达到了技术极限（LOT）水平。同时，一些深度处理，乃至超深度处理（高级氧化、反渗透技术等）技术也被应用，以达到对环境内分泌干扰物、药物和个人护理品等新兴污染物的去除，满足更加健康安全的水环境质量需求。气候变化问题和能源危机要求城市污水处理实现低碳化，在处理过程中实现节能降耗，提高能源自给率。

截至2013年，我国已经建成并投入运行了3500多座县级以上污水处理厂，日总处理能力达到1.4亿立方米，已与美国基本相当，为遏制水污染加剧的态势发挥了关键作用。我国绝大部分污水处理厂取消了初沉池设计，大量采用了延时曝气等高能耗工艺。以高能耗为代价实现的污染物削减与减排，形成了“减排污染物、增排温室气体”的尴尬局面。我国现有污水处理厂设置厌氧消化设施的数量不足3%，在硬件上直接否定了污水潜能的开发利用。近两年，发达国家污水处理厂提效改造已经成为与提标改造必须同步进行的过程，而“提效改造”在我国业内却还是个“生词”。在资源回收方向，我国污水处理行业的具体行动更是几近空白。如前所述，欧美发达国家已针对各自国情，就再生水回用、污水生物质能回用、氮磷回收等领域展开各有侧重的研究，围绕污水处理技术的可持续发展，我国目前还缺乏足够重视、深入思考和讨论。其次，在城市污水处理发展过程中，缺乏满足社会、环境可持续发展的水质标准[62]。

与此同时，国内外研究者对污水再生与多尺度循环利用过程中的生态风险识别与控制技术也进行了较为系统和深入的研究。2012年8月，*Science*上发表的综述论文总结了污水产生最小化和回用的新途径，提出将污水的“污”去掉，以满足人类水安全与生态系统可持续发展的需求。但是，面对我国正在加速城市化进程及新常态下城市污水再生与循环利用的挑战，城市水系统社会循环的传统模式亟待变革因此，发展相关的科学理论、突破关键技术、创新工艺原理，为城市水系统质量改善提供坚实的、前瞻性科技支撑，是本学科的重大任务。消毒是污水再生处理、保证再生水生物安全的必要环节，常用消毒处理技术包括臭氧氧化、紫外线消毒等。2011年1月，*Science*发表了氯消毒面临两难问题的论文，指出饮用水和再生水氯消毒生成有毒有害消毒副产物，但臭氧氧化等替代消毒方法自身仍存在多项危害。国内外有关再生水消毒的研究起步较晚，特别是关于再生水中新型病原微生物消毒的研究远远不够。再生水消毒有其自身的技术特点和要求，其对微生物的杀灭作用和规律与饮用水消毒相比存在着明显差别。因此，饮用水消毒方面的研究成果和经验能为污水消毒提供有益的参考，但不能直接指导再生水消毒的研究实践。2013年2月，*Science*发表了再生水中常见的精神药物影响自然种群中鱼类行为的研究结果，指出再生水浓度水平的奥沙西泮即可使欧洲鲈鱼兴奋、不合群、进食速度加快。补给再生水的城市地表水体存在有害藻类大量生长、暴发水华、影响生态安全的潜在风险。相关研究表明，再生水补给对水生态系统的影响极其复杂，亟待投入更大的力量进行系统和深入的研究[63]。

3.4 重点流域及区域的水环境综合整治国内外比较

流域水环境与生态学重点关注的是与水利用相关的流域水质与水生态问题，从最初的粪便排放污染引起的病原体超标，到工业化国家在不同阶段出现的耗氧污染、重金属污染、硝酸盐污染、有毒有机物污染、富营养化问题，至水污染控制后期逐步显性化的自然水文要素变异、水生态功能退化、生物多样性损害等问题。进入 21 世纪，全球河湖生态系统退化问题逐渐受到国际社会的广泛关注和重视，2000 年，《欧盟水框架指令》提出生态良好水体保护要求，保护和恢复河湖水生态系统健康成为流域管理的重要目标指向，水环境与生态学的研究内容从水质全面拓展到水生态系统。2010 年以来，全面进入流域水生态系统健康保护的流域水环境与生态学研究阶段。

2016 年，国家发展和改革委员会印发了《"十三五"重点流域水环境综合治理建设规划》。规划旨在进一步加快推进生态文明建设，落实国家"十三五"规划纲要和《水污染防治行动计划》提出的关于全面改善水环境质量的要求，充分发挥重点流域水污染防治中央预算内投资引导作用，推进"十三五"重点流域水环境综合治理重大工程建设，切实增加和改善环境基本公共服务供给，改善重点流域水环境质量、恢复水生态、保障水安全。规划范围涵盖长江、黄河、珠江、松花江、淮河、海河、辽河七大流域，近岸海域中的环渤海地区以及千岛湖及新安江上游、闽江、九龙江、九洲江、洱海、艾比湖、呼伦湖、兴凯湖等其他流域。规划围绕促进实现重点流域水环境综合治理目标，针对各地问题，因地制宜，开展城镇污水处理及相关工程、城镇垃圾处理及配套工程、流域水环境综合治理工程和饮用水水源地治理工程等项目建设。规划用于指导各地开展重点流域水环境综合治理，建立重点流域水环境综合治理项目滚动储备库，加强资金筹措，吸引社会投资，强化投资和项目监管，切实提高投资效益。

4. 学科发展趋势及展望

4.1 发展趋势

水环境领域，2015 年 4 月国务院印发《水污染防治行动计划》（简称"水十条"）对 2020 年和 2030 年我国地表水水质指标提出了非常明确具体的要求。但是，目前地表水指标与 2020 年和 2030 年工作目标还有一定差距。2016 年全国地表水 1940 个断面中，V类和劣V类分别占 6.9% 和 8.6%，海河水系主要支流为重度污染，滇池仍为中度污染。水污染防治工作仍然十分艰巨，形势依然严峻。结合国家在水方面的科技需求，未来我们在重点流域和区域水质持续改善、水环境管理、水污染治理、饮用水安全保障技术体系构建以及典型流域验证示范及推广应用等相关方面大有可为。

水体污染控制与治理科技重大专项（以下简称"水专项"）是为实现中国经济社会又好又快发展，调整经济结构，转变经济增长方式，缓解我国能源、资源和环境的瓶颈制约，根据《国家中长期科学和技术发展规划纲要（2006—2020 年）》设立的 16 个重大科技专项之一，旨在为中国水体污染控制与治理提供强有力的科技支撑，为中国"十一五"

期间主要污染物排放总量，化学需氧量减少10%的约束性指标的实现提供科技支撑。水专项是1949年以来投资最大的水污染治理科技项目，总经费概算三百亿元。第一阶段目标主要突破水体“控源减排”关键技术，第二阶段目标主要突破水体“减负修复”关键技术，第三阶段目标主要是突破流域水环境“综合调控”成套关键技术。结合全面建成小康社会的目标要求，“水十条”确定的工作目标是：到2020年，全国水环境质量得到阶段性改善，污染严重水体较大幅度减少，饮用水安全保障水平持续提升，地下水超采得到严格控制，地下水污染加剧趋势得到初步遏制，近岸海域环境质量稳中趋好，京津冀、长三角、珠三角等区域水生态环境状况有所好转。到2030年，力争全国水环境质量总体改善，水生态系统功能初步恢复。到21世纪中叶，生态环境质量全面改善，生态系统实现良性循环。主要指标是：到2020年，长江、黄河、珠江、松花江、淮河、海河、辽河7大重点流域水质优良（达到或优于Ⅲ类）比例总体达到70%以上，地级及以上城市建成区黑臭水体均控制在10%以内，地级及以上城市集中式饮用水水源水质达到或优于Ⅲ类比例总体高于93%，全国地下水质量极差的比例控制在15%左右，近岸海域水质优良（Ⅰ、Ⅱ类）比例达到70%左右。京津冀区域丧失使用功能（劣于Ⅴ类）的水体断面比例下降15%左右，长三角、珠三角区域力争消除丧失使用功能的水体。到2030年，全国7大重点流域水质优良比例总体达到75%以上，城市建成区黑臭水体总体得到消除，城市集中式饮用水水源水质达到或优于Ⅲ类比例总体为95%左右。按照“节水优先、空间均衡、系统治理、两手发力”的原则，为确保实现上述目标，“水十条”提出了10条35款，共238项具体措施[24]。

水环境保护是一项系统工程，解决水污染问题需要系统思维，从全局和战略的高度进行顶层设计和谋划。水环境领域未来五年发展的战略需求主要集中在以下几个方面：

（1）以改善水环境质量为核心，统筹水资源管理、水污染治理和水生态保护。“水十条”提出了控制排污、促进转型、节约资源等任务，构建水质、水量、水生态统筹兼顾、多措并举、协调推进的格局。减少污染物排放总量，以治水倒逼产业结构调整及转型升级，努力削减工业、城镇生活、农村农业排污总量。增加水量，节水即减污。以控制用水总量、提高用水效率、保障生态用水实现节水增流，强调闸坝联合调度、生态补水等措施，合理安排闸坝下泄水量和时段，维持河湖基本生态用水。

（2）协同管理地表水与地下水、淡水与海水、大江大河与小沟小汊。以山水林田湖为生命共同体，尊重水的自然循环过程，监管污染物的产生、排放、进入水体的全过程，统筹地表与地下、陆地与海洋、大江大河和小沟小汊。对于两大江大河，延续重点流域水质考核问责制度，强化消灭劣Ⅴ类水体。

（3）系统控源，全面控制污染物排放。取缔“十小”企业、整治十大行业、治理工业集聚区、防治城镇生活污染等为重点，全面推动深化减污工作；通过划定禁养区等措施，提升规模化养殖比率，实现粪便污水资源化利用；提出了加快农村环境综合整治、加强船舶港口污染控制、依法强制报废超过使用年限的船舶等针对性的非点源污染防治措施。

（4）工程措施与管理措施并举，切实落实治理任务。工程措施和管理措施相辅相成，工程措施着眼于“以项目治水洁水”，管理措施着眼于“用制度管水节水”。不仅提出工业、城镇生活、农业农村污染防治，饮用水安全保障、城市黑臭水体整治、节水等工作要求，还明确 70 余项法规、政策、制度和机制等管理举措。

4.2 发展展望

我国水环境学科发展，在理论和技术方面都有了一定的进步。国家生态文明建设战略的实施和颁布，对学科系统建设和发展提出了更高的要求。结合“十三五”环境保护科技需求，“水十条”和“水体污染治理和控制”科技重大专项，根据国内外水环境领域发展趋势，聚焦以下重点方向。

4.2.1 流域水环境监控

以流域水质保障与水生态安全为目标，以强化流域水质系统管理、形成监控、预警能力为重点，开展流域水生态功能区划、流域水质目标管理、水环境监测、水环境风险评估、水环境预警和流域水污染防治综合决策等技术研究，构建适合我国水污染特征的流域水污染防治综合管理体系，建立水污染控制技术评估系统和评估技术平台，支撑流域水环境管理和决策，从而保障国家环境与经济、社会的协调可持续发展。实现面向水生态系统安全保障的流域水环境管理模式和管理体制的转变。形成基于流域水生态功能分区水污染控制、水环境监测、水环境质量预警、水环境监察与监管的水质目标管理成套技术方法与规范。

系统地开展流域水生态功能区划理论与方法研究，建立水生态功能区划分指标体系，建立全国水生态功能分区技术框架，完成重点流域水生态功能一级、二级区划，完成示范流域三级区划和污染控制单元划定方案。建立具有分区差异性的水质基准与标准制订技术框架，结合示范流域水环境质量管理目标，制定特征污染物的基准与标准。通过对流域水生态功能分区、水质目标管理、水环境监控预警和水污染治理综合决策等技术综合集成，构建我国流域水环境管理技术体系，在全国 7 大流域（太湖、滇池、巢湖、辽河、淮河、海河、松花江流域和三峡库区）形成确保水生态系统安全的流域水环境监控管理模式。

4.2.2 河流水污染防治

针对我国河流水污染严峻的现状，选择不同地域、类型、污染成因和经济发展阶段分异特征的典型河流，创立符合不同水质目标和功能目标的河流管理支撑技术体系，制定与我国不同区域经济水平和基本水质需求相适应的污染河流（段）水污染综合整治方案；重点突破一批清洁生产、水循环利用和点、面源污染负荷削减关键技术及集成技术，污染河流（段）治理与生态修复的集成技术以及河流污染预防、控制、治理与修复的技术系统；选择具有典型性和代表性的河流开展工程示范。通过分阶段、分重点实施，实现由河流水质功能达标向河流生态系统完整性过渡的国家河流污染防治战略目标。

针对我国主要流域水系经济发展的阶段性特点，以影响我国河流水功能与水生态系统健康的主要污染物耗氧有机物、氮磷营养物、重金属、有机有毒污染物为控制与治理目标，选择不同污染程度、不同污染源类型、不同主要污染物种类、不同水体功能和河流生态功能各不相同的河流水系或典型河流河段，综合分析河流点、面污染负荷，河流水质演变过程，水体功能和水生态系统退化的特征；建立围绕水质功能和水生态保护目标的河流水质综合管理技术体系；开发重点行业和不同类型农业面源污染物削减关键技术；研发河流污染治理、生态修复和生物多样性保育的工程技术系统；通过技术集成和综合示范，达到大幅度削减入河污染物负荷、显著改善河流水质、初步恢复水生态系统功能结构的目标；总结形成不同经济发展阶段下我国不同地域河流污染防治和综合治理的技术体系。

4.2.3 湖泊水污染防治

全面掌握流域污染源和社会经济发展情况及其与湖泊水质变化、富营养化之间的响应关系，初步提出解决我国湖泊水污染和富营养化治理的基本理论体系框架，研发不同类型湖泊水污染治理和富营养化控制自主创新的关键技术，形成湖泊水污染和富营养化控制的总体方案。攻克一批具有全局性、带动性的水污染防治与富营养化控制关键技术；有效控制示范湖泊、水库的富营养化，实现研究示范区水质显著改善，同时形成符合国情的湖泊流域综合管理体系，为我国湖泊水污染防治与富营养化全面控制、水环境状况的根本好转奠定技术基础。为确保湖泊流域污染物排放总量得到有效削减、水环境质量得到明显改善、饮用水安全得到有效保障提供成套技术与成功经验。

考虑我国湖泊类型众多，且位于不同地理区域并处于经济发展不同阶段，处在不同的富营养化发展过程并具有各自生态特征的特点，选择富营养化类型、营养水平、湖泊规模、形成机理和所处地区不同的典型湖泊，开展综合诊断，制定与湖泊营养水平、类型、阶段和地区经济水平相适应的富营养化湖泊综合整治方案，选择具有典型性和代表性的湖泊水域及流域重点集水区开展工程示范。逐步实现由湖泊及其集水区的重点控源与局部湖区水质改善向湖泊整体水环境质量明显改善转变的国家水专项的战略目标。为我国当前与今后大规模开展不同类型湖泊富营养化治理提供成套技术与管理经验。

4.2.4 饮用水安全

结合典型区域的水源污染和供水系统的特征，通过关键技术研发、技术集成和应用示范，构建针对水源保护—净化处理—全过程的饮用水安全保障技术；集水质监控、风险评估、运行管理、应急处置于一体的标准和监管管理体系，为全面提升我国饮用水安全保障技术水平、促进相关产业发展以及强化政府监管能力提供科技支撑。通过技术研发、技术集成和综合示范，持续提升我国饮用水安全保障能力，为保障人民群众的饮水安全和身体健康提供技术支撑。

基于我国水体普遍遭受污染的现实状况，针对不同水源类型、不同水质特征和不同供水系统存在的安全隐患，研究构建集水源保护、净化处理、安全输配、水质监测、风险评估、应急处置于一体的饮用水安全保障技术和监管体系，通过技术研发、技术集成和综合示范，持续提升我国饮用水安全保障能力。

4.2.5 城市水环境

识别我国城市水污染的时空特征和变化规律，建立不同使用功能的城市水环境和水排放的标准与安全准则。在水环境保护的国家重点流域，选择若干个在我国社会经济发展中具有重要战略地位、不同经济发展阶段与特点、不同污染成因与特征的城市与城市集群，以削减城市整体水污染负荷和保障城市水环境质量与安全为核心目标，重点攻克城市和工业园区的清洁生产、污染控制和资源化关键技术，突破城市水污染控制系统整体设计、全过程运行控制和水体生态修复技术，结合城市水体综合整治和生态景观建设，开展综合技术研发与集成示范，初步建立我国城市水污染控制与水环境综合整治的技术体系、运营与监管技术支撑体系，推动关键技术的标准化、设备化和产业化发展，构建新一代城市水环境系统提供强有力的技术支持和管理工具。

结合国家水污染物排放总量削减目标、示范城镇水污染控制与水环境质量改善发展目标，以降低COD、氨氮、总氮和总磷排放总量为核心指标，系统分析研究影响城镇水环境质量的突出因素、控制途径和系统解决方案。今后应重点开展以下 4 个方向研究：污水再生及循环的物质转化与能源转换机制；再生水生态储存与多尺度循环利用原理；城市水系统水质安全评价与生态风险控制方法；基于“再生水 +”的可持续城市水系统构建理论。

开展城市水环境系统决策规划与管理、城镇污水收集与处理、地表径流污染控制、工业园区污染源控制、城市水功能恢复与生态景观建设、城市水环境设施监控管理等方面的技术研发、技术集成和综合示范，突破城市水环境综合整治系统的整体设计、全过程运行控制和水体生态修复技术，形成一系列基于城市水环境系统良性循环理念的综合整治技术方案，初步建立我国城市水污染控制与水环境综合整治的关键技术体系、运营与监管技术支撑体系构建新一代城市水环境系统提供强有力的技术支持和管理工具。

4.2.6 水环境管理

围绕构建水环境管理决策技术平台、理顺水环境管理“生产关系”、提高水环境管理政策“生产力”三大支撑，明确国家中长期水污染控制路线图，提出水环境管理体制创新、制度创新、政策创新主要方向，改进和完善水污染控制管理机制，增强市场经济手段在水污染控制中的作用，明确政府、企业在水环境保护中的责任，提高水污染控制的投入和效率，强化监督管理和政策执行能力，提高经济政策的实施效果和执行效率，为实现国家水污染防治目标提供长效管理体制和政策机制。全面构建适合我国国情的水环境综合管理技术体系，构建完整的国家环境管理基础平台、水环境综合管理体制、水环境长效政策手段，全面提升流域水污染管理和政策执行能力，确保示范区域污染物排放总量得到有效削减、水环境质量得到明显改善、饮用水安全得到有效保障，促进流域社会经济可持续发展。

针对水污染防治工作中涉及的决策支持、体制机制、环境政策问题，从流域、河流、城市水环境管理制度设计以及水资源配置、污水处理到环境资源配置等各个环节，研究适用于我国经济社会特点的财政、税收、价格、投资、处罚、补偿和信息公开等水环境管理政策体系，为流域水污染控制目标的实现提供经济技术保障。主要开展水环境保护战略决策、水环境管理制度设计、流域水污染防治投融资政策、流域水污染防治的价格与税费政策、排污许可证制度、跨界污染协同管理、流域水污染赔偿和生态补偿设计、水污染防治的公众参与和信息公开制度、流域农业面源污染防治政策法规体系、城市水污染治理基础设施建设与产业发展政策、饮用水安全保障管理政策体系等研究。

参考文献

[1] 柳明亮 . 水处理行业发展环境战略研究［J］. 环境与发展，2018，30（9）：208–210.

[2] 杨雨寒 . 基于文献计量的我国水处理研究发展态势分析［J］. 环境工程学报，2019（5）：1–16.

[3] 姜伟，黄卫 . 集中式饮用水水源地环境监控预警体系构建［J］. 环境监控与预警，2010（6）：5–7.

[4] 朱春耀，黄廷林，李文芳，等. 源水水质安全保障—水质监测预警系统［C］//2006 年全国城市水利学术研讨会暨工作年会，2006：1–9.

[5] 张智，涛曹茜，谢涛 . 饮用水水源地水质监测预警系统设计探讨［J］. 环境保护科学，2013（1）：61–64.

[6] Gullick R. W.，Gaffney L. J.，Crockett C. S.，et al. Developing regional early warning systems for US source water［J］. ProQuest Science Journals，2004，96（6）：68–84.

[7] 宋兰合 . 建立饮用水水质监控预警系统——《饮用水水质监控预警及应急技术研究与示范项目》要点［J］. 建设科技，2009（15）：64.

[8] 刘文，利代进，张俊栋 . 水源地水质监控预警体系的建立［J］. 工业安全与环保，2011（3）：15–16.

[9] 朱党生，张建永，程红光，等. 城市饮用水水源地安全评价（I）：评价指标和方法［J］. 水利学报，2010，41（7）：778–785.

[10] 孙宏亮，李璐，张涛，等. 我国饮用水安全保障现状与对策分析［J］. 环境与可持续发展，2015（5）：23–24.

[11] 曲久辉 . 饮用水处理工艺改革的方向与愿景［J］. 给水排水，2016，52（1）：1.

[12] 高乃云，楚文海，徐斌 . 从生成机制谈饮用水中新型消毒副产物的控制策略［J］. 给水排水，2017（2）：1–5.

[13] 胡浩锋，林澍，曾凡棠 . 饮用水源地水质风险管控方法研究进展综述［J］. 广州环境科学，2019，34（1）：1–10.

[14] 崔贺 . 管式生物净水装置用于农村生活污水处理设施尾水强化脱氮的研究及示范［D］. 上海：华东师范大学，2019.

[15] 夏兴 . 我国农村生活污水处理技术的研究进展［J］. 中国资源综合利用，2019，37（9）：84–86.

[16] 梁瀚文，刘俊新，魏源送，等. 3 种典型地区农村污水排放特征调查分析［J］. 环境工程学报，2011，5（9）：2054–2059.

[17] 唐贺 . 我国北方农村污水来源及处理技术［J］. 地下水，2016，38（3）：87–89.

[18] 曲久辉，赵进才，任南琪，等. 城市污水再生与循环利用的关键基础科学问题［J］. 中国基础科学，2017，19（1）：6–12.

[19] 徐敏，张涛，王东，等. 中国水污染防治40年回顾与展望［J］. 中国环境管理，2019，11（3）：65–71.

[20] 国家环境保护总局．“三河”“三湖”水污染防治计划及规划［M］. 北京：中国环境科学出版社，2000：1–380.

[21] 张晶．中国水环境保护中长期战略研究［D］. 北京：中国科学院大学，2012.

[22] 环境保护部，国家发展和改革委员会，财政部，等. 关于印发《重点流域水污染防治规划（2011—2015年）》的通知（环发〔2012〕58号），2012年5月16日．

[23] 马乐宽，王金南，王东．国家水污染防治“十二五”战略与政策框架［J］. 中国环境科学，2013，33（2）：377–383.

[24] 国务院．关于印发水污染防治行动计划的通知水污染防治行动计划（国发〔2015〕17号),2015年4月2日．

[25] 吴舜泽，王东，马乐宽，等. 向水污染宣战的行动纲领——《水污染防治行动计划》解读［J］. 环境保护，2015，43（9）：15–18.

[26] 环境保护部，国家发展和改革委员会，水利部．关于印发《重点流域水污染防治规划（2016—2020年）》的通知（水环体〔2017〕142号），2017年10月19日．

[27] 何军，马乐宽，王东，等. 落实《水十条》的施工图:《重点流域水污染防治规划（2016—2020年）》［J］. 环境保护，2017，45（21）：7–10.

[28] 冯旭，陈洁，张弘，等. “河长制”水环境管理制度分析［J］. 资源节约与环保，2018（7）：33–36.

[29] 潘媛媛．对基于生态管理的流域水环境功能区划分析［J］. 资源节约与环保，2018（7）：17.

[30] 童坤，孙伟，陈雯．长江经济带水环境保护及治理政策比较研究［J］. 区域与全球发展，2019，3（1）：153–154.

[31] 吴思璇，寇晓宇，牟莹．新环境保护法要求下的工业园区水环境管理方向［J］. 环境与发展,2018,30(11)：240–241.

[32] 刘伟成，单乐州，谢起浪，等. 生物监测在水环境污染监测中的应用［J］. 环境与健康杂志,2008,25(5)：456–459.

[33] 阴琨，吕怡兵，滕恩江．美国水环境生物监测体系及对我国生物监测的建议［J］. 环境监测管理与技术，2012（5）：8–12.

[34] Van der Schalie W. H.，Shedd T. R.，Knechtges P. L.，et al. Using higher organisms in biological early warning systems for real—time toxicity detection［J］. Biosensors and Bioelectronics，2001，16（7–8）：457–465.

[35] 任宗明，李志良．高锰酸钾及氯化锰对日本青鳉的急、慢性毒性［J］. 生态毒理学报，2009（6）：841–845.

[36] 唐承佳，陈振楼，王东启．太湖贡湖湾水源地水质青海弧菌Q67急性毒性测试［J］. 安徽农业科学，2011，39（27）：16739–16742.

[37] Fern á ndez A.，Tejedor C.，Cabrera F.，et al. Assessment of toxicity of river water and effluents by the bioluminescence assay using Photobacterium phosphoreum［J］. Water Research，1995，29（5）：1281–1286.

[38] 刘付勇．常规参数水质检测系统的设计与实验［D］. 重庆：重庆大学，2011.

[39] 刘路．基于水质模型的区域污染控制研究［D］. 上海：东华大学，2012.

[40] 罗定贵，王学军，孙莉宁．水质模型研究进展与流域管理模型WARMF评述［J］. 水科学进展，2005，16（2）：289–294.

[41] 曹晓静，张航．地表水质模型研究综述［J］. 水利与建筑工程学报，2006，4（4）：18–21.

[42] Phelps E. B.，Streeter H. W. A study of the pollution and natural purification of the Ohio River［R］. US Department of Health，Education & Welfare，1958.

[43] Diehl P.，Gerke T.，Jeuken A. D.，et al. Early warning strategies and practices along the River Rhine［M］//The

Rhine. Springer，Berlin，Heidelberg，2006：99–124.
[44] Pinter G. Early warning system on the Danube river [M] //Security of Public Water Supplies. Springer，Dordrecht，2000：101–106.
[45] Ketkar K. W., Babu A. J. G. An analysis of oil spills from vessel traffic accidents [J]. Transportation Research Part D：Transport and Environment，1997，2（1）：35–41.
[46] Pint é r G. G. The Danube accident emergency warning system [J]. Water Science and Technology, 1999, 40（10）：27–33.
[47] Lennox S. D.，Foy R. H.，Mith R. V.，et al. A comparison of agricultural water pollution incidents in Northern Ireland with those in England and Wales [J]．Water Research，1998，32（3）：649–656.
[48] Urbansky E. T.，Schock M. R. Issues in managing the risks associated with perchlorate in drinking water [J]．Journal of Environmental Management，1999，56（2）：79–95.
[49] Ward C. First responders：problems and solutions：water supplies [J]．Technology in Society，2003，4（25）：535–537.
[50] Plummer R.，Velaniškis J.，de Grosbois D.，et al. The development of new environmental policies and processes in response to a crisis：the case of the multiple barrier approach for safe drinking water [J]．Environmental Science & Policy，2010，13（6）：535–548.
[51] Jalliffier–Verne I.，Leconte R.，Huaringa–Alvarez U.，et al. Impacts of global change on the concentrations and dilution of combined sewer overflows in a drinking water source [J]．Science of the Total Environment，2015（508）：462–476.
[52] Duhaime K.，Roberts D. Theoretical implications of best management practices for reducing the risk of drinking water contamination with Cryptosporidium from grazing cattle [J]．Agriculture，Ecosystems & Environment，2018（259）：184–193.
[53] House S.，Reed R. A.，Reed B. Emergency water sources：Guidelines for selection and treatment [M]．WEDC，Loughborough University，2004.
[54] Pagano A.，Pluchinotta I.，Giordano R.，et al. Drinking water supply in resilient cities：notes from L' Aquila earthquake case study [J]．Sustainable Cities and Society，2017（28）：435–449.
[55] 戴长雷，迟宝明，刘中培 . 北方城市应急供水水源地研究 [J]．水文地质工程地质，2008，35（4）：42–46.
[56] 方星，毛建国 . 安徽省主要城市地下水应急水源地建设初步探讨 [J]．安徽地质，2010，20（4）：279–282.
[57] 郄燕秋，王胜军，张炯，等．城市供水备用水源工程规划设计探讨 [J]．给水排水，2012，38（12）：25–30.
[58] 周琴，肖昌虎，黄站峰，等．长江经济带取排水口和应急水源布局规划研究 [J]．人民长江，2018，49（5）：1–5.
[59] 高乃云，楚文海，徐斌 . 从生成机制谈饮用水中新型消毒副产物的控制策略 [J]．给水排水，2017，53（2）：1–5.
[60] 王淼，田军仓 . 农村绿色建筑分散型生活污水处理研究综述 [J]．中国农村水利水电，2014（9）：64–67.
[61] 刘雪美 . 我国农村生活污水处理现状及展望 [J]．安徽农业科学，2017，45（12）：58–60.
[62] 曲久辉 . 建设面向未来的中国污水处理概念厂 [N]．中国环境报，2014–1–7（10）.
[63] 曲久辉，赵进才，任南琪，等．城市污水再生与循环利用的关键基础科学问题 [J]．中国基础科学，2017，19（1）：6–12.

撰稿人：刘义青　谢　丽　韩佳慧　王国清

土壤与地下水学科发展研究

1. 引言

土壤和地下水是人类赖以生存的重要资源，也是构成环境的重要元素，对社会经济的可持续发展起着重要作用。随着我国经济社会呈现出从高速增长转为中高速增长，经济结构优化升级，从要素驱动、投资驱动转向创新驱动，人们生活水平得到了显著的提升，但随之而来的土壤和地下水污染问题也正逐渐凸显，环境保护面临诸多挑战，成了不可回避的现实问题。如非法倾倒危险废物导致土壤和地下水污染、工业排污和污水灌溉导致农田土壤污染等问题均十分突出[1]。相对其他环境污染，土壤与地下水污染具有隐蔽性和积累性，调查难度大，污染成因复杂，污染责任认定更困难，损害量化涉及的程序和方法更复杂。近几年，大量土壤和地下水类环境损害评估案件开始进入大众视野，引发广泛关注。总的来说，我国各地都出现了不同程度的土壤和地下水污染问题，给人们的身体健康带来了不利影响。因此，有效协调土壤和地下水污染防治工作的必要性和重要性不言而喻。

2017 年 10 月 14 日，由国土资源部联合水利部等单位历时数年共同修订的《地下水质量标准》（GB/T 14848—2017）正式颁布，并于 2018 年 5 月 1 日起开始实施。新标准将指标划分为常规指标和非常规指标，结合我国实际，将原标准《地下水质量标准》（GB/T 14848—1993）的 39 项指标增加至 93 项，感官性状及一般化学指标新增铝、硫化物、钠；毒理学指标中无机化合物指标新增 4 项，毒理学指标中有机化合物新增 47 项。该标准结合我国实际情况，所确定的分类限值充分考虑了人体健康基准和风险，作为我国地下水资源管理、开发利用和保护的依据，对解决日益复杂的地下水等地质环境问题的适应性显著提高，更加满足我国目前的现实需求。

2018 年 6 月 22 日，生态环境部发布了两项新土壤环境标准，《土壤环境质量　农用地土壤污染风险管控标准（试行）》（GB 15618—2018）和《土壤环境质量　建设用地土壤污染风险管控标准（试行）》（GB 3600—2018），并于 2018 年 8 月 1 日起正式实施。其中《土壤环境质量　建设用地土壤污染风险管控标准（试行）》（GB 15618—2018）为首次发布，《土壤环境质量　农用地土壤污染风险管控标准（试行）》（GB 3600—2018）将替代 1995 年颁布的《土壤环境质量标准》（GB 15618—1995）。较原标准，新标准取消了原有的土壤环境质量分类体系，建立了以农用地使用性质及土壤酸碱度为基本架构的标准指标体系，解决了原标准中 pH 不大于 6.5 的Ⅲ类土壤无质量标准可用的问题。遵循风险管控的思路，提出了风险筛选值和风险管制值的概念，不再以简单的类似于水或空气环境质量标准的达标判定，而是用于风险筛查和分类。农用地土壤污染风险筛选值包含基本项目和其他项目两项，基本项目包括镉、汞、砷、铅、铬、铜、镍、锌，其他项目包括六六六总量、滴滴涕总量、苯并［a］芘；农用地土壤污染风险管制值包括镉、汞、砷、铅、铬。这些新变化与我国国情相结合，更符合土壤环境管理的内在规律，更能科学合理指导农用地安全使用，保障农产品质量安全。

2018 年 3 月 13 日，国务院机构改革方案中提出将监督预防地下水污染职责划入新组建的生态环境部。同年 8 月 31 日，第十三届全国人大常委会第五次会议全票通过了《中华人民共和国土壤污染防治法》，并于 2019 年 1 月 1 日起施行。土壤污染防治法中出现有关“地下水”表述 8 次，从污染调查、风险评估、风险管控措施到修复治理对地下水污染防治全链条体系提出要求。2018 年 9 月 28 日，生态环境部“三定”规定细化方案印发，成立土壤生态环境司，内设地下水生态环境处，承担地下水污染防治和生态保护监督管理工作。一系列机构调整、法律建设、标准修订工作表明了我国对土壤和地下水污染防治的重视程度，也显示出我国正逐步建立起土壤与地下水污染协同防治的管理新格局。土壤与地下水联系紧密，是一个互为依存的统一综合体，两者间存在直接而密切的物质和能量传输转移。土壤与地下水污染互为因果：一方面，土壤是地下水污染的重要媒介，工业企业、垃圾填埋场、矿山开采等污染源产生的污染物可通过地表污水从土壤入渗进入地下，污染物或被污染的土壤可在大气降水或灌溉水的入渗淋滤下，污染地下水；另一方面，地下水中的污染物也可通过地下水水位的波动或毛细作用进入土壤，一旦污染发生，通常引发土壤和地下水双重污染。地下水和土壤污染均具有持久性、隐蔽性、复杂性和难修复等特点，一般无法依赖自净过程完成对污染物的消除。土壤污染防治与地下水污染防治具有一致性，污染防治思路均以风险预防和管控为主。同时，土壤和地下水污染的修复治理过程又密不可分。从整体系统的角度，推进土壤污染和地下水污染的协同防治，有助于实现生态系统综合管理。建立统一、协调、高效的新时代土壤和地下水污染防治格局，对保护土壤与地下水环境具有重要而深远的意义。

近几年，我国在土壤和地下水污染治理方面做出了诸多努力，也取得了许多令人瞩目的成果。在土壤污染防治领域，开展了农村土壤环境管理与土壤污染风险管控、典型工业污染场地土壤污染风险评估和修复、矿区和油田区土壤污染控制与生态修复、土壤环境保护法律法规和标准制定等研究，探索了设施农业土壤环境质量变化与风险控制关键技术，突破了有机物及重金属污染土壤的关键修复技术。农用地、工业场地土壤环境调查、风险评估和修复等研究成果为我国《污染场地风险评估技术导则》（HJ 25.3—2014）等标准出台以及《土壤环境质量标准》的修订提供了技术基础。地下水方面，开展了全国地下水污染综合调查评价、华北平原典型地区地下水污染防控，以及简易垃圾填埋场、废弃矿井等对地下水污染风险评价和管理等研究。

目前，土壤和地下水学科仍然存在许多问题[2]。虽然开始重视地下水污染问题，但与我国的实际需求尚有距离。此外，科研前瞻性不够，对新型和复杂环境问题的成因、机理和机制研究不足；环保科研整体统筹协调不足，顶层设计不足，缺乏有效的沟通协调机制；环保科技创新能力薄弱，国家环境保护重点实验室和工程技术中心布局尚不完善等。为强化土壤与地下水学科建设，促进自然经济资源可持续发展，接下来的研究内容主要基于四个方面：一是强化土壤与地下水基础理论研究，重视土壤污染成因与控制修复机理，加强地下水污染途径与污染物迁移、转化和归趋的研究，关注土壤环境基准的制订；二是强化土壤与地下水环境保护与修复关键技术创新与研发，包括污染监测技术、污染调查技术、风险管控技术、污染修复技术等；三是创新土壤环境管理决策支撑体系和制度、土壤和地下水污染风险预警技术；四是开展创新平台建设，包括国家重点实验室能力建设、国家工程技术中心建设、国家科学观测研究站建设和科研数据共享平台建设。

我国土壤与地下水学科走过了一段不平凡的历程，特别是2013年以来，受宏观政策的驱动，行业发生了复杂而深刻的变化。目前，学科建设正处在夯实基础、提升核心竞争力的关键时期，随着国家和大众关注度的逐渐提高，环保意识的逐渐加强，科研精力的不断投入，土壤与地下水学科的建设会越来越完善。

2. 2018—2019 土壤与地下水基础研究进展

2.1 土壤与地下水学科理论

“十二五”以来，我国在土壤与地下水科学理论方面取得了一定成果，重视污染特征解析和污染形成机制识别，污染物赋存与污染过程的精细刻画，污染输移界面过程与污染过程的微观分析等。

土壤方面，针对土壤重金属和有机污染问题，主要开展了土壤组分及其理化性质对污染物的影响机制、土壤胶体表面重金属和有机污染物的吸附—解吸、降解的动力学过程、土壤环境污染过程及污染物在土壤中的有氧微生物转化降解机理研究、新材料对重金属污染土壤处理效果的长期稳定性机理研究、污染物在土—液界面交互作用机理、生态效应及调控原理、土壤污染过程、反应机理及尺度效应研究、持久性有机化合物如氯代芳香污染物在土壤中的环境行为研究等[3-5]。从土壤污染生态化学过程及其动力学、化学污染对土壤动物的影响及其机理、化学污染对土壤微生物的作用及其相互关系、根—土界面化学污染物的生态行为及根分泌物的污染生态化学、化学污染对土壤健康质量与农产品安全的化学胁迫和全球变化的土壤污染生态化学等多方面，研究化学污染对土壤生态系统的影响及其机理。此外，针对我国重点区域土壤污染特征，开展工业区、矿区和高背景值地区土壤污染的地球化学过程和生态效应研究、农用地土壤—生物系统有毒有害重金属和有机物迁移富集规律研究、生态毒性效应及其影响机制研究，重视复杂场地条件下土壤及含水层中有机污染物降解和净化规律研究、重金属价态变化与毒性削减控制因素研究等。从化学污染物的生物降解与解毒过程、土壤环境污染控制与生态修复污染的生物控制、固体废弃物生物处理技术及其资源化、污染土壤的生态化学与生物修复、生态化学污染阻控新方法与新技术等多方面，研究污染控制生态化学原理。针对重金属和有机物复合污染土壤，进行修复原理及影响机理的研究。也有关于土壤环境质量基准制定的相关研究，基于土—水关系理论基础和相关模型，以及土—气关系理论基础和相关模型研究土壤环境质量基准，为土壤环境质量基准的制定提供理论依据[6]。具体开展了土壤环境背景系统研究及其与环境质量基准的关系以及高背景地区土壤环境基准、土壤污染的生物生态诊断指标体系、基于食物链暴露途径的农业土壤环境质量基准、基于直接接触土壤与土壤—地下水暴露途径下的土壤环境质量基准以及符合我国环境实际的污染土壤修复基准的系统研究。

地下水方面，重视地下水污染过程及迁移规律研究。针对人为活动对地下水环境的影响和效应，研究地下水系统中污染物赋存与迁移动力学规律；阐明污染物在地层介质—水—气多相体系中不同界面之间的物质交换规律；揭示平原地区地下水硝酸盐污染来源、污染机理及阻控途径；岩溶区地下水污染物分布特征及其迁移转化机理；以及再生水补给地下水过程中新兴污染物和重金属的迁移转化规律和环境风险；突破地下水污染同位素示踪技术等；研究土壤—地下水系统主要污染物迁移扩散规律和预测模型，制定保护地下水环境质量的土壤环境阈值。另外，对地下水污染物污染形成机制也进行了深入研究，尤其是地下水对生态环境影响机制研究对控制地下水污染，保护地下水资源，解决水资源短缺问题意义重大。

2.2 土壤与地下水学科方法

土壤与地下水学科方法研究方面，在污染监测点位布设方法、污染风险评估方法、损害鉴定评估方法、污染模拟方法、污染监控预警方法以及污染生态机理指示方法等方面取得了不同程度的进展和突破。

2.2.1 污染监测点位布设方法

土壤监测数据的准确性离不开布点、采样等环节，通过有限的土壤监测点位科学地反映区域土壤环境质量，是土壤环境监测领域研究的主要方向之一。土壤本身具有较强的空间异质性，点位布设方案是影响调查结果精度的重要因素之一。目前，传统的污染监测点位布设方法结合了地统计条件模拟、遥感影像、污染概率分析等技术，在污染监测点位选取及优化布设方面取得了一定进展。

鉴于传统调查布点方法对土壤污染物平均含量估计精度较高，而对污染区范围估计精度不能满足修复治理需求的问题，为了准确估计土壤污染区面积及其空间位置，研究学者提出了土壤污染详查样点优化方法，在初步调查的基础上，首先利用地统计条件模拟方法预测土壤污染概率，基于污染概率和土壤污染物含量局部空间变异确定加密布点的优先区域，并根据污染物含量的空间变化趋势布设样点，根据优化后的土壤污染调查布点方案估计污染区面积和空间位置[7]。另有学者以淮河流域安徽段为研究区域，针对主要土壤污染类型开展土壤环境质量监测，采用分类型专项监测的方法，探讨土壤点位监测结果，用于大区域土壤环境质量的初步调查研究[8]。也有研究将高分辨率遥感影像应用在土壤环境质量监测点位布设中，通过高分辨率遥感影像识别林地、耕地、道路、居民点和污染源等地物，为点位布设工作提供数据支持，基于土地利用现状图等数据和资料及计算机软件平台，进行点位的理论布设，对理论布设结果作点位信息现场核查，形成最终点位布设结果[9]。

地下水监测井的优化布设对于地下水系统管理有重要作用，但由于地下水监测井建设成本高，因此合理地布设地下水污染监测井能够最大限度地降低成本，为污染修复工作提供基础保障。有学者以监测井数量最小、区域污染监测有效性最大、监测到的区域脆弱性分值最大为目标，提出了基于脆弱性评价的地下水污染监测网多目标优化模型，通过地下水脆弱性评价和溶质运移模型计算获取不同点位地下水脆弱性分值和污染物浓度，针对不同脆弱性等级确定区域监测井初设密度，并采用改进非劣支配遗传算法、隐枚举法等方法建立基于初设监测网的多目标优化模型，结合质量误差分析确定监测网优化方案[10, 11]。此外，针对非均质地下含水层污染源识别及含水层参数反演过程中监测方案优化问题，有研究提出了一种基于贝叶斯公式及信息熵最小的累进加井的多井监测方案优化方法[12, 13]。

2.2.2 风险与损害鉴定评估方法

土壤污染风险评估是指土壤污染对人体健康或其他环境受体（如地下水、地表水）产生影响的可能性评价，是对其带来的不良后果发生概率的评估和定量分析。其目的是评估土壤环境质量，并提出控制和减缓环境影响的对策和措施。风险评估考虑从源头、暴露途径到受体的连锁反应对环境和人类健康的多样化影响。其中暴露途径的研究是土壤风险评估的重点内容，蒸气入侵途径是近两年国内外研究热点。蒸气入侵是指气态污染物从地下污染源，包括受污染土壤和地下水，迁移进入空气的过程。我国污染场地风险评估技术起步较晚，主要通过借鉴发达国家的经验。在 2014 年环保部颁布的技术导则（HJ 25.3—2014）中，考虑了污染物扩散进入室内空气的暴露途径，并选用 J&E 模型作为土壤及地下水中污染物扩散进入室内空气中的计算模型，但该模型只适用于地下水位低于建筑物底板的场地。近年来国内研究人员开始研究J&E模型关键性输入参数的修正方法，但仍缺乏对国外蒸气入侵评估方法和模型的改良性研究。

此外，污染土壤生态风险评估方法也有所发展。污染土壤生态风险评估是指确定人类活动或不良事件对生态环境的危害或对生物个体、种群和生态系统的不良影响的可能性分析过程。土壤污染物常用的生态风险评价方法主要包括地质累积指数法和潜在生态风险指数法。目前，结合数据库建立、环数分析、异构体比值分析、聚类分析、国外分级标准评价法等方法，以重金属污染土壤的生态风险评估研究居多。有研究收集公开发表的数据建立环渤海地区土壤重金属数据库并进行整合分析，计算环渤海地区土壤重金属含量，评估重金属的富集程度，探讨重金属主要来源，预测其生态风险，为区域土壤重金属污染防控和治理提供了重要信息[14]。另有研究采用特征污染物分析、环数分析、异构体比值分析及聚类分析等方法解析污染来源，运用荷兰分级标准评价法进行生态安全评价[15]。还有研究采用单因子指数法、内梅罗指数法、地质累积指数法、潜在生态危害指数法对农田表层土壤中重金属元素进行污染及生态风险评价[16]。

环境损害鉴定评估是指评估机构按照特定的程序和方法，综合运用科学技术和专业知识评估污染环境或破坏生态行为所致环境损害的范围和程度，判定污染环境或破坏生态行为与环境损害间的因果关系，确定生态环境恢复至基线状态并补偿期间损害的恢复措施，量化环境损害数额的过程。其中因果关系判定是环境损害鉴定评估的关键环节。为了应对我国日益增加的土壤、地下水环境损害事件和诉讼需求，近年开展了大量土壤与地下水环境损害因果关系判定技术方法研究。环境损害因果关系判定主要通过构建污染源到受体的途径，确定污染源与损害之间的关联性。基于该原则，结合土壤地下水调查评估实践，构建土壤和地下水环境损害鉴定评估过程中因果关系判定的技术框架，包括源和受体中污染物的同源性分析、污染物在污染源与受体之间传输载体和介质的识别、传输污染物的载体的运动方向和污染物浓度梯度方向的确定、污染物在源和受体之间迁移途径的连续性和完整性分析四个步骤。其中，同源性分析多借助指纹图谱、多元统计、同位素等方法进行，载体和介质识别主要基于地质和水文地质调查、污染调查等手段，载体和污染物迁移方向判断以及迁移途径连续性和完整性分析则通过空间模拟等技术实现。

地下水污染风险评价方法研究方面，主要开展了以下研究：将可拓学与联系云理论耦合，提出能够描述评价指标在分类等级间转换态势的联系云可拓模型[17]；考虑边界条件不确定性对地下水污染质运移数值模拟模型输出结果的影响，建立地下水污染质运移数值模拟模型的克里格替代模型，可提高污染物浓度预报结果进而分析地下水污染风险等级[18]；利用GIS平台进行构图表征，对相加法、矩阵法和计算法三种地下水污染风险的叠加方法进行对比，得出了最优地下水污染风险方法[19]；针对地下水DNAPLs污染运用灵敏度分析法筛选对模型输出结果影响较大的参数作为随机变量，运用克里格方法建立多相流模拟模型的替代模型，完成蒙特卡洛随机模拟，进行地下水污染风险评价[20]；在研究渗滤液致病性病毒对填埋场隔离距离的影响中，提出了基于系统健康风险目标的建模方法，构建污染物泄漏—迁移—降解的解析模型[21]。此外，还针对不同特殊区开展地下水健康风险研究，如通过铁矿周边地下水金属元素的测定分析，运用多元统计方法和健康风险评价模型研究地下水金属元素的分布特征及其引起的健康风险[22]，在癌病高发村庄研究居民饮水中硝酸盐氮的暴露健康风险[23]。

2.2.3 土壤与地下水污染模拟方法

2.2.3.1 土壤污染模拟方法研究进展

近年来，土壤污染模拟研究主要集中在模拟土壤中污染物组分的运移量，污染物运移过程中的运动状态与其脱附的关系，土壤中重金属来源模拟预测及土壤中重金属含量识别模拟等。目前，土壤水盐运移主要采用 HYDRUS 一维、二维、三维进行模拟；有研究利用 HYDRUS 模型分析了常德市典型浅层土壤硝态氮浓度的变化[24]，预测不同施肥、灌溉强度情景下成都平原城郊蔬菜种植区土壤水—硝酸盐运移动态规律[25]；此外还有研究采用 HYDRUS 模型模拟铬、全氟化合物在土壤中的迁移转化、富集规律[26]。在模型方法优化方面，采用控制变量法，并以敏感性指数作为量化指标，研究不同分析参数对 HYDRUS 模型模拟结果的影响[27]。此外，有学者提出了分布式运移模型估算大夏河流域的重金属运移量，应用 GIS 技术采用网格法对大夏河流域及其子流域进行分维数提取并修正，从而实现流域大尺度范围的土壤重金属运移估算[28]。另有学者通过希尔伯特黄变换，对土壤铅污染光谱进行频率域分析，实现土壤铅污染光谱鉴别，建立土壤铅含量预测模型[29]；有研究运用统计学方法、地累计指数和潜在风险指数对研究区土壤重金属污染程度和生态风险态势进行评价，采用正矩阵分解模型解析重金属污染源[30]；针对土壤中石油烃污染的脱附，采用计算模拟方法对污染土壤颗粒的运动状态与脱附关系进行了研究，设计了一种管式涡流结构以期实现颗粒的螺旋运动，实现了土壤颗粒中石油烃污染物的强化脱附[31]；以位于太行山低山丘陵区的中国科学院太行山生态试验站冬小麦—夏玉米轮作农田为研究对象，应用根区水质模型对太行山低山丘陵区冬小麦—夏玉米的土壤剖面水分和硝态氮运移进行模拟[32]。

2.2.3.2 地下水污染模拟方法研究进展

近年来，地下水污染模拟研究主要集中在模拟地下水溶质组分的运移规律，地下水运移过程中所发生的溶解、沉淀、吸附、解吸、氧化还原、生物降解反应，地下水农业与城市面源污染模拟预测等。如以我国某造纸厂场地为例，建立了溶质在包气带和含水层中运移的数值模型，评估场地地下水污染风险的研究[33]；利用 PHREEQC 模拟软件进行水质混合模拟和水质预测研究，并根据研究结果预测北京水源四厂的回灌条件[34]；结合溶质运移软件 MT3DMS 和 ArcGIS 技术的农业硝酸盐面源污染及预测研究[35]；研究填埋场渗滤液渗漏条件下监测井—含水层系统中污染物迁移分布控制方程[36]；建立地下水 DNAPLs 污染多相流数值模拟模型分析水文地质参数不确定性对地下水 DNAPLs 污染多相流模型输出结果的影响[37]；在地下水 DNAPLs 污染修复多相流模拟以及煤矸石堆区域硫酸根离子模拟中应用克里格法、支持向量回归法、核极限学习机法建立多相流模拟模型的替代模型，应用集对分析法建立组合替代模型，进行地下水污染随机模拟[38, 39]。

2.2.3.3　污染物的室内模拟与系统方法研究进展

早期制订控制污染排放指标大多是综合指标，如 BOD、COD、总氮、总磷和重金属含量等。工业废水和城市污水经过处理后，虽然 BOD、COD、总氮、总磷能够得到一定程度的削减，但是生物处理过程对难降解污染物的处理效果十分有限，由于不可能做到 100% 去除，剩余的 COD 物质往往是难降解和具有慢性毒性的物质，组成十分复杂。对纳污水体生态毒理研究表明，某些有毒物质即使在极低浓度下，也可能对环境系统、动物、植物和人体健康造成严重的甚至不可逆的影响，而痕量有毒有机污染物对 TOC 贡献极小，但危害却极大，有潜在的生态和健康危害。因此，仅靠仪器分析的方法难以评估排放污染物对纳污水体的生态与健康影响，需要建立污染物室内模拟的方法和模型。个体及以下水平采用污染物室内模拟的研究方法，具体采用一些毒理学试验方法；在种群、群落乃至整个生态系统水平上采用微宇宙毒性试验和模拟生态系统的方法。

2.2.4　污染监控预警方法

2.2.4.1　土壤污染监控预警方法

构建土壤环境监测预警体系，提高土壤环境的应急处理能力。土壤环境风险评估与预警平台的构建是一项系统工程，我国目前在土壤环境风险评估与预警领域相关政策措施的制定、制度体系的构建以及基础研究的开展还较欠缺。目前土壤污染监测预警体系正在引入先进的技术，高科技设备仪器，利用网络资源与各类监测手段，构建自动监测及数据系统[40]。依据我国土壤环境管理工作现状及研究成果，有学者拟构建我国土壤环境风险评估与预警机制的技术路线，综合我国已有的土壤环境质量普查、背景值调查等研究成果，考虑生态环境动态演变趋势，从多目标分析和土壤环境风险评价方法的基础出发，构建适合我国的土壤环境风险评估和预警机制，其主要的实施途径为：逐步形成“基础调查—质量监测—风险评估—预测预警”体系，并通过“时间—预警—空间”三个维度构建土壤环境风险预测成果，建议将其重点用于农用地、建设用地和污染场地的污染土壤预警，并建议在长江三角洲、珠江三角洲和东北老工业基地开展示范[41]。

2.2.4.2　地下水污染监控预警方法

地下水污染预警是区域地下水资源保护的重要手段，是对一段时间内地下水水质的变化趋势进行预测、判断，在此基础上进行污染预警，在地下水进一步恶化之前给予有效、及时的警告，帮助决策者和管理者制定地下水保护的管理战略方针，实现地下水资源的可持续利用。

我国地下水污染风险预警方法起步比较晚，目前的研究主要集中在地下水污染监控方法、预警体系构建及指标确定方面。地下水污染监控方法，按照地下水“风险源—污染途径—受体”的污染过程，包括渗漏监控技术方法和水质监测技术方法，目前以地下水水质监测技术方法研究为主[42]。渗漏监控技术最初用于供水管网渗漏监控，随着技术的成熟，国内近年开始将其运用于地下水污染监控工程实践中。有学者为了查明大辛河渗漏段地下水的补给方向、径流速度等，在大辛河主要渗漏段开展了地下水示踪试验，对后期管理部门合理规划补源、开采布局具有重要的借鉴意义[43]。另有学者在国内外已有的监控预警方法的基础上，通过优化整合，设计了一套适用于垃圾填埋场地下水污染的监测预警方法，并在实际场地对该套方法进行验证与工程示范，实现了地下水污染的实时、快速监控预警[44]。

在预警体系构建及指标确定方面，有研究总结了国内外关于地下水污染预警指标体系的构建方法，将其分为定义分析法、过程分析法、层次分析法和综合方法四大类[45]；有研究者利用 Visual Modflow 和 Hydrus-1D 分别对大凌河集中式饮用水水源地包气带与饱和带过程进行模拟，制定了不同复杂程度的承压层与潜层预警临界值[46]；另有研究者通过采样调查分析氨氮、TOC、硝酸盐氮、氯离子、电导率在研究区域填埋场周边浅层地下水中的分布，探究污染物在浅层地下水中的迁移特性，通过相关性分析确定电导率与污染物之间的相关性，确定电导率在线监测预警指标等[47]。

2.2.5 污染生态机理指示方法

实际环境中污染物及其代谢产物含量低、相互混合、体系复杂，生态毒理学诊断能够综合反映环境污染的整体毒害效应，并为生态系统健康评价提供可接受毒性终点，因此，检测污染物及其代谢产物的毒性效应必须依靠生态毒理学方法与模型。用生态毒理学方法对土壤生态系统污染做出诊断和评价，称为污染生态毒理诊断。土壤中动物和微生物是生态系统的重要组成成分，土壤又是植物生长的物质基础，因此土壤污染可以由土壤生态系统中不同营养级的敏感指示生物评价。土壤植物、微生物、原生动物、无脊椎、脊椎动物等是指示土壤与地下水污染的理想指示生物。

传统的生态毒理诊断多注重单一污染物的极端端点和直接效应的毒性测试，如致死和半致死效应等，这些指标对污染物的评价和筛选曾起到了重要作用，但现实水体的污染状况往往是低浓度多种污染物共存的复杂体系，且传统的毒理学分析方法缺乏科学的早期预警日益明显，尤其是随着对环境中持久性有毒有机污染物和内分泌干扰类物质生态学效应的揭示，接近于真实环境的污染物低剂量长期暴露问题近年来备受关注。对污染物的这种低剂量长期暴露，运用传统的生态毒理学分析方法难以解决新出现的环境污染物引发的生态毒理学效应问题。因此，生态毒理学研究迫切需要寻找能反映污染物作用本质，并能对污染物早期影响进行预警的指标。近年来，细胞或分子水平上的生物标志物作为污染物暴露和毒性效应的早期预警指标受到广泛关注，并成为国内外生态毒理学研究的热点之一。由于其具有特异性、预警性和广泛性等特点，并已在水和土壤环境生态风险评价中应用日益广泛。国际毒理界对引起生物系统损伤的估算，包括污染物暴露、敏感性等生物标志物研究极为重视，我国国家自然科学基金委已把生物标志物作为环境化学鼓励的研究领域。

细胞与分子生物学理论与技术的发展赋予污染生态研究新的手段与方法，从而促进污染生态化学研究从组织和器官水平向细胞和分子水平的发展，为低浓度复合污染建立新的毒理学终点提供了可能；也为其致毒机制如机体损伤作用和致病过程的分子机制等的阐述提供了取得重要突破的手段。现代分子生物学实验技术包括 DNA 损伤、DNA 分子多态性、各种 PCR 技术、基因芯片技术以及基因组和蛋白质组学技术的发展和成熟为土壤与地下水学科发展中污染生态机制研究手段的创新提供了广阔的应用前景。

3. 2018—2019 土壤与地下水学科技术研究进展

3.1 土壤与地下水污染检测技术

3.1.1 土壤污染检测技术

3.1.1.1 土壤重金属污染检测技术

土壤重金属污染检测技术的发展对于土壤重金属污染的防治与监控具有重要意义。土壤重金属检测技术主要包括原子荧光光谱法（AFS）、质谱技术、荧光分析法等，近几年还发展了电感耦合等离子体质谱法、波长色散 X 射线荧光光谱法、生物传感器法、电化学分析法、酶抑制检测技术、太赫兹光谱检测技术等。

AFS 检测方法是原子荧光光谱法，荧光光谱法和其他技术的总称。综合了原子吸收以及原子发射光谱的优点，是一项较为先进的痕量分析技术，仪器结构简单，灵敏度较高、对气相干扰很少、分析多元素速度较快，被广泛用于土壤中汞、砷、硒等污染物的痕量检测。该方法的缺点是某些元素对酸度要求较为苛刻、鉴定元素相对较少以及应用范围狭隘等。有研究利用电感耦合等离子体质谱法测定农田区土壤中铜、铅、锌、镉、铬、镍等重金属含量，不同重金属元素的质量浓度在一定范围内与其对应的信号强度呈线性关系[48]。有研究建立了波长色散 X 射线荧光光谱法，测定土壤样品中铬、铅、锌、铜、钴、镍、锰、钒等重金属元素含量的检测方法，可用于土壤重金属元素的快速测定[49]。生物传感法是通过应用综合金属离子和在电极材料中固定的特异性蛋白，改变蛋白质结构，基于对灵敏电容信号传感器进行利用的前提，检测重金属的含量。

3.1.1.2 有机污染检测技术

近年来，在有机污染检测技术方面，发展了 TG 土壤热分析法、DB-5MS 色谱法、离子监测质谱法、加速溶剂萃取（ASE）与气相色谱串联质谱检测技术等。

TG 土壤检测方法是一种测量物质和温度关系的一种热分析技术，具有操作简单、准确性高、快速灵感的优点。特别是对土壤中有机液体污染物的检测有着巨大优势。TG 土壤检测方法通过检测化学转化过程，有利于分析污染性气体的形成，对防止和控制转化具有指导意义。近年，还发展了多种有机物的联和检测技术，如以正己烷—乙酸乙酯混合液进行萃取，在气相色谱分离中用 DB-5MS 色谱柱为固定相，在质谱分析中采用选择离子监测模式，测定有机污染物[50]；采用加速溶剂萃取仪（ASE）对土壤样品进行萃取，并通过串联质谱的 T-SRM 方式测定土壤中半挥发性有机污染物含量[51]。

3.1.1.3　土壤污染的快速检测技术

土壤重污染物的快速监测技术对于土壤污染的有效筛查与监控具有重要意义。近年来，国内外发展了激光诱导击穿光谱法、X 射线荧光光谱法、酶抑制法、免疫分析法、生物传感器等新的分析方法来检测土壤重金属污染物。有学者以 X 射线荧光光谱法（XRF）为例，利用 Cite Space 进行知识图谱可视化分析，并在此基础上对国际土壤重金属快速监测进行研究。有研究使用 XRF 对标准土壤物质中 As、Ni、Zn、Cu、Pb、Cr 进行检测，满足检测标准的要求[52]。针对 XRF 法对土壤 Cd 元素的快速检测困难的问题，有研究使用高精度便携式 X 射线荧光光谱仪（HDXRF）测定实际农田土壤样品，测定结果接近实验室 ICP-AES 的测定结果，HDXRF 法是一种有效快速检测农田土壤中 Cu、Zn、Pb、Cd 和 As 的定量分析方法，并且可有效测定土壤中的全量 Cd[53]。目前，土壤重金属污染快速监测的研究趋势主要集中于监测仪器的小型化智能化研发、农田土壤重金属快速监测、区域土壤重金属空间分布监测等方面[54]。挥发性有机物（VOCs）是印染、化工、制药等企业遗留污染场地的特征污染物，针对 VOCs 的现场快速检测常用仪器有光离子化检测器和火焰离子化检测器[55]。

3.1.2　地下水污染检测技术

3.1.2.1　原子吸收光谱技术

原子吸收光谱法又称分光光度法，主要是根据物质的原子蒸气来对同种原子发射的特征辐射吸收作用展开分析，从而确定水质中重金属含量，在分析过程中，通常需要将从待测地下水水环境中取得适量的水作为水样，再用锐线光源对水样进行照射，溶液中被雾化、原子化的原子蒸气层则在一定程度上会吸收锐线光源，由于不同金属元素的特征辐射不同，因此在锐线光源通过原子蒸气层后，最终得到的光强也会不同，由此就可以确定水样的吸光度，并根据吸光度与物质浓度间的关系来准确计算出被测元素的含量[56]。

3.1.2.2　离子色谱法

相比传统方式，此方法具有较短的平衡性、选择优势突出、操作所需设备简易，操作较为便捷。该方法将地下水中阴、阳离子的测定技术大幅度提升，离子色谱是在液相色谱技术基础上发展起来的，通过离子之间的交换原理，通过检测技术，以确保地下水质检测效率。例如在对地下水中有机污染物的测定时，其能够对高氯酸根进行有效分析，离子色谱有三种形式，离子交换色谱，离子排斥色谱和离子对色谱。离子色谱仪灵敏度高，且只需要极少量的盐作为淋洗液，可避免苯酚、浓氨水、丙酮等多种有害物质的使用，在检测过程不宜造成污染，实验条件比较清洁，从环保角度看，其更加符合要求。离子交换树脂耐酸碱，可在很广的 pH 范围内使用，易再生处理、使用寿命长。

3.1.2.3　气相色谱法

现在国内外对于地下水中有机化合物的检测主要使用色谱法进行。此方法主要是通过检测不同溶质有别于检测样本中分配力、离子交换等作用力的固定相和流动相。此方式既可以作为气体检测法、也可以作为液体检测法，主要是根据不同的流动相进行命名，常分为气相色谱法、液相色谱法，此方法的检测具有灵敏性能好、检测准确性高、检测速率快、效率好等特性[57]。特别是对地下水中污染物如：有机氯农药（六六六、滴滴涕、六氯苯、七氯、百菌清）、挥发性有机物、有机磷等具有很好的检出效果。在检测地下水时，不同溶质可呈分离状，检测其含量便可确定水质情况。

3.1.2.4　质谱法

将化合物形成离子和碎片离子，按其质荷比（*m*/*z*）的不同依次进行分离检测的方法。它能提供大量未知化合物的结构信息，可用于未知化合物的结构鉴定。近年来发展的联用技术将各种色谱技术与质谱在线联用，最常用的像GC–MS，LC–MS，CE–MS等，可进行复杂样品中组分的鉴别和定量，目前已发展成为复杂环境样品组分分析的最有效的手段。

质谱即表示分子离子和碎片离子依据质荷比（*m*/*z*）大小依次进行排列所组成的质量谱。质谱法可进行未知化合物结构定性、定量分析，特点是灵敏度高，特别是各种联用方法（GC–MS、LC–MS）用于各种POPs污染，包括农药、杀虫剂、PAHs、PCBs、PCDD/Fs、溴代物、PPCPs及其代谢产物等。

3.1.2.5　极谱法

在进行电极测试地下水水质时，可根据电流点位绘制一定变化的极化电极曲线图，此时若可以通过数学方式进行计算，便可确定一定浓度溶液的具体物质含量数值。此方法被提出后便被广泛应用，具有一定的检测优势。利用此方式可有效地检测出地下水水质中的Mo、V、Se、Cu、Pb、Cd、Zn、W、Te等物质，甚至可检测出一定的有机物质含量，具有较宽的检测范围，并可实现连续检测操作，检测结果可实现重现性、具有较高的准确性，因此对部分垃圾成分的检测具有较好的使用效果[58]。

3.1.2.6　三维荧光光谱法

三维荧光法是近20多年发展起来的一门新的荧光分析技术，这种技术能够获得激发波长与发射波长或其他变量同时变化时的荧光强度信息，将荧光强度表示为激发波长—发射波长或波长—时间、波长—相角两个变量的函数。三维荧光光谱分别被称作三维荧光光谱、激发—发射矩阵、总发光光谱、等高线谱等[59]。传统的荧光发射（激发）光谱只是在某一个激发（发射）波长下扫描，而事实上，荧光是激发波长和发射波长两者的函数，因此传统的荧光发射（或激发）光谱并不能完整地描述物质的荧光特征，一个化合物荧光信息完整的描述需要三维光谱才能实现。目前，三维荧光光谱分析可用于色谱分离困难的有机物如苯并［a］芘、苯并［e］芘、芴、苊、萘、蒽、菲以及荧蒽等PAHs的测定。

3.1.2.7　微生物监测法

微生物群落监测法在应用方面的时间较早，通过监测微型生物，例如细菌、原生动物以及藻类等在水环境当中的相对数量以及物种频率，将数学计算统计得到的分布指数作为对水污染程度进行评价的标准。在实际操作中，相关研究人员需将聚氨酯塑料块作为基质，对水体当中的微型生物进行采集，然后对微生物群落的相关参数予以统计分析，以此来对水质污染情况进行评价。目前，研究人员在对微生物群落监测法予以改进以及修正之后，指出了和化学监测参数紧密相关的四个生物学参数，即原生动物种数、植鞭毛虫百分比、多样性指数和异养性指数，以此形成了和我国生态环境相适应的微生物群落监测方式，并发展成为国内自行制订的生物监测标准。

3.1.2.8　生物行为反应监测技术

生物行为反应监测技术是利用水环境中所包含的微生物在受到外界污染的影响之后产生应急性的生理或行为变化的监测来实现对水环境的监测。近年来，由于自动化以及计算机技术的迅速发展，使得该技术对地下水环境进行在线监测，及时对水环境的污染做出预警。

3.1.2.9　物探方法

地球物理方法具有快速、成本低、大样本、信息连续、可实时动态监测地下水污染趋势的特点。近年来，随着电子技术和科学技术的发展，以及越来越先进的物探仪器的引进和研发，我国许多学者在借鉴国外先进技术和总结国外研究经验的基础上，在地下水污染监测方面展开了大量的探索与研究工作。采用探地雷达利用电磁波在地下传播时，其路径、强度、波形随波经过的地下介质的电性和几何形态变化而变化的特点，在层状模型的基础上建立了不同的污染模型[60]；采用地面高密度电阻率法，并以地质雷达对高密度电阻率法进行补充和验证，揭示出地下水受污染区内岩溶发育情况，为矿区地下水污染监测提供依据，增强钻探取水工作的效率和准确性[61]；采用瞬变电磁法对垃圾填埋场地下水污染进行检测，基于垃圾渗滤液中的特征离子将改变地下水和土壤污染区域的电学性质的原理，判断垃圾填埋场的填埋深度、范围以及污染边界等[62]。

3.2　土壤与地下水污染风险管控技术

3.2.1　土壤污染风险管控技术

土壤污染风险管控是指通过在土壤污染预防与治理全生命周期中，综合配套采用一系列减缓或控制土壤污染风险的管理制度和技术方法，以降低治理成本，达到污染场地治理与再利用的目的。有学者结合国内外对风险管控技术的划分，将土壤风险管控技术定义拓展为：通过在场地治理全生命周期中，综合配套采用一系列减缓或控制场地风险的技术方法和管理制度，降低场地治理的经济和环境成本，达到污染场地治理与再利用目的的统称，包括与土壤环境保护相关的政策法规完善、规范标准制定、资金保障、组织架构建立、源头预防、污染调查、工程和技术阻隔、治理与修复、监管体系和能力建设、绩效评估、目标考核、宣传推广等。其采用的技术方法主要包括适应性场地管理技术、高分辨率场地调查技术、工程控制技术、被动修复—减缓技术、制度控制、长期监测等。

制度控制是指采用非工程的措施，例如行政管理或者法律法规的控制来削减人类暴露于污染物中的风险以及确保污染场地治理的完整性。制度控制的措施通常与各类风险管控措施搭配进行[63]。2016 年 11 月发布的《污染地块土壤环境管理办法（征求意见稿）》提出“污染地块风险管控制度”，从制度层面上规定了风险管控的主要内容、相关管理措施等。有学者结合美国制度控制在污染地块风险管控中的应用认为要推动制度控制在我国的推广应用，应在国家层面制定相关的引导性文件，对制度控制的概念、应用条件和应用方式等进行规范[64]。

工程控制技术主要是利用工程措施将污染物封存在原地，限制污染物迁移，切断暴露途径，降低污染物的暴露风险，常见的工程控制技术包括围挡、表面覆盖系统、垂直阻隔技术、底部阻隔技术、水力控制、气体暴露控制等[65]。工程控制技术对复杂污染场地，特别是多种污染物复合污染的场地，具有很强的适应性，能同时对不同类型的污染物实施阻隔。对未来土地利用不紧迫的场地，工程控制技术可以作为场地污染风险控制策略；对需要修复的场地，工程控制技术可以作为风险控制策略的一部分，控制污染物迁移扩散，避免污染风险扩大[66]。

3.2.2 地下水污染风险管控技术

地下水污染的管控方法主要有：①确定污染性质和程度，进行地下水污染的初步现场评估，通过场地调查建立场地概念模型，涵盖污染源、迁移机理、暴露途径和受体、污染物特性等；②人类健康和环境风险评价，在地下水污染场地调查、评价的基础上，开展基于人体健康和生态环境风险的评价工作，确定地下水污染场地的风险，为场地风险管理提供依据，确定地下水污染场地是否修复、修复的目标值等关键问题；③评估风险管理和修复办法，在风险评价的基础上，提出地下水污染场地的风险管理策略，评价可选择的风险管理方法，选择、识别并评价合适的修复技术；④与利益相关者达成协议，修复技术方案确定后，需要与土地使用者达成协议；⑤实施修复行动，根据地下水污染场地控制与修复的实施方案开展修复工作；⑥运行、监控和维护，长期的监测和维护对于实现修复行动的目标至关重要，以保证修复正常运行[67]。

在对地下水污染扩散的控制中，地下阻截墙法是经济有效的方法。阻截墙通过阻隔切断污染扩散的途径，限制污染物迁移来达到污染控制的目的。有学者以水泥为主材料与少量膨润土和硅灰石粉混合组成了污染物阻截墙材料，对水体中重金属 Cr^{6+} 具有较好的阻截性能[68]。水动力阻截通过拦截水在土壤中的运移，降低污染物扩散速率达到控制地下水污染的目的。有学者发现底泥基质对入渗污水中主要通过对流作用向下迁移的污染物质有一定的阻截作用，水泥的潜入可提高底泥基质的拦截效果[69]。还有学者对地表污染物迁移至含水层、污染物在含水层中迁移过程，基于数值模型开展了地下水受污染风险、含水层内污染物迁移的风险评价研究，为场地地下水污染风险管控提供科技支撑[70]。有研究以济南市岩溶泉域为例对研究区济南岩溶含水层进行水文地质调查的基础上，从当地实际情况出发建立了适合济南岩溶含水层的地下水污染预警体系，为地下水污染风控提供了技术支持[71]。

3.3 土壤与地下水污染修复技术

3.3.1 土壤污染修复技术

2016年5月28日，《土壤污染防治行动计划》（土十条）发布，明确了当前和今后一个时期全国土壤污染防治工作的行动纲领。2017年2月，国土资源部、国家发展和改革委员会印发《全国土地整治规划（2016—2020年）》（国土资发〔2017〕2号），提出了“十三五”时期土地整治的目标任务：确保建成4亿亩高标准农田，力争建成6亿亩，全国基本农田整治率达到60%；补充耕地2000万亩，改造中低等耕地2亿亩左右；整理农村建设用地600万亩；改造开发600万亩城镇低效用地。2017年12月，全国人大二次会议审议了《中华人民共和国土壤污染防治法（草案）》，作为我国首部土壤污染防治相关法案，该法的出台完善了污染土地风险管控的法律体系，有力地推动了我国土壤污染防治技术的发展。

3.3.1.1 土壤物理化学修复技术研究进展

污染环境的物理修复过程主要利用污染物与环境之间各种物理特性的差异，达到将污染物从环境中去除、分离的目的；化学修复是通过化学修复剂与污染物发生氧化、还原、吸附、沉淀、聚合、络合等反应，使污染物从土壤中分离、降解、转化或稳定成低毒、无毒、无害等形式或形成沉淀。主要物理化学修复技术包括：土壤气相抽提、热解吸、固化/稳定化、物理/机械分离、玻璃化、淋洗技术、氧化—还原技术、光催化降解技术和电动力修复技术等。

（1）土壤气相抽提技术研究进展。土壤气相抽提也称“土壤通风”或“真空抽提”，是一种通过强制新鲜空气流经污染区域，将挥发性有机污染物或半挥发性有机污染物从不饱和区域土壤中解吸为空气流引至地面上处理的土壤原位修复技术。早期SVE主要用于汽油等非水相液体（NAPL）污染物的去除，目前也陆续应用于挥发性农药污染、有机污染物充分分散等不含NAPL的土壤体系。有研究利用热强化土壤气相抽提技术修复直链烷烃污染土壤[70]。

（2）土壤热处理技术研究进展。热解吸修复技术是利用热传导（热毯、热井或热墙等）或热辐射（无线电波加热）等实现对污染土壤的修复。热解吸技术与焚烧技术不同，焚烧处理温度高，直接破坏有机污染物，而热解吸技术只是加热土壤使有机污染物分离出来，有机污染物不直接受到破坏，热解吸技术处理温度比焚烧技术的温度低得多，处理费用也比焚烧技术低。采用热解吸方法修复汞污染土壤，在土壤中加入 $FeCl_3$ 降低土壤修复的热解吸温度和时间，研究热解吸修复汞污染土壤时 $FeCl_3$ 的最佳投加量、热解吸时间和热解吸温度，并且对实验条件进行优化[71]。以土壤中苯、氯苯和石油类为目标污染物，研究热脱附技术对受有机物污染较深土壤的原位修复处理效果[72]。

（3）固定稳定化技术。目前常用的固化/稳定化技术主要包括以下几种类型：水泥固化、石灰固化、化学药剂稳定化、熔融固化、塑性材料固化和自胶结固化，其中水泥固化工艺简单、成本低，是最常用的危险废物稳定剂。近年来，学者采用不同钝化剂进行重金属污染土壤修复试验的研究，这些钝化剂包括无机材料、有机材料、地质聚合物、环境矿物材料等。有学者将石灰和腐殖质石灰组合作为钝化剂对重金属污染土壤进行修复，重金属稳定效果好[73]。有学者采用牛骨粉原位钝化修复 Cd 污染土壤，研究牛骨粉对碱性和酸性 Cd 污染土壤钝化修复效应及土壤基本理化性质、肥力和酶活性的影响[74]。还有学者以我国南方生物质发电厂的灰渣为原料，经物理和化学改性制成重金属钝化剂，针对我国南方重金属 Cd 污染的土壤开展钝化修复研究，为钝化修复我国南方重金属污染农田提供一种可选方法[75]。也有研究对生物炭固定化微生物原位钝化修复铀、镉污染土壤技术进行研究，生物炭作为微生物载体，通过吸附固定方式复合制备的钝化剂在改善土壤性质、修复土壤重金属污染方面有着很大的潜在应用价值[76]。

（4）化学淋洗技术研究进展。化学淋洗修复是借助能促进土壤环境中污染物溶解或迁移的化学/生物化学溶剂，在重力作用下或通过水头压力推动淋洗液注入被污染的土层中，然后再把含有污染物的溶液从土壤中抽提出来，进行分离和污水处理的技术。近些年，学者以铬污染场地土壤为研究对象进行土壤化学淋洗技术研究，考察了不同淋洗剂对其中总铬和六价铬的淋洗去除效果，筛选出最佳淋洗剂[77]。

近些年关于此项技术的研究主要集中于化学淋洗剂的选择和与其他技术联合应用领域。有机污染土壤的化学淋洗多采用表面活性剂，有学者研究了 SDBS、SDS、Tween-80、鼠李糖脂、沙凡婷、槐糖脂等对有机污染物的淋洗效果。有研究利用有机化合物乙二胺四乙酸淋洗降低土壤重金属残留量，淋洗后结合纳米羟基磷灰石进行钝化处理[78]。有研究将化学淋洗与超声波技术结合，以柠檬酸和皂角苷作为淋洗剂，比较传统振荡、超声强化以及超声波加振荡不同作用方式对土壤中重金属的去除效果[79]。

有研究以乙二胺四乙酸二钠、柠檬酸和三氯化铁为化学淋洗剂，采用振荡淋洗法研究淋洗时间与淋洗剂浓度对重金属的去除效果影响[80]。另有采用植物仿生与化学淋洗联合修复技术对重金属污染工业场地进行修复，通过改变土壤重金属存在形态增加植物仿生修复技术的效率，提高修复效果[81]。有学者针对石油烃污染的土壤电子受体缺乏，功能微生物活性低，电子传递效率低，不利于生物修复技术的应用的现状，提出了土壤微生物燃料电池，通过加入表面活性剂，提高土壤中老化石油烃的生物有效性[82]。

（5）电动学修复技术研究进展。电化学动力修复技术是利用土壤和污染物电动力学性质对环境进行修复的新兴技术。电动力修复技术既克服传统技术严重影响土壤的结构和地下所处生态环境的缺点，又可以克服现场生物修复过程非常缓慢、效率低的缺点，而且该技术安装和运行简单，成本较低，许多国家已逐渐将该技术作为一种主流环境技术项目。①阳离子选择性膜法阳离子选择性膜法（cation-selective membrane）目前处于实验室研究阶段，在电动力学处理受污染的土壤的过程中，阴极和土壤之间靠近阴极的地方设一层阳离子选择性膜。在电渗析流、电迁移和电泳的作用下向阴极迁移的阳离子可以通过这层选择性膜，而阴极电解产生的 OH^- 则不能通过，OH^- 与进入膜的 H^+ 反应生成水，使阴极附近土壤的 pH 值下降，避免了金属离子在碱性环境中生成不溶物。但该方法应用于现场还需进一步的研究。②阳极陶土外罩法阳极陶土外罩法（ceramic casings）研究了非饱和性土壤中重金属污染的去除。在非饱和性土壤中，电动力学修复的效率与土壤的含水率有关，随着水的电解进行，阳极附近土壤含水率下降，从而土壤导电性降低而使通过的电流下降。为了保持一定的电流强度，可通过阳极上的陶土外罩向土壤加水。该方法目前已开始应用于现场修复，但在实际操作中要考虑加水量的问题，加水过多会使污染物渗入更深的土层中。③ Lasagna 技术该技术已经应用在美国肯塔基州的 Paducah 现场。Lasagna 的本意是烤宽面条，该技术的设施是由几个平行的渗透反应区组成，类似于烤宽面条。在渗透反应区中加入了吸附剂、接触反应剂、缓冲液和氧化剂、外加电场使污染物质迁移到渗透反应区中进行物理化学处理。该技术通过电极井在阳极注入水，在外加电场的作用下污染物随水流迁移到阴极附近并抽出进行处理。该技术的水平形式适用于深层密实土的污染，而垂直形式适用于浅层（15m 内）污染和不太密实的土壤。④电动力学生物修复法电动力学生物修复法（electrokinetic bioremediation）原理是通过特殊的生物电技术向土壤土著微生物加入营养物质（主要是硝酸盐类），由于微生物对外界供给的电化学能量有接受的本性，添加的营养物能有效地增加微生物群体活性，促进其生长、繁殖，提高对污染物的降解能力。其反应过程是将营养物加入电极井，外加电场使之分散进入土壤中被微生物利用。电动力学生物修复法的优点是不需要外加微生物群体，但污染物浓度过高会毒害微生物甚至引起死亡，另外，修复时间较长。

（6）其他修复技术。目前，利用生物炭的吸附能力修复土壤污染正受到广泛关注。生物炭指生物质（如木头、秸秆、粪便、树叶等）在限氧或无氧的密闭环境中得到的一种难熔的、稳定的、高度芳香化的固态产物[83, 84]。由于生物炭具有高比表面积、高度芳香性、发达的孔隙结构及丰富的含氧官能团等特点，对菲、多环芳烃和邻苯二甲酸二乙酯等有机污染物有较强的吸附能力[85-88]。有研究将不同温度下制备的木屑和麦秸生物炭应用于石油污染土壤中多环芳烃的去除效果研究[89]。

3.3.1.2　土壤生物修复技术

生物修复利用生物（包括植物、微生物和原生动物）的代谢功能，吸收、转化、清除或降解环境污染物，实现环境净化、生态恢复。从参与修复过程的生物类型来划分，生物修复包括微生物修复、植物修复、动物修复和联合修复等类型。

目前，微生物修复研究工作主要体现在筛选和驯化特异性高效降解微生物菌株，强化功能微生物性能及关键影响因子的调控等方面。对具有降解能力的土著微生物特性进行强化研究，一直是环境生物修复领域的研究重点，以提供氧气或其他电子受体强化微生物的修复效率和速率为主要目标。固定化微生物具有富集浓度高、活性较高、生物稳定性较好、环境的耐受性较强、可以长时间保存等优势，生物碳是一种新型的微生物固定化载体，经生物炭固定的微生物可以有效降低土壤中可提取态重金属，钝化效果显著。微生物修复有机污染物的研究已进入基因水平，通过基因重组、构建基因工程菌来提高微生物降解有机污染物的能力。

植物修复技术目前主要应用于重金属污染土壤的修复，利用对重金属有富集特征的植物来吸收或者吸附积累重金属。一些真菌能促进植物对重金属有效吸收，保证植物吸收能力的提升。在植物修复领域研究工作中，引入微生物制剂，真菌浸染效率更高，将保证真菌和植物根系的结合，保证修复效率的提升[90]。

我国工业门类齐全，生产历史较长，污染场地土壤中的污染物往往是以复合形式存在，加上土壤环境比较复杂，单独使用物理、化学、植物和微生物等方法修复有时很难达到预期效果。如何将各种修复技术结合使用是目前科学研究和修复技术应用研究的热点之一。在植物—微生物复合系统中，一方面，植物释放的大量根系分泌物为根际微生物提供了大量的营养和能量物质，极大地促进了根际微生物的活性，另一方面根系分泌物组成的改变也将对根际微生物的活性和生态分布产生重要影响。将电动力技术与植物修复技术联合，可以有效活化土壤重金属、增强植物对重金属的富集与转运，提高植物修复效率；将内生菌与超积累植物联合，可以促进植物生长、提高其重金属抗性，改变重金属的形态和迁移率，提高植物修复的效率[91-93]。

（1）微生物修复。原位生物修复主要集中在亚表层土壤的生态条件优化，尤其是通过调节加入无机营养或可能限制其反应速率的氧气（或诸如过氧化氢等电子受体的供给），以促进土著微生物或外加的特异微生物对污染物质进行最大程度的生物降解。当挖取污染土壤不可能时或泥浆生物反应器的费用太昂贵时，宜采用原位生物修复方法，如土耕法、投菌法、生物培养法、生物通气法等。土耕法要求现场土质必须有足够的渗透性以及存在大量具有降解能力的微生物。该法操作简单、费用低、环境影响小、效果显著，缺点是污染物可能从土壤迁移，且处理时间较长。投菌法的核心是引入新的具有某些特殊功能的微生物，一般在现有微生物不能降解污染物或降解能力低的情况下考虑此法。生物培养法是要定期地向污染环境中投加 H_2O_2 和营养，以满足污染环境中已经存在的降解菌的需要。研究表明，通过提高受污染土壤中土著微生物的活力比采用外源微生物的方法更有效。对生物通气法，大部分低沸点、易挥发的有机物可直接随空气抽出，而那些高沸点的重组分在微生物的作用下被彻底矿化为二氧化碳和水。其显著优点是应用范围广，操作费用低；

缺点是操作时间长。异位生物修复指将被污染土壤搬运和输送到他处进行生物修复处理，主要有土地耕作法、堆肥法、厌氧处理法、生物反应器法。土地耕作法费用极低，应用范围较广，但在土地资源紧张的地区此法受到限制，也容易导致挥发性有机物进入大气中，造成空气污染，且难降解的物质会积累其中，增加土壤毒性。堆肥法对去除含高浓度不稳定固体的有机复合物是最有效的，处理时间较短。对三硝基甲苯、多氯联苯等好氧处理不理想的污染物可用厌氧处理，效果较好。由于厌氧条件难以控制，且易产生中间代谢污染物等，其应用比好氧处理少。生物反应器内微生物降解的条件容易满足与控制，因此其处理速度与效果优于其他处理方法，但大多数的生物反应器结构复杂，成本较高。目前，用于有机污染土壤生物修复的微生物主要有土著微生物、外来微生物和基因工程菌三大类，已应用于地下储油罐污染地、原油污染海湾、石油泄漏污染地及其废弃物堆置场、含氯溶剂、苯、菲等多种有机污染土壤的生物修复。

近几年，土壤微生物修复技术研究在微生物的驯化和微生物与其他技术联合使用方面取得进展。有研究采用随机区组设计，分别对添加不同量的青霉菌和生物炭的砷污染土壤进行培养，通过测定土壤中的不同价态砷和总砷含量，探究了青霉菌与生物碳复合修复对砷污染土壤中有效砷的钝化率及土壤中砷的价态转化的影响，青霉菌与生物碳复合修复可以降低有效砷的含量，并使砷污染土壤中的微生物环境有所改善，提高对砷污染土壤修复性能[94]。有研究采用温室盆栽试验方法对比研究了根瘤菌对紫花苜蓿富集土壤中钼的强化作用，钼污染下根瘤菌促进了紫花苜蓿的生长及其钼富集能力[95]。有研究从焦化废水厂的活性污泥中采用“邻苯二酚—石油烃”双底物驯化获得石油烃的专性降解菌系，在最佳环境条件下研究其对石油污染土壤的修复性能[96]。

（2）植物修复。重金属污染土壤的植物修复技术可分为植物固定、植物挥发、植物吸收、植物降解、根际生物降解修复五种类型。①植物固定。利用植物降低重金属的生物可利用性或毒性，减少其在土体中通过淋滤进入地下水或通过其他途径进一步扩散。根分泌的有机物质在土壤中金属离子的可溶性与有效性方面扮演着重要角色。根分泌物与金属形成稳定的金属螯合物可降低或提高金属离子的活性。根系分泌的黏胶状物质与金属离子竞争性结合，使其在植物根外沉淀下来，同时也影响其在土壤中的迁移性。但是，植物固定可能是植物对重金属毒害抗性的一种表现，并未去除土壤中的重金属，环境条件的改变仍可使它的生物有效性发生变化。②植物挥发。植物将吸收到体内的污染物转化为气态物质，释放到大气环境中。植物挥发只适用于具有挥发性的金属污染物，应用范围较小。此外，将污染物转移到大气环境中对人类和生物有一定的风险，因此其应用受到一定程度的限制。③植物提取。利用能超量积累金属的植物吸收环境中的金属离子，将它们输送并贮存在植物体的地上部分，这是当前研究较多且认为是最有发展前景的修复方法。能用于植物修复的植物应具有以下几个特性：对低浓度污染物具有较高的积累速率；体内具有积累高浓度污染物的能力；能同时积累几种金属；具有生长快与生物量大的特点；抗虫抗病能力强。但植物吸收后其叶上部分脱落又回到地面进入土壤可能造成二次污染。

近些年来，植物修复技术研究主要集中在对重金属的污染土壤的修复以及通过控制环境条件强化植物修复效果方面。有研究以花卉三角梅修复 Cd 和佳乐麝香污染土壤为研究对象，探讨大气 CO_2 浓度升高对该植物吸收 Cd 和佳乐麝香的影响，并通过检测植物根际各相关指标综合分析三角梅修复生态系统的整体功能，提出三角梅具有应用于大气 CO_2 浓度升高条件下修复 Cd 和佳乐麝香复合污染土壤的潜力[97]；研究不同草本植物间作对空心菜 Cd 吸收效果及污染土壤中 Cd 移除率的影响，采用盆栽试验结果显示高丹草、苏丹草、狼尾草间作不仅可以有效降低空心菜 Cd 含量，同时对污染土壤中 Cd 具有较高的移除率，在 Cd 污染农田土壤的间作修复中具有较好的应用价值[98]；研究者通过温室盆栽试验，研究构树生长对重金属污染土壤酶活性和微生物群落结构的影响[99]；开展了电动力强化植物修复土壤重金属的研究，电动力强化植物修复系统主要由外加电源、电极对、污染土壤及植物组成。在植物修复过程中，对修复区土壤施以外加电场，有效提高土壤可溶性重金属含量，并通过电动力作用驱动重金属向植物根部迁移，促进植物对重金属的吸收，根际微生物生长，间接增强植物修复效，提高植物修复效率[100]。有研究利用观赏植物对土壤中的重金属和有机物进行修复，并对其对重金属和有机物的积累能力和耐受性进行了评估[101]。

有机污染物被植物吸收后，可通过木质化作用使其在新的组织中贮藏，也可使污染物矿化或代谢为 H_2O 和 CO_2，还可通过植物挥发或转化成无毒性作用的中间代谢产物。植物释放的各种分泌物或酶类，促进了有机污染物的生物降解。植物根系可向土壤环境释放大量分泌物（糖类、醇类和酸类），其数量占植物年光合作用的 10% ~ 20%。同时，植物根系的腐解作用也向土壤中补充有机碳，这些作用均可加速根区中有机污染物的降解速度。植物还可向根区输送氧，使根区的好氧作用得以顺利进行。植物释放到环境中的酶类，如脱卤酶、过氧化物酶、漆酶及脱氢酶等，可降解 TNT、三氯乙烯、PAHs 和 PCB 等细菌难以降解的有机污染物。由于植物根系活动的参与，根际微生态系统的物理、化学与生物学性质明显不同于非根际土壤环境。根际中微生物数量明显高于非根际土壤，根际可加速许多农药、三氯乙烯和石油烃的降解。微生物对多环芳烃的降解常有两种方式：一是作为微生物生长过程中的唯一碳源和能源被降解；二是微生物把多环芳烃与其他有机质共代谢（共氧化）。一般情况下，微生物对多环芳烃的降解都要有 O_2 参与，产生加氧酶，使苯环分解。真菌主要产生单加氧酶，使多环芳烃羟基化，把一个氧原子加到苯环上形成环氧化物，接着水解生成反式二醇和酚类。细菌常产生双加氧酶，把两个氧原子加到苯环上形成过氧化物，然后生成顺式二醇，接着脱氢产生酚类。多环芳烃环的断开主要依靠加氧酶的作用，把氧原子加到 C—C 键上形成 C—O 键，再经加氢、脱水等作用使 C–C 键断开，达到开环的目的。对低分子量多环芳烃（萘、菲、蒽），在环境中能被一些微生物作为唯一碳源很快降解为 CO_2 和 H_2O。目前已分离到的有假单胞菌属、黄杆菌属、诺卡菌属、弧菌属和解环菌属等。由于环境中能降解高分子多环芳烃（四环以上）的菌类很少，难以被直接降解，常依靠共代谢作用。共代谢作用可提高微生物降解多环芳烃的效率，改变微生物碳源于能源的底物结构，扩大微生物对碳源的选择范围，从而达到降解的目的。

（3）联合修复。近年来，联合修复技术在多种植物联合修复和植物加生物炭联合修复方面取得一定进展。研究者选用玉米为供试植物，采用盆栽试验研究了接种丛枝菌根、真菌和添加不同粒径猪炭对多氯联苯污染土壤的联合修复效应及其对土壤微生物的影响，发现接种真菌的同时添加猪炭提高了土壤微生物种群的相对丰度，促进了土壤 PCBs 降解率[102]。有研究通过引入沼生植物香蒲构建植物微生物燃料电池系统（P-MFC）修复 Cr（Ⅵ）污染湿地土壤，考察植物、不同初始 Cr（Ⅵ）浓度对系统产电及去除效率的影响，发现香蒲种植能显著提高 P-MFC 运行性能，香蒲种植与低浓度 Cr（Ⅵ）暴露下阳极微生物群落多样性较大，微生物群落在 Cr（Ⅵ）去除上发挥了一定作用[103]。

3.3.2 地下水污染修复技术

污染地下水修复技术包括异位修复和原位修复两种。异位修复技术又称为抽出处理技术，是将受污染的地下水抽至地表再进行处理的一种技术。异位修复技术具有短期内处理量大、处理效率高的优点，但是成本较高，有拖尾、反弹效应，不利于长期应用。原位修复技术是在原位将受污染地下水修复的一种治理技术，具有修复效果彻底、处理污染物种类多、修复周期相对较短、成本相对较低等优势。

3.3.2.1 化学氧化还原技术

化学氧化还原指将化学氧化剂或还原剂通入地下含水层中，通过氧化还原作用去除饱和层土壤和地下水中的污染物。南京某化工污染场地修复工程中，针对土壤 / 地下水区域的 VOCs/SVOCs 有机污染，采用原位注入—高压旋喷注射氧化剂修复工艺，修复土壤 / 地下水中污染物，均达到了修复目标，修复效果显著，彻底解决了噪声、大气环境二次污染问题[107]。此外，原位注入—高压旋喷修复技术还被用于地下水中苯、氯苯、对 / 邻硝基氯化苯、苯胺、多环芳烃、石油烃等 VOCs/SVOCs 及重金属（六价铬）的修复。近年来地下水化学氧化技术还在氧化剂的比选方面取得了重要进展。研究人员对比了 Fenton 试剂、过硫酸钠、高锰酸钾及次氯酸钠多种常见氧化剂对某农药厂地下水中污染物的去除效果、地下水的 pH 和氧化还原电位（ORP）的变化的影响[108]。

化学还原主要用于修复地下水中对还原作用敏感的污染物，如铬酸盐、硝酸盐和一些氯代试剂。零价铁还原修复地下水的研究取得了重要进展，有研究采用绿茶提取液作为还原剂合成纳米零价铁镍双金属（GT-nZVI/Ni），用于去除地下水中的硝酸盐[109]。有研究采用沉积置换法制备了微米级的 Ni-Fe、Cu-Fe、Ag-Fe 双金属颗粒，用于降解地下水中的四氯化碳，在双金属体系中的降解途径为零价铁颗粒表面的直接还原及催化金属表面的催化加氢还原，以催化加氢还原为主，实现对四氯化碳的降解[110]。有学者以农业废弃物和零价铁（Fe^0）为基料，耦合生物、化学反应，开展具有物化—生境协同作用的缓释碳源材料的研发和性能研究[111]。另有学者通过添加由微米级零价铁（mZVI）生物碳源及营养组成的复合药剂，实现对地下水中 1，2- 二氯乙烷的去除[112]。有研究了不同浓度下几种阴离子（NO^{3-}、SO_4^{2-}、H_2PO^{4-}、SiO_3^{2-}）对球磨零价铁（BZVI）除砷规律的影响，探讨各阴离子对 BZVI 氧化 As（Ⅲ）能力的影响，三价砷及五价砷的转化机制以及 BZVI 腐蚀产物[113]。另外，也有研究利用原位修复，采用高压旋喷注射技术，将硫化物和矿物质组成的还原型药剂注入污染土壤中，还原 Cr^{6+} 为 Cr^{3+}，从而降低土壤中 Cr^{6+} 含量和毒性[114]。

3.3.2.2 地下水空气扰动修复技术

正常情况下，水体中的溶解氧主要来源于大气复氧和水生植物的光合作用，其中大气复氧是水体中溶解氧的主要来源。大气复氧是指空气中氧溶于水的气—液相传质过程，这一过程也可称为天然曝气。但是，单靠天然曝气作用，水体的自净过程非常缓慢，故需要采用人工曝气弥补天然曝气的不足。曝气 / 复氧修复技术就是通过人工方式向水体中充入空气或氧气，加速水体复氧过程，从而改善水体的水质。曝气 / 复氧修复的作用主要有以下几个方面：①消除水体黑臭现象；②改善水质；③恢复生态平衡，增大水体自净能力；④控制水体内源污染物的释放，尤其是氮、磷营养元素的释放。地下水中含量相对较多的四种氯代烃，即四氯化碳、三氯甲烷、三氯乙烯和四氯乙烯，对地下水安全和人类健康存在极大隐患。有研究用曝气吹脱技术快速去除地下水中的氯代烃污染物，并分析影响曝气吹脱去除氯代烃的主要影响因素，包括单位面积曝气量，氯代烃初始浓度和温度，探究氯代烃共存对去除率的影响，建立曝气吹脱去除氯代烃的数学模型，通过模型分别对气水比与氯代烷烃和氯代烯烃的去除效果进行预测[112]。

3.3.2.3 可渗透反应墙修复技术（PRB）

PRB 修复技术是一种被动式的地下水原位修复技术，其主要手段是在地下水径流断面上构筑含有活性反应填料的可渗透反应墙体，当含有目标去除污染物的地下水流经渗透式反应墙时，与其中填料发生吸附、反应等作用，最终从地下水中被去除。主要用于修复地下水中卤代烃、重金属等污染物。针对可渗透反应墙的反应介质的研究近年来取得了重要进展，PRB 反应介质分为吸附类介质、沉淀类介质、还原类介质、降解类介质与组合类介质。其中吸附类主要有沸石、黏土矿物、离石黄土、赤泥、草炭土、火山渣、无烟煤等；沉淀类介质由消石灰、石灰石、磷灰石组成，并应用于重金属离子的去除；还原类介质主要由零价铁（ZVI）、纳米铁、Fe（Ⅱ）矿物（黄铁矿、赤铁矿、菱铁矿）、零价铝等金属材料组成；降解类介质主要发挥着提供电子供体、碳源、好氧或厌氧环境、微生物载体四种作用，主要用于处理水中 BTEX、氯代烃、有机氯农药等有机污染物以及硝酸盐等氮素无机污染物；组合类是由两种或两种以上的介质材料按一定质量比进行混合的组合介质，该种组合介质有利于提高单一介质的去除率、渗透性并改善其长效性[116]。

目前研究的反应墙介质主要有零价铁、火山渣、磷灰石、秸秆堆肥腐殖土、细砂介质等。零价铁是近些年来研究最广泛的 PRB 活性介质，有研究使用羧甲基纤维素钠（CMC）

对纳米零价铁（nZVI）改性，并将铜（Cu）作为复合金属，制得改性纳米 Fe/Cu 双金属。同时采用模拟反应柱模拟可渗透反应墙（PRB）去除地下水中 2,4- 二氯苯酚（2,4-DCP）的反应过程[117]。羟基磷灰石作为活性物质，其溶解后可导致地下水中磷酸根离子浓度增大，磷酸根离子与某些重金属离子结合，形成颗粒沉淀，从而消除地下水中的重金属污染[118]。不同比例的秸秆堆肥腐殖土与细砂组成的介质可用于修复地下水硝酸盐污染，以秸秆堆肥腐殖土作为介质的 PRB 对硝酸盐具有很高的去除率，增加秸秆堆肥腐殖土所占比例，会提高 PRB 对硝酸盐的去除率[119]。还有一些技术协同微生物作用对石油烃污染地下水进行室内 PRB 修复过程模拟，并对稳定运行 200 天后的微生物菌落多样性进行了科学分析与讨论[120]。有学者选取蛭石、活性炭、固定化微生物为 PRB 反应介质，在不同填装方式及不同水力停留时间等条件下，考察 PRB 技术对硝酸盐和 Cd^{2+} 的同步去除效果。以蛭石 + 固定化微生物、活性炭 + 固定化微生物作为反应介质的 PRB 技术可以实现 NO^{3-}–N 和 Cd^{2+} 的同步去除[121]。此外，有学者通过动力学和动态柱实验对比，研究了不同挂膜方式的成熟滤料去除地下水中 As（Ⅲ）效能，并采用 FTIR 等表征手段对滤料形态和结构进行分析[122]。

3.3.2.4　生物修复技术

生物修复技术是通过微生物的吸收、吸附及转化降解功能而实现对污染土壤和地下水的修复。该技术是一种在饱和带利用土著或人工驯化的微生物降解污染物的原位修复方法，高效稳定的碳源和修复微生物的选择是制约该技术有效实施的关键。近年驯化的高效降解菌群可用于地下水中高氯酸盐、氯溶剂、氯苯、有机炸药、大多数农药、卤代烷和硝酸盐等的去除[123]。研究利用好氧微生物处理技术对铊污染地下水进行了修复研究，通过铊抗性或铊氧化细菌的共同作用实现铊的氧化与还原沉淀[124]。针对微生物修复地下水中四氯乙烯周期长的问题，通过添加共代谢基质，缩短微生物修复周期，强化微生物修复技术提高修复速率[125]。研究以纳米乳化油为碳源、市售反硝化菌剂接种微生物进行硝酸盐降解批实验研究，探讨产气及微生物增殖代谢的动态变化及特征，预估了产气及微生物增殖代谢造成的地下水含水层介质渗透性损失并识别了堵塞过程及主导因素[126]。此外，有研究通过测定石油污染场地地下水电子供体（苯系物、化学耗氧量）和电子受体 / 产物（DO 、NO_3^- 、Mn^{2+} 、Fe^{2+} 、SO_4^{2-} 和 HCO_3^-）等地球化学指标，发现地下水中硫酸盐、硝酸盐消耗严重，提出硫酸盐还原和反硝化作用可能有效提高场地修复管理[127]。

3.3.2.5　监测自然衰减（MNA）技术

监测自然衰减（MNA）依赖自然衰减作用，在同其他更有效的方法所用时间相比属合理的时间限定内，使特定地点达到修复目的。包括污染物的生物降解、扩散、稀释、吸附、挥发及化学或生物固定、转化等。这些作用在无人为干扰的可行条件下，能够降低土壤和地下水中的污染物的数量、毒性、迁移性、体积或浓度。监测自然衰减是国际上普遍认为具有很好应用前景的污染场地管理和修复方法，通过持续地对污染物的监测分析，对污染物的自然降解作用进行准确的评估和预测，结合污染物自然衰减特征，设计基于风险管控的污染综合防控方案，从而降低污染场地的修复成本。北京地区某加油站开展了石油类污染物自然衰减试验，对该污染土壤中石油污染物的降解速率和半衰期进行计算，并在此基础上对该加油站包气带土壤的自然衰减能力和环境质量进行了评价。还有研究利用质量通量法，计算地下水中 BTEX 和乙醇的自然衰减速率常数；结合非反应示踪剂溴离子，评价 BTEX 和乙醇自然衰减过程中吸附以及微生物的联合降解效应[128]。

3.3.2.6 其他地下水污染修复技术

地下水循环井技术是一种新型的原位修复受污染地下水技术。该技术将吹脱、空气注入、气相抽提、强化微生物修复和化学氧化等多种技术结合在井中，能够促进污染物的溶解、运移和降解，通过在井内曝气，使地下水形成循环，携带溶解在地下水中的挥发和半挥发性有机物进入内井，通过曝气吹脱去除[129]。一些学者采用地下水循环井技术去除砂土和地下水中甲基叔丁基醚并研究其衰减规律[130]。

此外，也有一些研究针对新材料和化学试剂等研究其对地下水污染修复的效果。有研究利用表面活性剂冲洗四氯乙烯，并基于图像分析技术监测不同污染源区结构条件下 NAPL 相的去除过程[131]。有研究以天然沸石颗粒、高锰酸钾、硫酸锰为原料，通过常温氧化还原沉淀法制备 MnO_2/沸石纳米复合材料，用于同时除去地下水中铁锰氨氮[132]。有研究通过 β-甘油磷酸钠修复含铀地下水，β-甘油磷酸钠作为碳源和磷源可降低沉积物中可交换态和碳酸盐结合态铀的比例，提高沉积物中铁锰氧化物结合态，有机结合态和残渣态铀的比例，促进 U（Ⅵ）的生物还原和矿化从而将铀原位固定[133]。另外，通过石墨烯等性质优异的吸附材料，吸附有机物和重金属等多种水污染物，在地下水修复工作中的应用前景在近几年也备受关注[134]。

3.4 土壤与地下水污染防治技术国内外研究比较

国内土壤与地下水污染防治起步于 21 世纪初，虽然技术研发进步明显，但是现有的技术措施比较粗放，在修复技术、装备及规模化应用上与欧美等先进国家相比还存在较大差距，特别是浅地下水埋深的土壤修复、含水层中 DNAPL 污染物的去除、高黏土含量污染土壤的修复是当前的难点。目前，国内自主研发的快速、原位修复技术与装备严重不足，缺少适合我国国情的实用修复技术与工程建设经验，缺乏规模化应用及产业化运作的管理技术。应尽快开展针对不同行业、污染类型、场地类别和利用方式的污染场地土壤及含水层的高效、实用、低成本修复工程技术与装备。在选择修复技术时，倡导根据污染物性质、土地的再利用方式、执行的难易程度和运行维护成本[135]。

欧美等发达国家在污染修复技术上，已从修复周期较短的物理修复、化学修复和物理化学修复发展为生物修复、植物修复和基于监测的自然修复；从单一的物理、化学、生物修复技术向多技术联合、集成的工程修复技术发展；从服务于重金属、农药或石油、持久性有机化合物单一污染向多种污染物复合或混合污染情景发展；从应用于单一小面积场地向特大复杂污染场地发展；从针对单环境介质向包含大气、水体、土壤多环境介质同时治理、综合治理发展。

在污染监测方面，许多发达国家已经开始对土壤和地下水进行长期监测。通过对不同用途的土壤和地下水质量进行监测，随时了解土壤和地下水特性的变化信息，评估治理措施是否有效。

与国际先进水平相比，我国在土壤及地下水污染防治的基础理论、核心技术、材料装备和管理决策等方面还处于明显滞后状态，基础研究原创性不足，技术与装备实用性不强，风险管控科技支撑薄弱，缺乏区域尺度的整体、系统的土壤及地下水污染防治设计与部署。研发我国具有独立自主知识产权的技术与装备，全面提升我国土壤及地下水污染防治的整体科技水平是我们面临的迫切任务。

3.4.1 土壤污染防治技术国内外研究比较

目前我国的土壤污染防治措施，可以分为治理修复和风险管控两种。治理修复措施主是通过物理、化学或生物的方法减少甚至完全去除土壤中污染物的含量或毒性等，另一个是风险管控措施，其可分为工程控制技术和制度控制技术。总体来说，我国对于关闭搬迁企业场址污染土壤，强调治理；对于在产工矿企业场址土壤，强调防控；对于农田土壤，强调利用。目前大部分土壤污染修复都是针对关闭搬迁企业的再开发利用，以治理修复措施为主，风险管控措施技术占比较小[136]。

土壤污染修复技术方面，国外主要集中于综合利用田间技术、植物修复、微生物修复、化学修复以及化学—生物联合修复等领域。如利用植物加速吸收或降解沉积物中污染物、利用丁烷氧化菌降解氯化脂肪烃有机污染物、利用铁粉修复多氯联苯和可溶性铅复合污染土壤、联合运用生物、物理和化学处理过程进行土壤污染物原位修复和模型拟合、开发厌氧条件下环境友好的生物表面活性剂等修复剂。开发多种耐重金属污染的草本植物，并将其推向商业化进程，建立超富集植物材料库。在修复的工程设备仪器上，已从基于固定式设备的离场修复发展为移动式设备的现场修复。目前，国外已经大量投入使用的污染修复技术主要包括：①去除污染源，把污染物清挖后换土；②隔离封闭，把污染物集中并用隔离膜封闭；③建筑隔离墙技术；④铺设隔离、保护层；⑤原位微生物技术；⑥气相抽提，抽出的气体经过活性炭吸附或者生物处理后达标排放。

另外，国外对污染嫌疑场地进行排查、筛选，建立污染场地专业数据库。提出了多种新型监测方法来监测土壤污染情况。如“哈尼检测法”，通过模拟土壤在下雨前后发生的变化，获得土壤中有效态氮、磷、钾含量和水溶性有机质、水溶性有机氮、土壤微生物活性以及土壤健康状况和碳氮转化率，从而了解土壤状况，决定肥料使用量，减少对土壤的污染。

3.4.2 地下水污染防治技术国内外研究比较

在地下水污染修复方面，我国已逐步重视地下水污染的修复工作，但在修复技术体系建设方面，与发达国家还有一定的差距。我国长期存在着重视土壤修复，忽视地下水修复的现状，导致我国地下水修复技术在基础研发、修复技术、设备及工程实践方面，与发达国家还存在较大差距。在地下水修复技术方面，主要是在借鉴国外技术的基础上，开展理论研究和实验室规模的效果验证，中试规模和大规模工程的实践较少；自主研发的地下水修复技术与装备严重不足，缺乏规模化应用及产业化运作的管理技术支撑体系，制约着地下水修复产业化发展。

发达国家重视地下水的采样技术，形成了规模化、系列化的采样产品。国外地下水采样设备无论是常规采样器、取样泵、定深取样器，还是地下水分层采样系统，均具有小巧、灵活、轻便、取样质量可靠等特点。相比之下，国内地下水采样技术较为落后，采样设备研制起步较晚[137-140]。国外地下水监测采样设备大致分为取样筒式采样器、惯性式采样器、气体驱动式采样器和潜水电泵式采样器四类。取样筒式采样器原理简单、制作方便、成本低，受监测井井径、采样深度影响较小；惯性式采样器外径小，可应用于小口径地下水监测井，采样深度可达到 90m；气体驱动式采样器结构较复杂，适用于大部分地下水监测井，采样效率较高；潜水电泵式采样器采样效率很高，适用于较大井径的监测井。

由于我国地下水污染防治还是一个较新的领域，已完成或正在进行的工程比较少，现阶段应加快构建地下水污染防治体系，建立健全地下水方面的法律规范，完善污染修复调查评估、目标确立、决策、技术工程化应用等方面的规范、标准，以保证地下水污染防治工作有据可循，从而得以顺利开展。

4. 2018—2019 土壤与地下水管理研究进展

4.1 土壤环境管理研究进展

4.1.1 相关管理法律法规

为切实加强土壤污染防治，逐步改善土壤环境质量，2016 年 5 月国务院发布《土壤污染防治行动计划》(简称“土十条”)，对我国当前和今后一个时期的土壤污染防治工作进行了部署。“土十条”按土壤污染程度将农用地划为三个类别：未污染和轻微污染的划为优先保护类，轻度和中度的划为安全利用类，重度污染的划为严格管控类，农用地块土壤污染分类标准应是上述三个类别的可靠划分依据。此外，还将实施建设用地准入管理，防范人居环境风险，并对拟收回土地使用权的有色金属冶炼、石油加工、化工、焦化、电镀、制革等行业企业用地以及用途拟变更为居住和商业、学校、医疗、养老机构等公共设施的上述企业用地，由土地使用权人负责开展土壤环境状况调查评估[141]。

2016年12月27日，环保部、财政部、国土资源部、农业部和国家卫生和计划生育委员会联合发布了《全国土壤污染状况详查总体方案》，以农用地和重点行业企业用地为重点，正式启动全国土壤污染状况详查工作。在综合分析土壤污染状况已有调查成果的基础上，进一步突出工作重点，统一技术要求，由环境保护部门牵头，充分发挥各部门的技术优势，多部门协同，构建了全国统一、专业高效的详查质量保证与质量控制体系。2019年6月，完成了国家及各省（自治区、直辖市）农用地详查质量保证与质量控制工作全面总结。

2017年2月，国土资源部、国家发展和改革委员会印发《全国土地整治规划（2016—2020年）》（国土资发〔2017〕2号），提出了“十三五”时期土地整治的目标任务：确保建成4亿亩高标准农田，力争建成6亿亩，全国基本农田整治率达到60%；补充耕地2000万亩，改造中低等耕地2亿亩左右；整理农村建设用地600万亩；改造开发600万亩城镇低效用地。6月召开的第十二届全国人大常委会第二十八次会议审议了全国人大环境与资源保护委员会提交的《中华人民共和国土壤污染防治法（草案）》。该草案突出“以提高环境质量为核心，实行最严格的环境保护制度”，将立法作为解决土壤污染问题的根本性措施，立足于我国发展阶段的现实，着眼于国家的长远利益，使土壤污染防治工作有法可依、有序进行。一是对土壤污染防治主要制度进行总体设计；二是有针对性地制定具体措施；三是解决实践中存在的突出问题。“草案”以问题为导向，总结土壤污染防治工作中存在的主要问题和实践中的有效经验，着力解决突出问题。

2017年9月21日，国务院办公厅印发了《第二次全国污染源普查方案》，方案明确第二次全国污染源普查工作的普查目的、普查原则、普查对象、普查范围及普查时间安排等相关问题。普查共分三个阶段进行，第一阶段为普查前期准备阶段，要重点做好普查方案编制、普查工作试点以及宣传培训等工作；第二阶段为全面普查阶段，2018年各地组织开展普查，通过逐级审核汇总形成普查数据库，年底完成普查工作；第三阶段为总结发布阶段，2019年重点做好普查工作验收、数据汇总和结果发布等工作。在土壤方面，第二次全国污染源普查对以下土壤主要污染源进行普查：①场地污染源：一般指堆存、储藏、处置或放置危险物质的区域；②生产性污染源：包括工矿生产中排放的废气、废水和固体废弃物（“三废”）、交通运输工具排放的废弃物、农田施用的农药和过量化肥；③放射性污染源：包括工矿业、科研和医疗机构排放的液体或固体放射性废弃物。

2017年12月14日，为贯彻落实《土壤污染防治行动计划》的有关要求，进一步规范建设用地土壤环境调查评估工作，生态环境部制定了《建设用地土壤环境调查评估技术指南》，自2018年1月1日起施行。该指南明确了对建设用地土壤的适用范围、原则规定、评估程序以及评估要点和审核成果[142]。

2017年12月，全国人大二次会议审议了《中华人民共和国土壤污染防治法（草案）》，作为我国首部土壤污染防治相关法案，该法的出台完善了污染土地风险管控的法律体系，有力地推动了我国土壤污染防治技术的发展。

2018年8月1日起,《土壤环境质量　农用地土壤污染风险管控标准(试行)》(GB 15618—2018)、《土壤环境质量　建设用地土壤污染风险管控标准(试行)》(GB 36600—2018)2项国家土壤环境保护标准正式实施。《土壤环境质量　农用地土壤污染风险管控标准(试行)》(GB 15618—2018)的制定是为了保护农用地土壤环境,管控农用地土壤污染风险,保障农产品质量安全、农作物正常生长和土壤生态环境;《土壤环境质量　建设用地土壤污染风险管控标准(试行)》(GB 36600—2018)的制定是为了加强建设用地土壤环境监管,管控污染地块对人体健康的风险,保障人居环境安全。两项标准分别规定了农用地和建设用地土壤污染风险筛选值和管制值以及监测、实施和监督要求。

2018年9月13日,为贯彻《中华人民共和国环境保护法》和《中华人民共和国环境影响评价法》,保护土壤环境质量,管控土壤污染风险,生态环境部批准《环境影响评价技术导则　土壤环境(试行)》(HJ 964—2018)为国家环境保护标准,并予发布,于2019年7月1日起实施。土壤环境影响评价承担着土壤环境影响前端防控的职责,与土壤环境管理相辅相成,既融于土壤环境全链条管理流程,又独立存在于整个环境管理的某个阶段。《土壤导则》重在土壤污染和生态影响的前端预防,加强了土壤环境影响源、影响途径和敏感目标的识别与分析,从土壤环境污染角度形成了大气沉降、地表漫流、垂直入渗等途径的立体式监管,从土壤环境生态影响角度与气候条件、地下水位埋深形成无缝对接,在调查、评估层面上实现了"地下"与"地上"的打通。同时,将土壤环境定义扩展至污染物可能影响的深度,使其与《环境影响评价技术导则地下水环境》(HJ 610—2016)并用后,几乎覆盖了地球浅表关键带环境影响的调查评价任务。

2018年12月19日,农业农村部正式颁布《耕地污染治理效果评价准则(NY/T 3343—2018)》(以下简称《准则》),该《准则》明确了耕地污染治理效果评价的原则、方法与范围、标准、程序、时段、技术要求及评价报告的编制要点,量化了耕地污染治理修复验收评价条件,适用于对污染治理前后均种植食用类农产品的耕地开展评价,对于贯彻落实《土壤污染防治法》和《土壤污染防治行动计划》,科学规范指导我国耕地污染治理修复工作有重要意义。

2018年12月29日,生态环境部批准了《污染地块风险管控与土壤修复效果评估技术导则(试行)》为国家环境保护标准,并予发布,以贯彻落实《中华人民共和国土壤污染防治法》《土壤污染防治行动计划》等法律法规和《污染地块土壤环境管理办法(试行)》(环境保护部令第42号),完善污染地块土壤环境管理技术支撑体系,指导和规范污染地块风险管控与土壤修复效果评估工作。

2019年1月1日,我国首部《土壤污染防治法》正式实施,这部法律从立法上解决了"谁负责、谁监管、谁污染谁治理及如何治理"等问题,明确规定了农业农村部对土壤污染防治的监管责任、风险评估,农用地土壤管控、修复方式及安全利用等职责范围。

4.1.2 土壤环境基准研究进展

土壤环境质量基准作为土壤环境质量标准制修订的基础数据和科学依据，全面、系统的相关研究势在必行，以助力中国当前土壤环境质量标准（GB 15618—1995）的修订。国内外水和大气方面的研究起步较早，研究方法也较土壤环境质量基准成熟，将当前已有的水和大气环境质量基准的科研成果应用于土壤环境质量基准的推导研究中，可以为土壤环境质量基准研究提供更加开阔的思路，也有利于进一步加快和促进土壤环境质量标准的修订进程；另外，有意识地将土壤环境质量基准与大气、水环境质量基准有机结合起来，可以促进各部门之间的交流与合作，也为国家全面协调管理环境提供了一个纽带，同时这也是我们以一种系统和动态的观念看待问题的要求。土壤是一个开放系统，与水 / 气系统时刻进行着物质循环、能量流动和信息传递，污染物质在三种介质中会在一定条件下发生迁移转化，在各种环境介质中进行动态分配，这也正是三种质量基准联系的纽带。污染物土—水与土—气之间的迁移具有双向性，其迁移、转化和归趋都具有较为系统的理论基础。此外，国内外也开发了大量相关模型，这为此项研究奠定了一定的理论基础与技术支撑。国内外已有的土壤环境质量基准 / 标准、水环境质量基准 / 标准与空气质量基准 / 标准，也为土壤环境质量基准 / 标准与水 / 气质量基准 / 标准研究提供了可供参考的资料来源。因此，这项研究从技术、方法上都是可行的土—水环境质量基准 / 标准转换需要考虑以下几个方面：①土壤中污染物对土壤、水体的风险具有差异性。因此，什么物质需要考虑，在什么条件下需要考虑对水环境的影响这是在转换研究中要考虑的基础问题之一；②污染物的迁移、转化及归趋受到多种因素的影响，这在土壤环境质量基准研究时也是需要考虑的影响因素；③污染物在土—水介质间的研究还涉及如食物链、复合污染等方面的内容，这些与土壤环境质量基准推导也密切相关；④土壤—水分配系数是污染物在土壤与水介质间分配的一个很重要的参数，在土壤环境质量基准与水质基准转换研究中起到关键作用，也是其转换的途径之一。

4.2 地下水管理研究进展

地下水管理与保护作为水资源管理工作的一个重要方面，一直与水资源管理制度的发展与变革密不可分。20 世纪 90 年代之前，我国倡导以地下水开发目标管理为主导的管理思路，为适应经济社会发展对地下水大规模开采的需求，国家加强了水文地质勘查、地下水资源量调查评价等基础工作。然而，由于地下水具有资源、环境、矿产等多重属性，因此其管理职能归属问题一直存在争议。在我国的行政管理机构中，涉及地下水业务的部门主要有水行政主管部门、国土资源主管部门、环境保护行政主管部门、住房和城乡建设主管部门、农业行政主管部门等。长期以来，各部门之间职责界定不清、行政效率低下，“多龙管水”的局面一直维持到 1998 年国务院机构改革才有所好转。在 1998 年“三定”方案中，原地矿部、建设部承担的地下水管理职能划归水利部，实现了对水资源的统一管理。2008 年，国务院新“三定”方案又进一步强化了水利、环保、国土资源等部门在地下水管理方面的职责权限。在地下水管理体制逐步理顺的同时，前期大规模开采地下水引发的生态与环境地质问题引起国家领导人的高度重视，由此地下水管理与保护工作走上了快速发展的轨道。

《全国地下水污染防治规划》指出，2011—2020 年阶段，我国地下水污染防治主要任务包括开展地下水污染状况调查、严格控制影响地下水的城镇污染、强化重点工业地下水污染防治、分类控制农业面源对地下水污染、加强土壤对地下水污染的防控、有计划开展地下水污染修复、建立健全地下水环境监管体系。到 2020 年，全面监控典型地下水污染源，有效控制影响地下水环境安全的土壤，科学开展地下水修复工作，重要地下水饮用水水源水质安全得到基本保障，地下水环境监管能力全面提升，重点地区地下水水质明显改善，地下水污染风险得到有效防范，建成地下水污染防治体系[143]。

2017 年 9 月 21 日，国务院办公厅印发了《第二次全国污染源普查方案》，在地下水方面，第二次全国污染源普查对以下地下水主要污染源进行普查：①工业废水：如工业电镀废水、工业酸洗污水、冶炼工业废水、轻工业废水、石油化工有机废水等；②工业废气：如 SO_2，H_2S，CO，CO_2，氮氧化物和苯并芘等物质；③工业废渣：包括高炉矿渣、钢渣、粉煤灰、硫铁渣、电石渣、赤泥、洗煤泥、硅铁渣、选矿场尾矿及污水处理厂的淤泥等；④城市生活污染源：包括生活污水、生活垃圾等；⑤农业污染源：包括农药污染、化肥污染、污水灌溉等；⑥重金属及放射性污染源：重金属如 Hg，Cd，Pb，Cr，Zn，Co，Ni，Sn 及类金属 As 等。

2017 年 10 月 14 日，由国土资源部联合水利部等单位历时数年共同修订的《地下水质量标准》（GB/T 14848—2017）正式颁布，并于 2018 年 5 月 1 日起开始实施。新标准将指标划分为常规指标和非常规指标，结合我国实际，将原标准《地下水质量标准》（GB/T 14848—1993）的 39 项指标增加至 93 项，感官性状及一般化学指标新增铝、硫化物、钠；毒理学指标中无机化合物指标新增 4 项，毒理学指标中有机化合物新增 47 项。该标准结合我国实际情况，所确定的分类限值充分考虑了人体健康基准和风险，作为我国地下水资源管理、开发利用和保护的依据，对解决日益复杂的地下水等地质环境问题的适应性显著提高，更加满足我国目前的现实需求[144]。

2019 年 4 月 1 日，生态环境部、自然资源部、住房和城乡建设部、水利部、农业农村部五部委印发了《地下水污染防治实施方案》，要求各省市相关部门认真贯彻执行，加快推进地下水污染防治各项工作。通知要求：①进行地下水污染防治分区划分，综合考虑地下水水文地质结构、脆弱性、污染状况、水资源禀赋和行政区划等因素，建立地下水污染防治分区体系，划定地下水污染保护区、防控区及治理区；②加油站防渗改造核查；③形成地下水污染场地清单[145]。

2019 年 6 月，根据《中华人民共和国环境保护法》《中华人民共和国水污染防治法》

和《中华人民共和国土壤污染防治法》，国家生态环境部首次发布了《污染地块地下水修复和风险管控技术导则》（HJ 25.6—2019）。该标准规定了污染地块地下水修复和风险管控的基本原则、工作程序和技术要求，对保护生态环境，保障人体健康，加强污染地块环境监督管理，规范污染地块地下水修复和风险管控工作极具指导意义。

从地下水管理制度的实践过程来看，我国在水资源管理方面已初步形成了以“三条红线、四项制度”为基础的水资源管理制度体系。四项制度分别对应取水管理、用水管理、排水管理和监督管理四个环节。为了合理开发利用和有效保护地下水，应尽快构建一套与最严格水资源管理制度相适应的地下水管理与保护制度体系，以推动地下水严格管理工作目标的落实。但相对日臻完善的地表水资源管理制度，我国在地下水资源管理方面存在许多不合理之处，造成管理工作与实际问题脱节。特别是在制度建设方面，存在体制不完善、法规不健全、标准不统一等问题，成为制约地下水管理工作有效开展的重要因素。

从地下水管理制度的立法基础来看，目前我国地下水管理与保护制度建设处于一种较为零散状态，并无关于地下水管理方面的专门立法，其制度由各种单行法（如《中华人民共和国水法》《中华人民共和国水污染防治法》中的零散条款）、行政法规（如《取水许可和水资源费征收管理条例》）和地方法规（如《辽宁省地下水资源保护条例》《云南省地下水管理办法》）集合而成。尽管根据自身区域特点制定的地方法规在一定程度上使得单行法中的原则性规定更具可操作性，但是这种不完善的制度体系终究难能有效解决地下水的所有问题。地下水管理模式的多样性及其法律体系的多样性、对地下水管理工作特殊性的理解偏差、当前体制下地表水和地下水管理相互平衡的要求，都使得地下水管理与保护制度的立法基础、法规体系构成和建设手段成为必须考虑的立法问题。这也迫使我国需要从地下水管理的特殊需求出发，建立一套全面的、系统的、完整的地下水管理与保护制度体系。

当前我国的地下水环境监测主要由水利部门、自然资源部门和生态环境部门负责，各自承担不同的地下水环境监测管理工作，形成了相对完整的地下水环境监测体系。水利部门重点关注和监测地下水环境的资源量，在全国范围内设置了两万多个地下水监测站点，包括基本监测站、统测站、试验站等，并分布于我国各个城市和区域，主要是了解和把握区域地下水的动态特征，如地下水位、地下水开采量、泉流量、地下水质、地下水温等，并实现了水环境监测数据的信息化管理。自然资源部门重点关注和监测地下水污染环境状态及地下水开采导致的地面沉降变化情况，避免地下水对原有的地质环境造成破坏。监测站网是地下水监测工作的基础，科学、合理规划地下水监测站网是地下水监测工作的前提条件。北方地下水开发利用较高地区站网密度基本能够达到区域控制要求，而在重点区域密度仍然较低；南方大部分地区站网密度不能满足区域控制的要求。

目前，全国水利部门共有地下水监测站 24515 处，其中为控制区域提供地下水动态的基本监测站 12859 处；自然资源部门共有地下水监测点 23784 个（其中泉水监测点 364

个），监测面积约 100 万平方千米[146]。与发达国家相比，我国地下水监测站网密度偏低，尤其是地下水水质监测站网。我国目前地下水水位监测站网密度为 0.37 站 /100 平方千米，地下水水质监测站网密度为 0.01 站 /100 平方千米；美国地下水水质监测站网密度为 0.10 站 /100 平方千米，地下水水质监测频次为 4 次 / 半年；英国地下水水位监测站网密度 1.2 站 /100 平方千米，地下水水质监测站网密度为 0.40 站 /100 平方千米；荷兰地下水水位监测站网密度 10.7 站 /100 平方千米，地下水水质监测站网密度为 1.07 站 /100 平方千米。2015—2018 年，国家地下水监测工程将新建、改建地下水监测站点 20401 个，配套地下水水位信息自动采集传输设备 20445 套；改建地下水监测试验场 2 个，改建地下水与海平面综合监测站 1 个。该工程由水利部门和自然资源部门共同合作完成。水利部门建设 10298 个地下水监测站点，其中 10251 个水位监测站点，47 个地下水流量监测站点。自然资源部门新建及改建地下水监测站点 10103 个。该工程通过地下水监测站点建设、信息采集和传输系统建设等，可形成较为完善的地下水监测站网，控制国土面积 350 万平方千米，使控制面积内平均站网密度达到 5.75 站 /100 平方千米，基本实现国家对主要平原、盆地、岩溶区、生态脆弱区等区域地下水动态的有效监控，为加强地下水资源管理和地质环境保护提供有力的决策支撑[147]。

在地下水环境监测方面，有学者针对传统地下水污染监测采用单点抽测方法、自动化程度低下、无法迅速进行迁移趋势分析的现状，设计了基于 LabVIEW 的地下水污染物迁移自动化监测系统。实现基于 LabVIEW 的数据自动连续采集、信号处理、监测系统分析以及报告输出的程序设计。在基本掌握地下水储存与分布特征的基础上，建立地下水长期监测网络，以提高系统的自动监测能力，加强信息服务[148]。有学者在内蒙古河套灌区进行研究，对区内地下水埋深、TDS、主要离子等进行了连续监测（2012 年 5 月—2015 年 12 月），运用统计学方法分析试验区内地下水埋深、TDS 等在全监测期、非冻融期和作物生长期的变特征，以及各关键环境要素间的相关性[149, 150]。有学者研究将 GIS 空间分析与可视化技术引入到地下水水位红线管理中，分别从“点、线、面”三个层面展现水位红线管理数据的时空变化特征，并与地下水水位红线指标进行自动对比分析，完成超地下水水位红线区域的可视化预警[151]。

4.3 土壤环境与地下水管理国内外研究比较

国外土壤与地下水管理方面，国外现已具有健全的法律法规和管理制度、完善的技术体系和标准规范、全过程的监控和管理体系。

在法律方面，美国有健全的地下水环境监管法规和管理制度，《清洁水法》《安全饮用水法》《资源保护与恢复法》《综合环境反应、赔偿和责任法》《有毒物质控制法》等一系列法案中都提出了涉及地下水监测与管理的规章制度，对于推动美国地下水环境监管工作的发展起到了重要作用。荷兰制定土壤管理方法和目标的依据，已经基本健全。在这一系列有效的土壤环境管理体系下，荷兰建立了土壤可持续管理利用工作机制，完善了土壤环境管理的法律及相关标准，政府完成全国土壤污染调查并向社会公众开放土壤污染场地数据管理系统和土壤修复决策工具箱，为企业修复土壤提供技术支持。日本为了保护耕地，制定了《农用地土壤污染防治法》《土壤污染对策法案》《土壤污染对策法施行规则》对农业区域中的农用地加以特殊的管制。这些法律除了规定具体的规制措施外，还提出了一系列的保障措施，主要包括赋予行政机关进入检查等权利，各行政机关协调合作以及国家和地方政府对土壤污染规制和援助。日本的土壤环境保护遵循以下模式：出现污染示例—立法（或制定标准、对策）—依法监测—公布监测及治理结果—跟踪监测、趋势分析—制定防治对策。

在技术体系和管标准规范上，美国的地下水环境监测具有完善的技术体系，且对于已污染的地下水和尚未污染地下水的监测有不同要求。地下水环境监测是分阶段实施的，从设计、评估直至实施监测的各个阶段均具有明确的技术规范，便于贯彻实施。为落实《资源保护和恢复法》（RCRA）对于地下水监测的相关要求，EPA 于 1986 年制定了技术规范《RCRA 地下水监测强制性技术指南》，并于 1992 年对其进行了修订《RCRA 地下水监测技术指南》。此外，针对地下水监测与取样，EPA 还发布了一系列技术规范与指南，主要包括：《地下水取样操作指南》（1985 年）、《地下水水质监测取样频率》（1989 年）、《地下水监测井设计与安装实践手册》（1991 年）、《岩溶地区地下水监测》（1996 年）、《矿区地下水监测》（1999 年）、《RCRA 及超级基金项目地下水取样指南》（2002 年）等。荷兰制定的土壤环境标准体系覆盖项目多，涉及 100 多种污染物，并对不同 pH 值条件下土壤重金属含量的标准做出了详细规定；针对性强，涵盖了工业用地、农业用地、居住用地和商业用地；紧密联系实际，荷兰既有国家标准，也有地方标准，在很多方面地方标准比国家标准更为严格。

在土壤与地下水监控管理上，美国多项法令都要求地下水监测贯穿项目（设施）的全过程，在污染防控与环境管理的各个环节都发挥重要作用。《资源保护与恢复法》（RCRA）要求在设施的整个生命周期内以及封闭期间和封闭后都须进行地下水监测，要求企业在对有毒害废弃物的处理、储存和最终清理过程中，通过监测地下水环境以确定污染物在含水层中迁移的位置。地下水监测网要持续运行直至设施关闭后 30 年，要求到被监测设施内的废弃物不再向外排放为止。《综合环境反应、赔偿和责任法案》（CERCLA）也要求对于已受污染的场地实施修复后，必须通过监测地下水来评价修复方法的有效性，依据地下水监测结果最终确定什么时候修复措施可以最终结束。

在污染场地运行管理模式方面，欧美土壤地下水修复行业发展稳定，法律法规相对完善，健全，技术应用相对成熟，中国仍处于起步阶段，各项法律法规仍需进一步完善，技术应用相对单一。美国国会于 1980 年通过了《全国性环境应变补偿及责任法》，该法案因其中设立的国家级污染修复基金而闻名，被称为《超级基金法案》。相关的法律还包括：

《超级基金修正及再授权法》《紧急规划及社区知情权利法》《资源保护及恢复法》。据美国联邦环保局的环境报告中显示，自 2000—2016 年，在《资源保护及恢复法》清理基线管理场地中，地下水污染已被控制的场地所占百分比由 32% 增加至 84%，而存在污染扩散问题的场地所占比例由 18% 降至 1.5%。

地下水方面，《中华人民共和国水法》和《中华人民共和国水污染防治法》虽然都将地下水保护纳入了水污染防治的范畴，但只是提出了地下水保护的一般原则，没有具体明确地下水环境保护的责任划分，缺乏地下水环境保护的具体内容，同时缺少相关配套的法律法规，缺乏可操作性。国内污染主体大多是国有工厂，治理资金主要由政府承担，然而完全依靠政府为大量项目提供资金并不现实。对于责任方难以明确的污染场地，资金来源不确定也会直接导致场地修复难以开展。在这一方面，美国超级基金法案这种商业模式是值得中国学习借鉴的，比如通过污染场地评估，设立“优先级”列表，国家优先统筹规划污染较严重的场地，对于责任方不明确的场地，国家出资主导修复同时引进民间资本注入。对于商业开发价值高的场地，未来也可采用“公私合营模式”（public private partnership，PPP）吸引资金注入，待商业场地修复达标获得收益后，环境修复企业再获得利润。

在土壤方面，国家正在不断推出土壤污染的治理政策，但现存的法规政策在污染土地修复制度、监管等方面存在不足，造成政策实施有局限性。2019 年 1 月 1 日，《中华人民共和国土壤污染防治法》正式实施，该法规规定了土壤污染防治工作的管理体制、目标责任与考核要求等；强调了政府、企业和个人在土壤污染防治方面的扮演的角色与责任；制定了“谁污染谁治理”的原则；提出每十年进行一次土壤污染调查的要求等。该新法符合中国国情，具备中国特色，也参考国外较为先进的法律法规，但仍需完善，如草案中对污染事件的定责和判罚依然模糊，对于污染责任人界定不明确的土地没有明确的解决措施。总体看来，我国关于土壤污染的法律众多，但是分散性太强，没有统一综合的法律体系。另外，这些土壤保护的法律往往都是侧重于对其经济效益的保护，这就使土壤的污染防治失去了一道保护屏障。这些法律、行政法规、地方性法规和部门规章等只是从农业环境保护方面、防治“三废”污染方面和保护特殊的自然区域、人文遗迹的角度做了一些零散规定，大多只是一笔带过，缺乏具体的制度操作性，不能从根本上对土壤污染的防治和治理发挥作用。

目前，美国、加拿大和新西兰等国家都在本国土壤环境基准制定的技术导则或说明文件中对考虑保护地下水的土壤环境基准的推导进行了详细阐述。我国近年来逐步引入国外比较成熟的污染土壤风险评估方法，其中《污染场地风险评估技术导则》（HJ 25.3—2014）、《建设用地土壤污染风险筛选指导值（征求意见稿）》（HJ 25.5—2016）均以保护地下水为目的对土壤环境基准做出了相关规定。

近几年来我国出台了一系列土壤、地下水污染调查、风险评估、修复治理的国家或行业标准，规范并指导我国的土壤、地下水污染防治工作。但大量的规范出台时间仓促，而且以借鉴国外的经验方法为主，在实践过程中还存在很多问题，需要逐步进行完善。当前，我国土壤与地下水污染形势严峻，要从根本上解决污染问题，除了国家有关部门采取积极措施加大防治力度外，最重要的是要制定和完善相关法律法规，使土壤污染防治工作步入法制化轨道。因此，我们应关注且科学地借鉴国外土壤污染防治法在实施过程中的成就和经验，结合我国土壤防治工作面临的现实问题，采取行动，实现土壤与地下水污染防治目标。

5. 土壤与地下水学科国家及地方重要研究平台

目前，我国土壤和地下水污染研究平台主要有以科技部和国家发展和改革委员会等建立的国家重点实验室、国家工程实验室、国家工程中心，以生态环境部、各省市等建立的各类研发平台。重点实验室见表 1，工程实验室和工程中心见表 2。这些研究平台以国家需求为导向，以环境保护技术创新为宗旨，解决环境保护重大科技问题，促进环保高技术产业的发展，为实现国家环境保护目标和可持续发展提供技术支持。工程中心和工程实验室主要研究开发污染防治与生态保护的共性技术和关键技术，促进科研成果工程化开发、系统化集成、产业化发展。

表 1　土壤和地下水污染重点实验室

序号	实验室名称	依托单位	批准时间
1	国土资源部 地下水科学与工程重点实验室	中国地质科学院水文地质环境地质研究所	2001 年
2	土壤与农业可持续发展国家重点实验室	中国科学院南京土壤研究所	2003 年
3	污染环境修复与生态健康教育部重点实验室	浙江大学	2003 年
4	生物地质与环境地质国家重点实验室	中国地质大学	2003 年
5	环境污染过程与基准教育部重点实验室	南开大学	2007 年
6	中国科学院土壤环境与污染修复重点实验室	中国科学院南京土壤研究所	2008 年
7	国家环境保护土壤环境管理与污染控制重点实验室	南京环境科学研究所	2008 年
8	国家环境保护微生物利用与安全控制重点实验室	清华大学深圳研究生院	2011 年
9	地下水资源与环境教育部重点实验室	吉林大学	2011 年
10	地下水循环与环境演化教育部重点实验室	中国地质大学（北京）	2011 年

续表

序号	实验室名称	依托单位	批准时间
11	北京市工业场地污染与修复重点实验室	轻工业环境保护研究所	2011 年
12	石油石化污染物控制与处理国家重点实验室	中国石油集团安全环保技术研究院有限公司	2015 年
13	深圳市土壤与地下水污染防治重点实验室	南方科技大学环境学院	2015 年

表 2　土壤和地下水污染工程实验室和工程中心

序号	实验室名称	依托单位	批准时间
1	污染场地安全修复技术国家工程实验室	北京建工环境修复股份有限公司	2016 年
2	石油化工污染场地控制与修复技术国家地方联合工程实验室	吉林大学	2016 年
3	国家环境保护工业污染场地及地下水修复工程技术中心	中国节能环保集团、中节能大地环境修复有限公司	2013 年
4	国家环境保护城市土壤污染控制与修复工程技术中心	上海市环境科学研究院	2013 年

6. 发展趋势与展望

6.1　学科发展趋势

6.1.1　向绿色的土壤生物修复技术发展

党的十九大报告全面阐述了加快生态文明体制改革、推进绿色发展、建设美丽中国的战略部署，强调必须加大环境治理力度。解决污染土壤修复技术问题是环境治理中的重要一环，要大力研发和推广绿色的土壤修复技术。土壤生物修复对于环境的要求比较严格，如土壤性质、温度、pH 值和营养条件等。这就要求不断进行大量的实践，寻找绿色的土壤修复技术，减少对资源的浪费，避免出现二次污染。

6.1.2　从单一的修复技术向多技术联合发展

由于我国污染土壤修复工作起步较晚，过去土壤修复技术比较单一，以物理、化学和物理化学相结合的修复技术为主。这些技术在某种程度上会造成二次污染，往往很难达到修复目标，因此不必拘泥于某一种形式的修复，将各种修复技术联合起来使用更加有效，多技术联合修复的技术将成为当前的发展方向。如今，土壤微生物修复技术、原位固化 / 稳定化技术、原位化学氧化 / 还原技术等综合性的工程修复技术雨后春笋般涌现。

6.1.3 从异位向原位的土壤修复技术发展

过去，人们常用异位修复方法。异位修复技术是指将受污染的土壤从发生污染的位置挖掘出来，在原场址范围内或经过运输后再进行治理。但是，这种方法往往处理成本高，只适用于表层污染的土壤，无法治理深层土壤，这种治标不治本的方法已经不能满足治理需求。因此，近年来，人们研发出多种原位修复技术，从而满足不同污染场地的修复要求。

6.1.4 改进现有的技术，重视理论研究

对于植物修复，人们应寻找、筛选和驯化更多更好的重金属富集植物，利用基因工程技术，将超富集植物的耐性基因移植到生物量大、生长迅速的植物中，使植物修复走向产业化。对于微生物修复，人们可以通过基因重组，开发出抗逆性强、分解能力强的基因工程菌。同时，加大对生物修复技术的机理研究，特别是利用微生物进行修复，筛选和驯化特异性强、能够高效降解的微生物菌株，研发出一套灵活多变的污染土壤田间修复技术，设计出针对性强、高效率、成本低的微生物修复设备，从而实现微生物修复技术的工程化应用。

6.1.5 建立科学的地下水污染监测、评价体系

研究和开发地下水多级监测系统应是我国未来地下水监测技术的重要发展方向，应进一步补充和完善地下水监测井网，逐步建立地下水动态监测与分析预测服务系统，实现地下水环境监测信息共享，实现国家对地下水环境的全面监控。对重点污染地区（段）进行重点监测，综合利用多种监测技术相结合的方式提高监测精度，同时还应建立全国地下水污染预警与应急预案机制，建立完善的地下水污染应急保障体系，实现对大区域范围内的地下水污染信息的实时监控和对地下水污染严重地区的及时预报。

6.1.6 地下水污染物迁移规律与演变机制研究

进行地下水污染的有效预防与控制就必须掌握地下水污染物迁移规律与演变机制，为保障地下饮用水安全及地下水污染防治与修复提供基础。地下水污染物反应运移机理是本领域的前沿问题，开展这方面的研究具有重要的理论意义，对我国地下水污染的预防、治理具有重要的实际意义。

6.1.7 非确定性的定量化和最小化

地下环境的不确定性是不可避免、必然存在的，如取样的代表性问题、介质分布的随机性等。一般在修复决策过程中，很少定量考虑这种不确定性。实际上，计算机模型和污染场地概念模型应该考虑非确定性问题，做出分析评估。

非确定性问题来源于许多方面，由于空间资料的限制，地下环境空间的变化不能很好地表达。例如，无论怎样增大污染场地土样和地下水样的取样密度，取样点与污染区域相比都是很小的部分。污染物浓度、流速和流向等在时间上的变化存在着更大的不确定性，地下水水位、流速和流向受季节性的影响而改变，导致地下水污染的浓度和流速的变化难以预测。任何一次的取样分析，只能代表取样时刻的污染物分布情形，甚至很难用来代表

几天或几周后的污染物分布。因此，需要在模型和管理决策中研究定量化分析不确定性的方法和手段；改进测试和数据分析使非确定性最小化；改进场地概念模型以提升预测和决策中的置信水平。

6.1.8 地下水污染修复技术的改进

虽然修复技术的发展和进步非常迅速，取得了很大的成绩，但许多修复技术还需要进一步的研究，以达到更高效、更经济、更实用的目的。如大面积污染羽的修复技术、低渗透地层的修复等。

6.2 学科发展展望

大气、水、土壤是环保三大主战场，随着环保政策如“水十条”“土十条”的相继发布，接下来土壤和地下水污染治理的前景更值得期待。根据《国家环境保护“十三五”科技发展规划》，土壤地下水污染防治领域中央预计投入达30亿元，占到中央环保科技预计总投入的10%，相比“十二五”有较大幅度的增长。随着国内经济的快速发展，污染土壤和地下水修复具有巨大的市场前景和市场需求，但我国在土壤和地下水修复技术、工程化实践运用、修复和监测设备上起步较晚，在复杂场地环境精准调查与污染甄别、污染场地环境安全与健康风险评估、复合污染场地安全高效修复等方面尚处于起步阶段；缺乏对环境状况高精度、全覆盖的快速诊断能力；未建立完善的本土化参数数据库；低影响、低扰动且经济高效的污染场地原位修复技术等相关技术研究与应用，存在较大的发展空间。在一定程度上，科研和需求不匹配，对于与起步阶段对应的技术需求与管理支撑尚缺乏针对性研究；科研与工程应用相脱节，一些研发出来的技术不能用于解决实际问题；修复企业对科技的认识还有一定问题，没有真正重视科技的价值；在修复技术的装备化、标准化方面，我国与世界先进水平还有不小差距；研发投入和配套支撑还不足。加之国内的法律、监管体系还不完善，因而需要进一步加快技术研发进程和制定相关的法律规程、技术标准。未来污染场地的修复必须土水一体化统筹考虑，象征性的科技条款规定实际很难推动技术进步。

当前，我国土壤和地下水环境学科发展受到高度重视，在理论和技术方面取得了显著进展，为保障我国环境安全，生态安全和人居环境健康发挥了重要作用。目前国内的土壤修复技术主要包括污染土壤物理修复技术、化学修复技术、生物修复技术等，针对不同的土壤污染类型可选择合适的修复技术。

为保护地下水资源，扎实推进净土保卫战，土壤和地下水环境学科在未来的发展中，需结合国家科技计划，进一步形成全面、科学的学科布局。攻克以土壤地下水可持续利用为目的绿色修复技术，研发高效低成本的农田土壤修复技术及其规模化应用配套技术。以实际应用为导向，重点开展土壤地下水修复工程应用配套技术研究，如专业化机械设备研发、修复材料规模化加工技术和修复技术工艺集成等。完善以土壤修复技术为主且具有研发基础的修复技术，主要是进一步做好示范，使之能真正用于修复实践。同时加强地下水修复技术研发，特别是地下水原位治理的渗透性反应墙技术、受监控的自然衰减技术等。对原位加热、原位化学氧化还原、石油烃污染土壤快速处理、重金属固化稳定化处理及修复效果后评估研究、高精度场地调查、场地调查评估方法论研究以及一些受到较大关注的特征污染场地的修复技术研发方面加大投入。如铬渣污染场地、石油石化场地、煤化工场地、氰化物污染场地修复技术等。同时，将目光聚焦在化学氧化、土壤淋洗、气相抽提、生物通风、固化稳定化方向，同时对生物修复技术保持前沿研究。另外，鉴于农田土壤污染危及食品安全、涉及民生重大问题，研发高效低成本的农田土壤修复技术及其规模化应用配套技术应成为重中之重。

强化土壤与地下水基础理论研究，重视土壤污染成因与控制修复机理，加强地下水污染过程与迁移规律研究，开展主要污染物土壤环境基准研究。强化土壤与地下水环境保护与修复关键技术创新研发，包括污染监测技术、农用地和矿区土壤及地下水修复与风险管控技术、污染场地土壤与地下水修复技术等。创新土壤环境质量改善和污染风险管控技术、土壤环境管理决策支撑体系和制度、地下水环境监控预警技术研究。开展创新平台建设，包括国家重点实验室能力建设、国家工程技术中心建设、国家科学观测研究站建设和科研数据共享平台建设。进一步强化我国土壤与地下水污染防治的综合研发与管理水平。

参考文献

［1］中国环境科学学会．十二五中国环境学科发展报告［M］．北京：化学工业出版社，2017.
［2］环境保护部，科学技术部．环科技〔2016〕160 号国家环境保护“十三五”科技发展规划纲要［Z］．2016.
［3］刘馥雯，罗启仕，卢鑫，等．多硫化钙对铬污染土壤处理效果的长期稳定性研究［J］．环境科学学报，2018，38（5）：1999-2007.
［4］徐申．化学氧化—微生物耦合修复 BaP 污染土壤初探［D］．杭州：浙江大学，2019.
［5］黄梦瑜，彭安萍，谷成．天然蒙脱石对氯代芳香污染物的催化聚合作用［J］．科学通报，2017，62（24）：2709-2716.
［6］滕涌，周启星．土壤环境质量基准与水 / 大气环境质量基准的转换研究［J］．中国科学：地球科学，2018，48（11）：1466-1477.
［7］谢云峰，曹云者，杜晓明，等．土壤污染调查加密布点优化方法构建及验证［J］．环境科学学报，2016，36（3）：981-989.
［8］陈秋兰．我国土壤环境监测制度的现状、主要问题及对策［J］．环保科技，2018，24（4）：59-64.
［9］刘孝阳．露天煤矿区人工扰动土壤质量时空变化研究［D］．北京：中国地质大学（北京），2018.
［10］陈爱萍，岳卫峰，侯凯旋，等．内蒙古河套灌区典型监测区不同时期地下水变化特征［J］．南水北调与水利科技，2019，17（2）：98-106.
［11］罗建男，李多强，范越，等．某垃圾填埋场地下水质监测井网优化设计——基于模拟优化法［J］．中国环境科学，2019，39（1）：196-202.

[12] 张双圣，刘汉湖，强静，等．基于贝叶斯公式的地下水污染源及含水层参数同步反演［J］．中国环境科学，2019a，39（7）：2902–2912.
[13] 张双圣，强静，刘汉湖基于贝叶斯公式的地下水污染源识别［J］．中国环境科学，2019b，39（4）：1568–1578.
[14] 葛晓颖，欧阳竹，杨林生，等．环渤海地区土壤重金属富集状况及来源分析［J］．环境科学学报，2019，39（6）：1979–1988.
[15] 张金良，张晗，邹天森，等．某生物质电厂周边农田土壤中多环芳烃污染特征及生态安全评价［J］．环境科学学报，2019，39（5）：1655–1663.
[16] 赵杰，罗志军，赵越，等．环鄱阳湖区农田土壤重金属空间分布及污染评价［J］．环境科学学报，2018，38（6）：2475–2485.
[17] 汪明武，周天龙，叶晖，等．基于联系云的地下水水质可拓评价模型［J］．中国环境科学，2018，38（8）：3035–3041.
[18] 李久辉，卢文喜，辛欣，等．考虑边界条件不确定性的地下水污染风险分析［J］．中国环境科学，2018，38（6）：2167–2174.
[19] 张佳文，张伟红，陈震，等．北京密怀顺地区地下水污染风险评价方法探究［J］．环境科学学报，2018，38（7）：2876–2883.
[20] 王涵，卢文喜，李久辉，等．地下水 DNAPLs 污染多相流的随机模拟及其不确定性分析［J］．中国环境科学，2018，38（7）：2572–2579.
[21] 陈云增，李天奇，马建华，等．沙颍河流域典型癌病高发区水体硝态氮污染及健康风险［J］．环境科学学报，2019，39（5）：1698–1707.
[22] 向锐，雷国元，徐亚，等．基于病毒防护的填埋场隔离距离研究［J］．中国环境科学，2019，39（7）：3094–3101.
[23] 周巾枚，蒋忠诚，徐光黎，等．铁矿周边地下水金属元素分布及健康风险评价［J］．中国环境科学，2019，39（5）：1934–1944.
[24] 徐申．化学氧化—微生物耦合修复 BaP 污染土壤初探［D］．杭州：浙江大学，2019.
[25] 初彤，杨悦锁，路莹，等．寒区石油污染场地浅层地下水原位增温强化空气扰动修复［J］．化工学报，2018，69（8）：3701–3710.
[26] 许海鹏．基于地下水水质的检测方法的研究［J］．科学技术创新，2019（7）：23–24.
[27] 沈海东，白玉洪，郑华，等．三维荧光光谱分析技术和应用［J］．海洋石油，2017，37（2）：61–65.
[28] 王圣伟，冀豪，王苗，等．流域土壤重金属分布式运移模型研究［J］．农业机械学报：1–11［2019–10–25］. http://kns.cnki.net/kcms/detail/11.1964.S.20191025.1504.019.html.
[29] 付萍杰，杨可明，程龙，等．土壤铅污染光谱的 HHT 鉴别及 BC–PLSR 铅含量预测模型［J］．光谱学与光谱分析，2019，39（5）：1543–1550.
[30] 比拉力·依明，阿不都艾尼·阿不里，师庆东，等．基于 PMF 模型的准东煤矿周围土壤重金属污染及来源解析［J］．农业工程学报，2019，35（9）：185–192.
[31] 耿坤宇，孟敏，丁焱梁，等．石油烃污染土壤颗粒运动状态与脱附关系数值模拟［J］．环境工程学报，2019，13（8）：1940–1948.
[32] 郑文波，王仕琴，刘丙霞，等．基于 RZWQM 模型模拟太行山低山丘陵区农田土壤硝态氮迁移及淋溶规律［J］．环境科学，2019，40（4）：1770–1778.
[33] 俞明涛，张科锋．基于 HYDRUS–2D 软件的土壤水力特征参数反演及间接地下滴灌的土壤水分运动模拟［J］．浙江农业学报，2019，31（3）：458–468.
[34] 李转玲，李培岭，黄国勤，等．炭肥混施下土壤养分缓释特征与芥菜镉富集响应模拟［J］．农业机械学报，2019，50（2）：250–257.

[35] 白利平，乔雄彪，陈美平，等．基于数值模型的场地地下水污染风险评价方法研究［J］．工程勘察，2019，47（5）：38-44.

[36] 徐亚，刘玉强，胡立堂，等．填埋场井筒效应及其对污染监测井监测效果的影响［J］．中国环境科学，2018，38（8）：3113-3120.

[37] 王涵，卢文喜，李久辉，等．地下水 DNAPLs 污染多相流的随机模拟及其不确定性分析［J］．中国环境科学，2018，38（7）：2572-2579.

[38] 侯泽宇，王宇，卢文喜，等．地下水 DNAPLs 污染修复多相流模拟的替代模型［J］．中国环境科学，2019，39（7）：2913-2920.

[39] 袁乾，卢文喜，范越，等．基于替代模型的煤矸石堆地下水污染随机模拟［J］．中国环境科学，2019，39（6）：2444-2451.

[40] 叶军．我国土壤环境监测制度研究［J］．中国资源综合利用，2018，36（11）：113-116.

[41] 高彦鑫，王夏晖．我国土壤环境风险评估与预警机制研究［J］．环境科学与技术，2015，38（S1）：410-414.

[42] 张云龙．地下水典型污染源全过程监控及预警方法研究［D］．成都：成都理工大学，2016.

[43] 丁冠涛，刘玉仙，曹光明，等．济南东部大辛河渗漏段地下水示踪试验与分析［J］．山东国土资源，2018，34（2）：41-48.

[44] 雷抗．垃圾填埋场地下水污染监测预警技术研究［D］．北京：中国地质大学（北京），2018.

[45] 蒲生彦，马晋，杨庆，等．地下水污染预警指标体系构建方法研究进展［J］．环境科学与技术，2019，42（3）：191-197.

[46] 杨天宇．基于大凌河集中式饮用水水源地地下水污染预警研究［J］．水利规划与设计，2019（4）：41-43，138.

[47] 雷抗，李瑞，李鸣晓，等．海积平原区浅层地下水污染在线监测预警指标的确定——以天津市某简易生活垃圾填埋场为例［J］．环境工程，2018，36（11）：179-184.

[48] 唐碧玉，施意华，邱丽，等．电感耦合等离子体质谱法测定土壤中 6 种重金属可提取态的含量［J］．理化检验（化学分册），2019，55（7）：846-852.

[49] 肖杰，杨利元，王天铖，等．理论 α 系数法波长色散 X 射线荧光测定土壤中的重金属［J］．四川地质学报，2019，39（S1）：156-159.

[50] 梁焱，陈盛，张鸣珊，等．快速溶剂萃取—气相色谱—质谱法测定土壤中 24 种半挥发性有机物含量［J］．理化检验（化学分册），2016，52（6）：677-683.

[51] 王喜智．GC-MS/MS 结合加速溶剂萃取仪（ASE）测定土壤中半挥发性有机物（SVOC）含量［A］．中国化学会质谱分析专业委员会．第三届全国质谱分析学术报告会摘要集 - 分会场 7：环境与食品安全分析［C］．中国化学会质谱分析专业委员会：中国化学会，2017：1.

[52] 张志鹏，孙东，曹楠，等．便携式 XRF 在快速评价矿区土壤修复效果中的应用探索［J］．四川环境，2019，38（4）：156-160.

[53] 彭洪柳，杨周生，赵婕，等．高精度便携式 X 射线荧光光谱仪在污染农田土壤重金属速测中的应用研究［J］．农业环境科学学报，2018，37（7）：1386-1395.

[54] 雷梅，王云涛，顾闰尧，等．基于知识图谱的土壤重金属快速监测技术进展［J］．中国环境科学，2018，38（1）：244-253.

[55] 李超，西伟力，毕涛，等．VOCs 快速检测在某化工企业搬迁遗留污染场地调查中的应用［J］．环境监测管理与技术，2018，30（3）：53-55，59.

[56] 仝兆景，张科，时俊岭，等．地下水污染物迁移自动化监测系统设计［J］．软件导刊，2018，17（11）：105-107.

[57] 陈爱萍，岳卫峰，侯凯旋，等．内蒙古河套灌区典型监测区不同时期地下水变化特征［J］．南水北调与

水利科技，2019，17（2）：98–106.
［58］林茂，苏婧，孙源媛，等. 基于脆弱性的地下水污染监测网多目标优化方法［J］. 环境科学研究，2018，31（1）：79–86.
［59］何亮，陈锁忠，齐慧，等. 基于 GIS 的地下水水位红线管理方法研究［J］. 中国水利，2018（11）：4–8.
［60］王书，闫天龙 . 地下水污染调查中探地雷达有限差分数值模拟［J］. 物探与化探，2016，40（5）：1051–1054.
［61］吕新荣 . 物探技术在地下水污染水文地质调查中的应用——以武鸣县南宁—东盟经济开发区五马归槽地下水污染为例［J］. 技术与市场，2011，18（8）：139–140.
［62］赖刘保，陈昌彦，张辉，等. 瞬变电磁法在垃圾填埋场探测中的应用分析［J］. 工程勘察，2018，46（10）：73–78.
［63］李云祯，董荐，刘姝媛，等. 基于风险管控思路的土壤污染防治研究与展望［J］. 生态环境学报，2017，26（6）：1075–1084.
［64］徐蒙蒙 . 多金属重度污染农田风险管控技术研究［D］. 南宁：广西大学，2018.
［65］王中阳 . 朝阳地区耕地土壤重金属污染风险评价与来源解析研究［D］. 沈阳：沈阳农业大学，2018.
［66］李玉峰，赵中秋，祝培甜，等. 基于土壤重金属污染风险管控的土壤质量评价：以某县级市为例［J/OL］. 地学前缘：1–9［2019–8–23］. https：//doi.org/10.13745/j.esf.sf.2019.8.2.
［67］赵勇胜 . 地下水污染场地风险管理与修复技术筛选［J］. 吉林大学学报（地球科学版），2012，42（5）：1426–1433.
［68］白利平，乔雄彪，陈美平，等. 基于数值模型的场地地下水污染风险评价方法研究［J］. 工程勘察，2019，47（5）：38–44.
［69］张佳文. 基于 GIS 的岩溶区地下水污染预警研究［D］. 吉林：吉林大学，2018.
［70］李倩雯，邢国章，孙红福，等. 北京西郊浅层地下水回灌的水质预测［J］. 南水北调与水利科技，2019，17（3）：105–114，154.
［71］廖镭，张涵，郭姗姗. 简易垃圾填埋场渗滤液地下水溶质运移模拟［J］. 安全与环境工程，2019，26（2）：76–83.
［72］张学良，李群，周艳，等. 某退役溶剂厂有机物污染场地燃气热脱附原位修复效果试验［J］. 环境科学学报，2018，38（7）：2868–2875.
［73］刘靓. 利用热强化土壤气相抽提技术修复直链烷烃污染土壤的试验研究［D］. 大连：大连海事大学，2017.
［74］纪艺凝，栾润宇，王农，等. 牛骨粉对 Cd 污染土壤修复效应和土壤肥力的影响［J］. 环境科学学报，2019，39（5）：1645–1654.
［75］宋乐，韩占涛，张威，等. 改性生物质电厂灰钝化修复南方镉污染土壤及其长效性研究［J］. 中国环境科学，2019，39（1）：226–234.
［76］严洋，蔡紫昊 . 地下水环境监测技术探究［J］. 环境与发展，2018，30（9）：158–160.
［77］顾巧浓，金红丽，周玲玲 . 钝化剂对土壤重金属污染修复的实验研究［J］. 能源与节能，2015（11）：105–106.
［78］孟繁健，朱宇恩，孟凡旭，等. PAM 在土壤重金属污染植物修复中的作用及机理研究进展［J］. 中国农学通报，2018，34（16）：92–99.
［79］戚鑫，陈晓明，肖诗琦，等. 生物炭固定化微生物对 U、Cd 污染土壤的原位钝化修复［J］. 农业环境科学学报，2018，37（8）：1683–1689.
［80］陈欣园，仵彦卿 . 不同化学淋洗剂对复合重金属污染土壤的修复机理［J］. 环境工程学报，2018，12（10）：2845–2854.
［81］周建强，苏海锋，韩君，等. 植物仿生与化学淋洗联合修复 Cd 污染土壤［J］. 环境工程学报，2017，11

（6）：3805–3812.

［82］ Li X.，Zhao Q.，Wang X.，Li Y.，Zhou Q. Surfactants selectively reallocated the bacterial distribution in soil bioelectrochemical remediation of petroleum hydrocarbons［J］. Journal of Hazardous Materials，2018，344（15）：23–32.

［83］ Yang K.，Jiang Y.，Yang J.，et al. Correlations and adsorption mechanisms of aromatic compounds on biochars produced from various biomass at 700℃［J］. Environmental Pollution，2018（233）：64–70.

［84］ Rao M. A.，Simeone G. D. R.，Scelza R.，et al. Biochar based remediation of water and soil contaminated by phenanthrene and pentachlorophenol［J］. Chemosphere，2017（186）：193–201.

［85］ Jin J.，Sun K.，Liu W.，et al. Isolation and characterization of biochar-derived organic matter fractions and their phenanthrene sorption［J］. Environmental Pollution，2018，236（5）：745–753.

［86］ Li H.，Qu R.，Li C.，et al. Selective removal of polycyclic aromatic hydrocarbons（PAHs）from soil washing effluents using biochars produced at different pyrolytic temperatures［J］. Bioresource Technology，2014，163（7）：193–198.

［87］ Zhang X.，Sarmah A. K.，Bolan N. S.，et al. Effect of aging process on adsorption of diethyl pH thalate in soils amended with bamboo biochar［J］. Chemosphere，2016，142（1）：28–34.

［88］ Beesley L.，Moenojma E.，Gomez-Eyles J. L. Effects of biochar and green waste compost amendments on mobility，bioavailability and toxicity of inorganic and organic contaminants in a multi-element polluted soil［J］. Environmental Pollution，2010，158（6）：2282–2287.

［89］ Kong L.，Gao Y.，Zhou Q. Biochar accelerates PAHs biodegradation in petroleum-polluted soil by biostimulation strategy［J］. Journal of Hazardous Materials，2018（343）：276–284.

［90］ 钟为章，周冰，牛建瑞，等. 铬污染场地土壤化学修复淋洗剂筛选及条件优化研究［J］. 煤炭与化工，2016，39（11）：16–20.

［91］ 赵丹，徐伟攀，朱文英，等. 土壤地下水环境损害因果关系判定方法及应用［J］. 环境科学研究，2016，29（7）：1059–1066.

［92］ 高强. 土壤与地下水重金属污染修复技术研究［J］. 中国金属通报，2018，（09）：709–712

［93］ 段靖禹，李华，马学文，等. 青霉菌与生物炭复合修复土壤砷污染的研究［J］. 环境科学学报，2019，39（6）：1999–2005.

［94］ 练建军，杨梅，叶天然，等. 根瘤菌对紫花苜蓿修复钼污染土壤的强化作用研究［J］. 环境科学学报，2019，39（5）：1639–1644.

［95］ 王丽萍，李丹，许锐伟，等. 专性菌系对石油烃污染土壤的修复性能［J］. 中国环境科学，2018，38（4）：1417–1423.

［96］ 李佳欣，张敏哲，刘家女，等. CO_2 升高对三角梅吸收 Cd 和佳乐麝香及根际的影响［J］. 中国环境科学，2018，38（10）：3880–3888.

［97］ 孟楠，王萌，陈莉，等. 不同草本植物间作对 Cd 污染土壤的修复效果［J］. 中国环境科学，2018，38（7）：2618–2624.

［98］ 曾鹏，郭朝晖，肖细元，等. 构树修复对重金属污染土壤环境质量的影响［J］. 中国环境科学，2018，38（7）：2639–2645.

［99］ 蒋灵芝，陈余道，邓超联 . 应用质量通量评估地下水中 BTEX 和乙醇的自然衰减［J］. 高校地质学报，2016，22（2）：395–400.

［100］ Liu J.，Xin X.，Zhou Q. Phytoremediation of contaminated soils using ornamental plants［J］. Environmental Reviews，2018（26）：43–54.

［101］ 王楚栋，单明娟，陆扣萍，等. 丛枝菌根真菌及猪炭对多氯联苯污染土壤的联合修复作用［J］. 环境科学学报，2018，38（10）：4157–4164.

［102］王晋，沈钱勇，杨彦 . 植物微生物燃料电池修复 Cr（Ⅵ）污染湿地土壤及机理研究［J］. 环境科学学报，2019，39（2）：518–526.
［103］杨刚，李辉，程东波 . 基于傅立叶红外光谱的钢渣微粉修复重金属污染土壤效果软测量模型［J］. 光谱学与光谱分析，2017，37（3）：743–748.
［104］张文，徐峰，杨勇，等. 重金属污染土壤异位淋洗技术工艺分析及设计建议［J］. 环境工程，2016，34（12）：177–182，187.
［105］赵云，祝方，任文涛 . 绿色合成纳米零价铁镍去除地下水中硝酸盐的动力学研究［J］. 环境工程，2018，36（7）：71–76.
［106］朱雪强，韩宝平 . 铁基双金属强化降解地下水中四氯化碳［J］. 中国环境科学，2019，39（8）：3358–3364.
［107］张雯，尹琳，周念清 . 地下水氮污染原位修复缓释碳源材料的研发与物化 – 生境协同特性［J］. 环境科学，2018，39（9）：4150–4160.
［108］吴乃瑾，宋云，魏文侠，等. 微米铁复合生物碳源对地下水中 1，2– 二氯乙烷的高效去除［J］. 环境科学，2019，40（3）：1302–1309.
［109］刘秋龙，杨昱，夏甫，等. 地下水中阴离子对球磨零价铁除砷影响［J］. 中国环境科学，2019，39（5）：2028–2033.
［110］宁卓，郭彩娟，蔡萍萍，等. 某石油污染含水层降解能力地球化学评估［J］. 中国环境科学，2018，38（11）：4068–4074.
［111］杨乐巍，张晓斌，李书鹏，等. 土壤及地下水原位注入 – 高压旋喷注射修复技术工程应用案例分析［J］. 环境工程，2018，36（12）：48–53.
［112］贾慧，武晓峰，胡黎明 . 基于现场试验的石油类污染物自然衰减能力研究［J］. 环境科学，2011，32（12）：3699–3703.
［113］王明新，王彩彩，张金永，等. EDTA/ 纳米羟基磷灰石联合修复重金属污染土壤［J］. 环境工程学报，2019，13（2）：396–405.
［114］尹贞，廖书林，马强，等. 化学氧化技术在地下水修复中的应用［J］. 环境工程学报，2015，9（10）：4910–4914.
［115］陈静 . 曝气吹脱技术去除地下水水源地中氯代烃的研究［D］. 北京：中国地质大学（北京），2017.
［116］王明新，王彩彩，张金永，等. EDTA/ 纳米羟基磷灰石联合修复重金属污染土壤［J］. 环境工程学报，2019，13（2）：396–405.
［117］程丽杰，黄廷林，程亚，等. 不同挂膜方式成熟滤料去除地下水中 As（Ⅲ）研究［J］. 中国环境科学，2018，38（12）：4524–4529.
［118］杨延梅，吴鹏宇. 秸秆堆肥腐殖土 PRB 修复地下水硝酸盐污染研究［J］. 水资源保护，2016，32（6）：93–97.
［119］王松，陈家昌，戴振宇，等. 铊污染地下水的微生物修复研究［J］. 地球与环境，2018，46（3）：282–287.
［120］唐诗月，王晴，杨森焱，等. 共代谢基质强化微生物修复四氯乙烯污染地下水［J］. 环境工程学报，2019，13（8）：1893–1902.
［121］劳天颖，何江涛，黄斯艺，等. 纳米乳化油修复地下水硝酸盐过程中产气及微生物增殖代谢对多孔介质堵塞的模拟评估［J/OL］. 环境科学学报：1–11［2019–7–4］. https：//doi.org/10.13671/j.hjkxxb.2019.0242.
［122］李元杰，王森杰，张敏，等. 土壤和地下水污染的监控自然衰减修复技术研究进展［J］. 中国环境科学，2018，38（3）：1185–1193.
［123］苗竹. 地下水循环井技术概述［A］. 中国环境科学学会 .2018 中国环境科学学会科学技术年会论文集（第三卷）［C］. 中国环境科学学会：中国环境科学学会，2018：6.

[124] 孙冉冉，杨再福，汪涛，等．地下水循环井技术处理土壤和地下水中甲基叔丁基醚研究［J］．环境工程，2017，35（9）：186-191.

[125] 郭琼泽，张烨，姜蓓蕾，等．表面活性剂增强修复地下水中PCE的砂箱实验及模拟［J］．中国环境科学，2018，38（9）：3398-3405.

[126] 马文婕，陈天虎，陈冬，等．δ-MnO_2/沸石纳米复合材料同时去除地下水中的铁锰氨氮［J］．环境科学，2019，40（10）：4553-4561.

[127] 黄超，张辉，胡南，等．β-甘油磷酸钠修复含铀地下水［J］．中国环境科学，2018，38（9）：3391-3397.

[128] 朱亚光，杜青青，夏雪莲，等．石墨烯类材料在水处理和地下水修复中的应用［J］．中国环境科学，2018，38（1）：210-221.

[129] QED Company.Auto Pump Contrllerless System Operations Manual［EB/OL］．［2014-06-10］．http：//www.qedenv.com.

[130] QED Company. User's Guide for Portable Pump［EB/OL］．［2014-06-10］．http：//www.qedenv.com.

[131] Groundfos Company.Groundfos Pump Operations Manual［EB/OL］．［2014-06-15］．http：//www.grundfos.com.

[132] 郑继天．地下水污染调查采样技术［C］//中国地质学会水文地质专业委员会．第四届海峡两岸土壤及地下水污染与整治研讨会论文集［M］．北京：地质出版社，2009.

[133] 谷庆宝，张倩，卢军，等．我国土壤污染防治的重点与难点［J］．环境保护，2018，46（1）：14-18.

[134] 谷庆宝．利用与修复，孰先孰后？——从国外经验看中国土壤环境污染防治［J］．中国生态文明，2019（1）：39-42

[135] 中华人民共和国国务院．国发〔2016〕31号土壤污染防治行动计划［Z］．2016.

[136] 环境保护部．2017年第72号建设用地土壤环境调查评估技术指南［Z］．2017.

[137] 环境保护部．环发〔2011〕128号全国地下水污染 防治规划（2011—2020年）［Z］．2011.

[138] GBT 14848—2017，地下水质量标准［S］．中华人民共和国国家质量监督检验检疫总局，中国国家标准化管理委员会．2017.

[139] 生态环境部．环土壤〔2019〕25号 地下水污染防治实施方案［Z］．2019.

[140] 王爱平，杨建青，杨桂莲，等．我国地下水监测现状分析与展望［J］．水文，2010，30（6）：53-56

[141] 沈乐，龚来存，郭红丽．国家地下水监测管理及站网现状分析［J］．地下水，2015，37（6）：56-57.

[142] 仝兆景，张科，时俊岭，等．地下水污染物迁移自动化监测系统设计［J］．软件导刊，2018，17（11）：105-107.

[143] 陈爱萍，岳卫峰，侯凯旋，等．内蒙古河套灌区典型监测区不同时期地下水变化特征［J］．南水北调与水利科技，2019，17（2）：98-106.

[144] 林茂，苏婧，孙源媛，等．基于脆弱性的地下水污染监测网多目标优化方法［J］．环境科学研究，2018，31（1）：79-86.

[145] 何亮，陈锁忠，齐慧，等．基于GIS的地下水水位红线管理方法研究［J］．中国水利，2018（11）：4-8.

[146] 周艳，万金忠，林玉锁，等．浅谈我国土壤问题特征及国外土壤环境管理经验借鉴［J］．中国环境管理，2016，8（3）：95-100.

[147] 李志涛，翟世明，王夏晖，等．美国"超级基金"治理案例及其对我国土壤污染防治的启示［J］．环境与可持续发展，2015，40（4）：61-65.

[148] 李方，王晓飞．国外土壤污染防治及其对我国的启示［J］．农村经济与科技，2013，24（11）：8-9.

[149] 骆永明．污染土壤修复技术研究现状与趋势［J］．化学进展，2009，21（Z1）：558-565.

[150] 骆永明．中国主要土壤环境问题及对策［M］．南京：河海大学出版社，2008：26-29.

[151] 赵勇胜．地下水污染场地的控制与修复［M］．北京：科学出版社，2015：350-353.

撰稿人：张　涵　苏　凯　张中华

固体废物处理与处置学科发展研究

1. 引言

固体废物是指在生产、生活和其他活动中产生的丧失原有利用价值或者虽未丧失利用价值但被抛弃或者放弃的固态、半固态和置于容器中的气态的物品、物质以及法律、行政法规规定纳入固体废物管理的物品、物质。根据来源可将其分为工业固体废物、生活垃圾及其他固体废物。随着社会经济的发展，固体废物处理与处置学科涵盖的内容也发生了变化，除了工业固废、生活垃圾外，城市建筑垃圾、农村固废以及新兴固体废物的处理处置与资源化利用等也已成为该学科研究的重要内容[1]。

步入21世纪以来，环境保护工作随着经济的发展日渐被提上日程。单纯追求经济的增长已经不适应新时代发展，社会要求经济效益与环境保护相统一，实现人与自然和谐发展。党的十九大报告明确指出，构建政府为主导、企业为主体、社会组织和公众共同参与的环境治理体系，提高污染排放标准，强化排污者责任，健全环保信用评价、信息强制性披露、严惩重罚等制度。当前迫切需要建立环境管控的长效机制，让环境管控发挥绿色发展的导向作用，有效引导企业转型升级，推进技术创新，走向绿色生产，同时鼓励发展绿色产业，壮大节能环保产业、清洁生产产业、清洁能源产业，使绿色产业成为替代产业，接力经济增长。

工业固体废物可以分为一般工业废物和危险废物两种。尾矿、粉煤灰、煤矸石、冶炼废渣、炉渣等是产生量最大的工业固体废物，为一般工业固体废物。根据2000—2015年的中国环境状况公报，工业固体废物的产生量随经济发展逐年增长，2000年我国工业固废产生量8.2亿吨，综合利用率45.9%[2]；2015年增加至33亿吨，综合利用率提高至60.2%[3]。由中国统计年鉴可知，2000年全国危险废物产生量为850万吨左右，综合利用率为43.1%[2]，2016年产量增加至5347.3万吨，综合利用率达52.8%[3]。每年的危险废物产生量还在持续升高。虽然工业固废的资源化在近年有了很大的进展，但其产生量逐年上升，基数大，遗留问题多。因此，对于一般工业固体废物的处理与资源化利用仍有很长的路要走，危险废物的处理与处置及相关管理也变得更为重要。另外，通过对我国现行危险废物管理的法律法规和环境标准的梳理可以看出，目前我国危废处理方式是一种重末端、轻源头的方式，导致危险废物源头减量力度不够，危险废物的减量化、安全处置和资源化利用管理意识薄弱。

近年来，城市化进程的不断加快，人类生活水平不断提高，城市规模不断扩大，城市生活垃圾总量也随之大幅度增加。目前，已有三分之二的大中城市遭受“垃圾围城”之痛，而且这个数值一直处于上升的状态。虽然一些发达地区垃圾焚烧比例开始上升，但由于生活垃圾分类和回收不顺利，填埋、堆肥传统处理处置方式仍然占据较大比例，尤其是卫生填埋的比重居高不下。随着城镇化的不断发展，建筑工程产生的大量建筑垃圾给生态环境造成严重污染，绝大部分建筑垃圾没有得到合理处理处置，建筑垃圾的资源化治理必须引起高度重视。

中国是世界上农业固废产量最大的国家，农业固废主要来自农作物、畜禽养殖及农用塑料残膜等。由于农业生产的迅速发展和人口的不断增加，农业固废以每年 5% ~ 10% 的速度递增，预计到 2020 年我国农业固废产生量将超过 50 亿吨[4]，将会对生态环境造成极大的影响。大多农业固废都具有巨大的可回收利用价值，因此近年来很多学者在农业固废资源化方面做了大量研究。随着农村生活垃圾的不断增加，农村生活垃圾的处理处置也成为近几年固废处理处置和管理的重要内容。由于缺乏专门有效的农村垃圾处理设施和运行管理机制，农户的生活垃圾多被随意堆放、就地焚烧，农村生活垃圾问题未能够得到有效解决。与城市环境相比，我国环境污染整治的投入资金绝大多数用于城镇，农村环卫设施建设经费缺口大，基础设施建设不足致使多数农村不得不随意丢弃生活垃圾，农村生活垃圾处理与资源化利用急需给予关注。

在当今互联网和新能源快速发展的时代，产生了的大量快递、外卖垃圾以及新能源电池等一些新兴固体废物，若不及时给予关注和解决，也会成为固废处理处置领域的新问题。

随着再生资源产业的快速发展，再生资源循环利用越来越引起重视。再生资源的功能由传统意义上的简单回收，朝着固废的精深分类拆解、高附加值利用、无害环保处置方向转化和延伸。尤其是在精深加工利用方面，伴随着园区产业形态的建立、下游市场的拓展和巨额资金的注入，衍生出大量的技术创新、设备制造与产品升级的需求。很多冶金、机械、化工等领域的企业纷纷进入再生资源领域，利用原有的技术和装备，结合再生资源的特点和加工利用的需要，开展技术创新、设备研发和转化应用。产业规模和技术装备水平的大幅提升与再生资源专业人才的短缺形成鲜明对比，其在一定程度上制约了再生资源产业的升级发展。

综上所述，现今的固体废物处理与处置学科不仅要解决传统的固废污染物的问题，对于日益严重的其他类别的固体废物也急需寻找合适的处理途径或资源化利用方法。

固体废物处理与处置学科发展报告是对2018—2019年本学科内的研究进展的综述与评述，包括新观点、新理论、新方法、新技术及新成果，并展望未来五年的研究方向和发展趋势，引领学科发展。研究内容主要包括近年在固体废物处理与处置科学理论与方法、污染防治技术以及相关管理和产业化方面的研究进展，也对学科重要的研究平台、研究队伍等方面进行梳理。同时，结合国际有关重大研究计划和重大研究项目，研究国际上最新研究热点、前沿和趋势，比较评析国内外本学科的发展状态。最后，分析固体废物处理与处置学科未来5年发展的新的战略需求和重点发展方向，提出未来5年的发展趋势和发展策略。

2. 2018—2019 固体废物处理与处置基础研究进展

2.1 国内研究进展

根据《2017年全国大、中城市固体废物污染环境防治年报》公布的数据，2017年我国202个大、中城市中产生的一般工业固体废物产量达13.1亿吨，工业危险废物产生量为4010.1万吨。此外，医疗废物产量达78.1万吨，生活垃圾产量高达20194.4万吨[4]。固体废物的处理处置方法主要有填埋、焚烧和堆肥三种。卫生填埋的应用最广，所占收运量的比例也最高，2017年达到57.23%；焚烧则通常限定在沿海地区，占收运量的40.24%；堆肥的效果很好，但只有个别地区选择性地使用，局限性较大，在收运量的比例中只占2.53%[5]。

2.1.1 固废处理与处置方法

近三年相关研究主要着眼于餐厨垃圾和城市污泥的减量化，少量研究关注医疗废物的处理。

就餐厨垃圾而言，新型餐厨垃圾处理方法主要处于以厌氧消化为主，好氧堆肥、生物堆肥、餐厨垃圾预处理方法为辅的研究现状。餐厨垃圾厌氧消化是近年来国内处理此类固体废物的主要方法，在生物炭对餐厨垃圾厌氧消化的影响研究中，生物炭丰富的孔结构为微生物提供了生长位点[6]；此外，有研究指出，投加颗粒活性炭可强化直接种间电子传递进而提升餐厨垃圾的厌氧产甲烷处理效能[7]；将餐厨垃圾固相物料与厨余垃圾进行混合可以有效改善物料厌氧性能，其有机负荷以及甲烷产率均表现出明显优势[8]。为解决餐厨垃圾在厌氧消化过程中的酸抑制问题，并为生物质飞灰提供新的资源化利用途径，有研究指出在高有机负荷的时候，添加生物质飞灰有助于促进餐厨垃圾酸化和提高产甲烷相的产气量，并有助于提高系统运行的稳定性[9]。目前，餐厨垃圾好氧发酵的核心技术主要集中在好氧微生物的优选驯化，反应器的合理化改进等方面。就前者而言，垃圾和餐厨垃圾中的有机质高，C/N 低，营养元素全面，适用于好氧发酵堆肥。有研究表明罐式密闭发酵的处理方式，能够有效控制臭气，集中收集处理渗滤液，满足污染物治理达标排放的要求，并且堆肥产物能够用于绿化和种植，同时实现“资源化、减量化、无害化”[10]；就后者而言，封闭式循环加热系统应用于餐厨垃圾好氧堆肥过程，实现了好氧堆肥过程的小型化，同时能源损失也较低[11]。通过对餐厨垃圾预处理，可以实现底物粒径减少，SCOD 含量增加，进而促进餐厨垃圾厌氧发酵。贾璇等[12]以北京市两种典型餐厨垃圾为研究对象，研究不同湿热预处理温度和时间对两种典型餐厨垃圾理化性能的影响，发现湿热预处理能显著改善餐厨垃圾理化性质，提高微生物的底物利用效率，提高餐厨垃圾厌氧制氢量及产氢效率。此外，通过批量测试以评估不同热预处理温度和持续时间对厨房废物的厌氧消化的影响，研究结果表明，55 ~ 120℃预处理使得餐厨垃圾的厌氧消化有了更高的效率，并且更长的处理时间有助于增加甲烷产量和提高水解速率常数[13]。餐厨垃圾本身作为一种难处理高浓度有机废水，已被证实可用生物蒸发处理，因此可考虑外加餐厨垃圾作为补充碳源，实现浓缩液和餐厨垃圾的联合处理。“生物蒸发”由昆明理工大学在 2013 年提出[14]，该技术由生物干燥发展而来，主要利用高浓度有机废水本身所具有的有机物好氧降解释放的代谢热来蒸发废水，达到废水中有机物和水分的同步去除。其他的一些生物处理方法如下，现研究中以城市污水处理厂的脱水污泥作为研究对象，探讨蚯蚓处理对其性能的影响。新鲜脱水污泥经蚯蚓处理后，使污泥性质趋于稳定，污泥的微生物活性增强，有害微生物得到抑制。可见，蚯蚓处理可以很好地实现污泥的减量化、无害化和资源化[15]。此外，在以氧化亚铁硫杆菌为淋滤菌，对城市污泥进行生物淋滤研究中发现，生物淋滤可有效去除城市污泥中的 Cu、Zn 和 Ni，对 Cr 几乎没有去除效果[16]。类似研究中发现，氧化硫硫杆菌有利于重金属物质的去除，也有利于除去污泥中的病菌[17, 18]。

在污泥处理方法中，主要采用污泥厌氧消化与好氧消化这两种方法。污泥厌氧消化为目前应用最广的污泥生物处理方法。在厌氧共消化研究中，有研究专注于联合厌氧消化系统中的消化过程和效率，结果表明当剩余污泥与厨余垃圾的 TS 比为 1∶4 时，联合厌氧消化的效率高于纯剩余污泥或纯厨余垃圾的效率，与纯剩余污泥和纯净厨余垃圾相比，厌氧消化效率和沼气产量均得到提升[19]；在以热碱处理后的污泥和餐厨垃圾为原料的研究中，研究不同配比的污泥与餐厨垃圾的基质转化规律、产甲烷性能及系统稳定性等特性，发现污泥和餐厨垃圾比例为 2∶3 时，产甲烷率与单独餐厨垃圾消化组相比得到了提升，且此时的挥发性固体（VS）去除率最高，有利于混合物料厌氧消化[20]；此外，有研究通过单因素实验考察了餐厨垃圾与活性污泥的多个因素对产气性能的影响，指出多因素对累积产甲烷量的影响顺序为接种量＞质量分数＞温度＞物料配比[21]。就好氧消化而言，为了提高污水厂的剩余污泥好氧消化效率，在剩余污泥好氧消化过程中施加低压直流电场，发现低压直流电对污泥好氧消化性能有促进作用[22]；在新型内循环自热式污泥高温微好氧消化装置对城市污泥进行消化处理研究中，增加内筒之后，消化系统的污泥更快地达到稳定状态，且反应器内污泥混合更加均匀[23]。

近年来，医疗固废的处理方法也有新进展。有研究使用原位 FTIR，TG 在惰性和氧化条件对由聚苯乙烯（PS）和聚丙烯（PP）组成的医用塑料废物进行热降解处理，与惰性气体中医用塑料废物的热降解相比，氧化性大气中的降解速率显著降低，因为氧化烃在降解过程中不断产生，可能不会离开浓缩物[24]。以共热水碳化（HTC）与木质纤维素生物质对含 PVC 的医疗废物进行处理研究中发现，通过中试规模的 HTC，木屑的添加提高了医院废物（HW）的脱氯效率，此研究为提高医疗固废的处理效率提供新的理论方法[25]。通过等离子体气体将医疗废物和粉煤灰共同处理，发现等离子体气体处理二次粉煤灰，重金属将获得进一步的富集，并将二次粉煤灰转化为潜在的冶金资源；等离子气体产生的高附加值产品可以对危险废物进行适当的共处理，该工艺是一种“零排放技术”，用于处理和回收各种危险废物[26]。有研究报道以 $FeCl_2$ 为药剂稳定项目矿渣中重金属砷，稳定化后砷达到《危险废物填埋污染控制标准》（GB 18598—2001）的入场要求[27]。

2.1.2 固废资源化利用方法

近三年，生活垃圾、工业固废、农业固废资源化利用已成为研究重点。

在生活垃圾资源化方面，将厨余垃圾作为唯一基质通过发酵生产黄原胶，发现是可行的，具有与商业黄原胶相似的结构和热稳定性；该团队进一步研究发现，用稀酸预处理餐厨垃圾有利于整个水解过程并促进黄原胶有效发酵[28, 29]。在以餐厨垃圾糖化液为原料的研究中发现，餐厨垃圾作为原料用于燃料丁醇生产是完全可行的[30]。现有研究提出了一种通过提高产品的烯烃和芳烃含量以及产品的 H/C 比率来与厨余废油共同升级的新方法，作为氢气供应商的厨余废油将氢气从高饱和转化为不饱和含氧化合物，形成碳氢化合物，从而促进餐厨垃圾回收利用[31]。此外，由于餐厨垃圾发酵液中含有丰富的有机酸和氮磷元素，因此经预处理后可施用于土壤，淋洗后的土壤中有机质、阳离子交换量、有效氮磷等含量明显提高，但是 pH 略有下降[32]。在研究不同比例的堆肥污泥和花园垃圾对植物生长的影响中发现，相比于单独使用这些材料，堆肥污泥和花园垃圾更有利于提高土壤肥力和促进植被生长，并且可以增加污水污泥中 Hg、Cr 和 Pb 与有机物质的结合[33]。以污水污泥用于制备吸附剂新型方法研究中，将农业秸秆添加到材料（城市污水污泥）和活化剂（$ZnCl_2$）中，在无惰性气体的条件下煅烧，能够获得生活污泥活性炭，该试验为利用国内污泥资源和农业秸秆资源提供了新的途径[34]。

在工业固废资源化利用方面，工业固废作为环境友好材料在环境保护中的功能研究已见诸报道。工业固废矿浆脱硫脱硝技术是近几年在我国开展起来的一项新兴资源化烟气脱硫技术，具有投资成本低、绿色环保、运行稳定可靠、经济效益高等优点。利用采矿过程中的天然矿石、工业固废等为环境治理原料，经过选矿或冶炼后加入一定比例的辅料形成矿浆，矿浆与工业烟气中酸性物质反应回收废气和固废中有价资源，实现工业废气和固废

综合治理与资源化利用。矿浆脱硫的技术主要有：磷矿浆脱硫技术、氧化铝赤泥矿浆脱硫技术、软锰矿浆脱硫技术、焙烧钒矿浆脱硫技术、镁渣浆脱硫技术、铜渣浆脱硫技术和次氧化锌矿浆脱硫技术[35]。在工业固体废物 / 生物炭等复合材料从水溶液中除去磷酸盐的能力研究中发现，工业固体废物 / 生物炭是恢复富营养化水的有前途的替代吸附材料[36]。以粉煤灰和 Al_2O_3 作为原料制备莫来石晶须陶瓷的研究中，采用粉煤灰固体废物作为反应烧结工艺的主要原料，成功制备了莫来石晶须增强陶瓷[37]。以含有粉煤灰和颗粒状高炉渣浮珠为研究对象，采用溶胶—凝胶法制备两种新型涂料的研究中发现，炉渣或粉煤灰的简易化学改性可用于制备新型地聚合物基涂料，确定适当剂量（25wt%）的飞灰或炉渣对于获得优异的阻燃效率是至关重要的[38]。在以钢渣为原料的研究中，发现以电石渣制备碳酸钙可实现电石渣的高附加值利用率，是实现电石行业可持续发展的有效途径。电石渣资源化应用制备碳酸钙，呈现出从低附加值向高附加值发展的趋势[39]。此外，在以工业废铁尾矿为原料的研究中，采用泡沫凝胶注模技术，制备了孔隙率高、强度高、导热系数低的多孔砖[40]。现研究发现了废红砖生产环保乳胶漆的制备方法，通过正交试验表明，废红砖微粉与苯丙乳液有较好的相容性，且砖质环保乳胶漆产品低温稳定性良好，可成完全悬浮状态，也为建筑废物资源化提供新的途径[41]。磷石膏资源化利用主要围绕磷石膏工业再利用和农用资源化展开[42]。在工业再利用方面，利用磷石膏制硫酸联产水泥技术是磷石膏资源化利用的一条主要途径，磷石膏分解渣作钙基吸收剂，不仅对温室气体 CO_2 具有良好捕集效果，且解决了成本问题，实现了以废治废[43]。以磷石膏为载氧体，采用化学链技术，利用褐煤主要提供碳源，水蒸气提供氢源，可制备合成气[44]。研究利用磷石膏来制取硫化钙，一方面可有效利用碳酸化尾气中的 H_2S，另一方面为磷石膏的资源化提供新的途径[45]。利用“$HCl-H_2SO_4$ 法”制备清洁剂磷石膏（PG），与传统 PG 相比，将清洁 PG 转换为 α - 半水石膏需要更多时间[46]。在回收原始磷石膏作为制造自流平砂浆的原料的可能性研究中发现，砂浆中的磷石膏不仅可以作为填充剂，还可以参与水泥的水合作用，这项工作提供了一种直接使用磷石膏的方法，并提供了一种用于民用工程的高性能砂浆，并且大大降低成本[47]。在磷石膏农用资源化研究中，施用不同质量的磷石膏土壤改良剂的研究结果表明：在中度盐碱地施用磷石膏能提高向日葵产量，具有一定的增产效果[48]。

在农业固废资源化利用方面，秸秆作为生物吸附剂能有效去除水体中重金属离子、酸根离子、有机物等[49]。目前，研究利用秸秆制备活性炭吸附的实验较多，且大多数都以改性秸秆去除水中重金属离子、有机污染物等为实验目的，而对去除气体污染物的研究较少[50]。研究作物秸秆衍生生物炭对可变电荷土壤磷酸盐吸附的影响时发现，农作物秸秆可制作为生物炭吸附重金属，促进农作物秸秆资源化利用[51]。在石灰和秸秆管理实践对水稻产量之间相互作用的实验研究中发现，秸秆与石灰协同作用显著地增加了水稻的产量，它们的联合应用可能有助于提高中国亚热带水稻生产的可持续性，也为秸秆还田提供新的资源化路径[52]。

2.2 国外研究进展

近年来国际上研究成果以固体废物厌氧消化产生物燃料为主，同时对于堆肥、焚烧、填埋、热解等传统方法的研究也有一定进展。除此之外，一些发展中国家也涉及对于固体废物产生的环境影响与其可持续性的研究。

2.2.1 厌氧消化

对于有机固体废物厌氧消化处理方法，被认为是有机废物处理的最优法，其理论研究主要是厌氧消化过程优化和与其他固体废物处理法对比研究。

近年来关于厌氧消化过程的研究，有很多的成果产出。有研究为了验证底物的 pH 值对工艺性能和甲烷产率的影响，以“弱碱”废物——白杨木废物为固相厌氧消化的底物进行实验，结果表明，用于氢氧化钠处理后的白杨木废物产甲烷更为高效[53]；通过对牲畜的排泄物进行实验发现，在恶臭条件下挥发性脂肪酸在厌氧消化过程中对有机废物的生物降解和生物能源的生产起着重要作用[54]；厌氧消化和水热液化相结合可以在处理牛粪等动物粪便时提高能源产量[55]；预热处理能在不增加厌氧消化器体积的情况下更有效处理大量的残渣，并且产生大量的生物能（比常规处理高 10%）[56]。

在厌氧消化与其他固体废物处理法比较研究中，用生命周期评估法对比封闭式隧道堆肥、封闭堆肥和厌氧消化，结果表明厌氧消化情景评分最佳，其次是隧道堆肥最后是封闭的堆肥场景[57]；通过 LCA 评估方法评估三种不同策略（焚烧与厌氧消化，然后堆肥）管理城市有机固体废物的益处和环境负担发现使用厌氧消化堆肥对有机废物源分离率最高，对人类和陆地毒性的影响较小，焚烧有机废物可带来最大的环境效益[58]。

2.2.2 焚烧

关于垃圾的焚烧法的研究方向，集中于焚烧固体残留物的研究和与其他方法的对比研究上。

对于焚烧固体残留物的研究。从生命周期的角度研究固体废物焚烧后残留物的特征和固体废物管理与再利用及其环境评估的研究结果表明构成残留物的主要成分是铅和锌和部分氧化物，主要是 CaO，SiO_2 和 Al_2O_3，这些残留物可以作为建筑材料，吸附剂以及土工和农业应用从而实现再利用。然而，垃圾焚烧中的重金属会对环境造成二次污染；汞、铅、镉已被列到各国垃圾焚烧标准中限排的重金属之中，如何有效除去上述重金属已成为国内外研究者关注的热点问题。重复使用固体废物焚烧法的缺点是产生的固体残留物中重金属浓度的不断升高可能影响环境质量[59]，使用来自生活垃圾焚烧设施的粉煤灰和底灰用于不同溶液（硝酸，盐酸和硫酸）和参数（温度，受控 pH 值，浸出时间和液体）的金属浸出 / 固定比率的研究结果发现，盐酸在 20℃下，24h 内从飞灰中溶解铜（68.2 ± 6.3）% 和锌（80.8 ± 5.3）% 是相对有效的，浸出镉和铅（也分别超过 92% 和 90%）也是有效的。

来自相同燃烧装置的底灰使用酸浸出时表现出金属产率适中，浸出液倾向于形成凝胶状沉淀物，这表明溶液实际上相对于某些组分过饱和[60]。

在焚烧与其他固废处理方法的对比研究中，针对废物转化能源方面，发现由于在焚烧设施内对处理空气和水性污染物以及灰烬的需求，生物甲烷技术比焚烧更具有优势[61]；在分析不同的固废能源技术［焚烧、厌氧消化，固体回收燃料（SRF）的生产和气化，生物机械处理］的经济和环境成本的研究中，从经济角度来看，固废能源系统的实施降低了运行焚烧的成本；从环境的角度来看，生命周期评估表明，与生物机械处理相比，任何固废能源系统替代品（包括焚烧）在环境效益方面都具有重要优势[62]。

2.2.3 填埋

关于垃圾填埋的研究方向在于对已有的垃圾填埋法进行改进从而增加其经济与环境价值。评估一个地方的垃圾填埋场生产固体回收燃料的可能性的研究过程可以对当地市政委员会和一个环境机构建造一个用于固体回收燃料生产的机械生物处理（MBT）工厂提供理论支持与建议[63]；在生命周期评价和生命周期成本计算的基础上，建立一个详细的模型将其应用于案例研究中发现，与堆填区目前的情况相比，ELFM 可以预见到更大的环境效益，因此在研究堆填区方面很有前景。热处理工艺对电解液的环境性能和经济性能均有重要影响。改进热处理工艺的电气效率、垃圾衍生燃料的热值和不同废物组分的回收效率使 ELFM 的性能朝着环境可持续和经济可行的方向发展。虽然 ELFM 的环境和经济概况因情况而异，但这项分析的结果可作为今后 ELFM 项目的基准[64]；采用实验室规模试验和模糊建模方法研究废物预处理和渗滤液再循环的结合情况，并对低生物降解废物经渗滤液循环后的累积产甲烷量进行预测，发现模型输出与实验数据吻合较好，验证了模糊宏观方法在可持续填埋场建模中的潜在应用价值[65]；同时通过对城市固体废物填埋场气体能源化过程（甲烷）进行生命周期分析，也可以降低估算废物能源的不确定性[66]。

2.2.4 堆肥

就堆肥而言，在降解过程和堆肥产物研究方面有一些新进展。对于过程研究，在研究其生物可降解部分进行生物稳定化的效果中发现垃圾填埋场生物可降解部分的生物稳定化可以显著降低温室气体排放[67]；有研究发现随着堆肥成熟度的提高，铜和有机碳的累积浸出量增加，浸出试验中 pH 值的有限变化与堆肥的成熟程度和重金属的迁移率均无明显关系[68]。

对堆肥产物的研究中发现，除了农业废物生产的堆肥，大多数堆肥样品都不能满足这些质量标准[69]；将城市生活垃圾（MSW）堆肥产物和苜蓿残留物（AR）作为土壤改良剂的研究发现，与 AR 处理相比，MSW 处理两年后土壤有机碳含量较低，主要是由于城市生活垃圾处理后土壤的 CO_2 排放量较高所致。MSW 处理土壤中微生物呼吸作用和矿化率越高，水稳性团聚体水平越高，宏观孔隙率越大，导电性越好，施药量越大[70]。

2.2.5 热解

热解法主要用于处理塑料、油漆涂料等特殊垃圾，对于固废热解理论，研究者主要以处理过程中的原理研究为主。有研究开发了用于城市固体废物气化的二维 CFD 模型，并使用欧拉方法来描述固相和气相的质量，动量和能量的传输，通过验证该模型，得到的数值结果与实验结果吻合良好[71]；采用非等温热重分析（TGA）研究了城市固体废物和农业残留物（磨碎坚果壳、棉壳及其混合物等）的热解特性，观察到在所有固体废物的热解过程的第二阶段具有最大降解速率。用分布式活化能模型（DAEM）研究固体废物的热解动力学分析发现农业残留物的活化能范围低于城市固体废物[72]；在研究不同塑料废物类型如聚苯乙烯（PS）、聚乙烯（PE）、聚丙烯（PP）和聚对苯二甲酸乙二醇酯（PET）对热解过程中产生的液体油的产率和质量的影响中发现，与其他塑料类型相比，PS 塑料废物显示出最大的液体油产量以及最少的气体产量和焦炭，具有潜力替代发电的能源[73]。

2.2.6 固废环境影响

关于固废环境影响的研究发现如果将回收率从目前的 17.5% 提高到 50% 可使温室气体排放量减少 17%。同样，将可生物降解废物的生物处理过程（如堆肥和厌氧消化）增加到 50% 可以将温室气体排放量减少 12%[74]；在评估垃圾填埋、焚烧、厌氧消化、气化等固废资源化的方法带来的环境影响中发现，在考虑电力和热量的产生时，焚烧是最佳技术选择，然而，在仅考虑电力生产的情况下，厌氧消化被发现更具有优势[75]；在使用生命周期评估（LCA）工具评估了五个具有能量回收潜力的城市固体废物处理过程（焚烧、气化、厌氧消化、生物填埋和堆肥）的研究中，发现厌氧消化和气化比其他过程在环境友好方面表现更好，而堆肥对环境的益处最小[76]；同样用生命周期评估法比较四种技术对于食物垃圾处理的环境和健康影响的研究中发现作为湿猪饲料和干猪饲料的食物垃圾处理分别对环境和健康影响具有最佳和第二好的评分。食物垃圾饲料的低影响在很大程度上源于其替代了传统饲料，传统饲料生产会对环境和健康产生重大影响[77]。

2.3 国内外基础研究比较

对国内而言，工业固体废物资源化科学理论与方法研究集中以粉煤灰、磷石膏、工业尾矿、赤泥等为原料制作吸附剂、吸收剂等环保材料，以及制备建筑材料、新兴涂料、土壤改良剂等工业和农业两用的资源化再利用材料。农业固体废物资源化科学理论与方法主要以农作物秸秆和畜禽粪便为研究对象，分别从厌氧发酵产甲烷、产氢气使生物质能转变为清洁能源以及制成生物吸附剂和好氧堆肥生产有机肥等方面展开。危险废物的资源化学理论与方法则主要从实验研究方法角度出发，国内学者研究发现危废硫化处理的新方法、碳酸化处理方法等能促使危险废物达到无害化标准。

近年来，国际上固体废物与资源化科学理论与方法的研究成果以固体废物厌氧消化产生物燃料为主，同时对于堆肥、焚烧、填埋、热解等传统方法的研究也有一定进展。除此之外，一些发展中国家也涉及对于固体废物产生的环境影响与其可持续性的研究。厌氧消化生物处理方法作为处理餐厨垃圾和有机废物的方法，有能承受高负荷有机物、能量成本低、产生沼气等优势，其理论研究主要是厌氧消化过程优化（如对底物进行预处理，调节pH值，工业农业废物混合消化等）和与其他固体废物处理法比较研究。关于垃圾的焚烧，研究方向集中焚烧固体残留物的研究、过程研究、和与其他方法的对比上。关于垃圾填埋的研究方向在于对已有的垃圾填埋法进行改进从而增加其经济与环境价值。关于堆肥法，研究者对堆肥降解过程和堆肥产物研究有一些新的进展，如混合堆肥，添加土壤改良剂。对于工业固废常用的热解法来说，其研究以处理过程中的原理研究为主。

3. 2018—2019 固体废物处理与处置技术与应用研究进展

3.1 技术研究进展

3.1.1 国内研究进展

2018年12月，中央全面深化改革委员会审议通过了《“无废城市”建设试点工作方案》。这是党中央、国务院在打好污染防治攻坚战、决胜全面建成小康社会关键阶段作出的重大改革部署，是深入落实习近平生态文明思想和全国生态环境保护大会精神的具体行动。推进“无废城市”建设，其核心任务是加快固体废物与资源化污染防治技术的发展，因此近年来，研究者们围绕城市固体废物、工业固体废物、农业固体固体废物、危险固体废物等展开了一系列资源化技术的应用研究，进一步加快“无废城市”的建设。

3.1.1.1 城市生活垃圾资源化进展

近年来，城市生活垃圾的核心研究对象为餐厨垃圾和城市污泥，两者的资源化技术集中在工艺设计优化和厌氧消化技术、生物转化和农业再利用方面。在工艺设计方面，以一餐厨项目为例，进一步优化了“高效预处理 + 厌氧消化 +MBR”为主体的成熟工艺，餐厨预处理环节有机质提取率高，提取油脂后，全量进行厌氧消化、产沼能力稳定、资源化程度高，相比其他处理工艺，此工艺在资源化、节能减排和经济效益方面有明显的优势[78]。以潮州某污水处理厂污泥处理为例，介绍了高温膜覆盖好氧发酵的工艺路线、工程设计、处理成本等。高温膜覆盖好氧发酵工艺总投资和运行费用低，污泥处理后能作为资源再次利用。以西安市某污水处理厂为例，该污水处理厂采用立式筒仓式好氧发酵技术处理污泥，筒仓式污泥好氧发酵技术核心设备是立式密闭发酵机，采用生物深度发酵脱水的原理，此设备机械化和自动化程度高、技术参数可控、稳定可靠。设备运行过程中，臭气经风管收集后通过生物脱臭后可达标排放，无其他污染物排放。该团队还以抚州市乐安县生活污水处理厂为案例进行了研究，该厂采用连续一体化式好氧发酵技术，使得含水率从80%降至60%及以下，并得到无害化处置，其采用的高温好氧发酵技术为国际领先的智能控制好氧发酵工艺，可以自动监测好氧发酵过程和自动优化发酵工艺参数，避免人工操作的失误，充分保证堆肥的成功率，提高物料的腐熟度[79]。

在厌氧消化技术方面，某公司应用全混合厌氧反应器单相湿式连续式高温厌氧发酵技术处理餐厨垃圾作为案例，研究指出，要充分利用反应动力学原理来对有机物厌氧消化系统进行有效优化，其中微生物的生长率、衰亡率和死亡细胞的降解速率以及和降解速率相关的水解速率等是厌氧消化系统的影响因素，同时在研究中还要关注环境因素的影响，包括温度、压力、pH 值和抑制物质等，从而实现厌氧过程各个步骤的动态平衡，保证处理效率[80]。在采用热水解高级消化集中协同处理污泥餐厨垃圾和动物加工废物的可行性分析研究中发现，热水解高级消化应用于餐厨垃圾处理，可提高杀灭高病原菌的水平和进一步优化消化系统的有机质转化效率。最后还提出了采用热水解高级消化实现城镇乡有机废物协同处理和能源资源循环利用的全社区循环模式[81]。以深圳市利赛环保科技有限公司已完成建设并成功投入运行的深圳市城市生物质废物处置工程项目为例。研究发现，采用厌氧发酵技术协同处置餐厨垃圾与城市污泥，厌氧消化系统运行稳定，沼气产生量提升显著，经济效益和环境效益良好[82]。

此外，在生物转化农业再利用方面的实例中，发现在重金属含量达标前提下，污泥作为堆肥可满足宝鸡市部分耕地的用肥需求，将宝鸡市焚烧后的污泥灰做建筑用砖，带来的经济收益可降低污泥焚烧运营成本，具有可观的经济效益[83]。在以锦紫苏为试验材料，将不同比例的城市污泥堆肥作为栽培基质研究中，测定锦紫苏的生长状况及其生物量等指标的结果表明：当栽培基质中城市污泥所占比例为 70% 时，锦紫苏各项生长指标均大于其余各处理组，且经统计学分析，与对照组无显著差异[84]。

3.1.1.2　工业固废资源化进展

工业固体废物资源技术近年来在路基及建筑建材、防火材料、环境材料及其他资源化技术等方面取得进展，整体技术达到“以废治废”的可持续绿色发展要求。以某高速公路为例，简要介绍了粉煤灰的性能，重点分析了高速公路中粉煤灰路基填筑施工技术。由于路基施工所用的细沙砾土、粗粒土等原材料缺乏，粉煤灰成为路基填筑的重要材料，其具有较小的压缩性、较低的湿密度以及较快的固结特点。研究结果发现，在公路工程中利用粉煤灰进行路基施工，不仅能够降低经济成本，而且采用粉煤灰填筑路基能够改善软土地基的强度和沉降率，同时解决了粉煤灰占地和环境污染问题，具有良好的经济效益和社会效益，进一步提升了路基工程的稳定性与可靠性[85-87]。有研究发现，将重量极轻的纸蜂窝芯材作为夹心支撑构件，通过特殊配制的黏结剂，将喷淋烘干硬化处理过的蜂窝芯材与粉煤灰水泥板进行冷压黏结，从而形成复合结构轻型墙体材料，是目前国内外同比性能最好、生产成本最低、各项综合指标都优于国家标准的“绿色轻型复合墙板”[88]。在研究中，生产水泥缓凝剂、纸面石膏板、石膏条板、石膏晶须及制硫酸联产水泥，能有效提高磷石膏综合利用经济效果及市场适应性[89]。此外，采用废磷石膏制备公路用再生集料施工技术，用土壤固化外加剂掺和废磷石膏工业固废等为原材料转化为道路基材，在消耗这

些材料的同时可以不使用碎石、沙子等材料，同时还可以减少水泥的用量；实现资源可持续利用，建成美观、质量可靠的道路[90]。针对磷石膏资源化利用课题，开展了硫黄低温分解磷石膏制高浓度 SO_2 技术、氧化钙残渣的高值化利用技术及磷石膏制酸过程的系统集成及工程实施关键技术研究。氧化钙残渣配以铝矾土、磷石膏在高温下可烧制成高品质的硫铝酸盐水泥熟料；采用氯化铵浸取脱硫钙渣碳酸化制备高纯度碳酸钙，达到涂料优等品指标要求[91]。在利用工业固体废物制作防火材料研究中，针对新疆焦煤集团艾维尔沟煤矿自燃火灾的特点，坚持"重点处理，全面预防"的方针，制订了以粉煤灰胶体灌浆为主的治理方案，成功扑灭了该矿的煤层自燃火灾[92]。此技术研究不仅为近距离煤层群煤自燃火灾的防治工作提供指导和参考，而且还为粉煤灰资源化利用提供新途径。其他方面，为实现高铝粉煤灰的大规模高值化利用，提出机械—化学协同活化的新思路，开展了高铝粉煤灰协同活化—深度脱硅工艺研究。结果表明，高铝粉煤灰深度脱硅后，产品指标达到行业优级标准；脱硅粉煤灰经过两步水热反应，氧化铝提取率达到 94.9%，实现锂、镓伴生资源协同利用，将氧化铝行业拜耳法主流工艺用于高铝粉煤灰提取氧化铝的过程；在此基础上构建了多产业链接循环经济体系，为高铝粉煤灰大规模高值化利用提供了新途径[93]。在磷化工生产中硫酸资源全部与磷矿中的钙作用生成副产物磷石膏作为固体废物进行处置过程中，就钛化工耦合磷化工协同生产进行研究，解决和消除了钛石膏和磷石膏两大工业固废的生产技术发展问题，进而达到"一矿多用，矿矿互耦，取少做多"的全资源利用与循环利用[94]。

3.1.1.3　农业固废资源化技术进展

近年来，我国农业固废资源化利用技术进展主要从三个方面展开：一是农林枝条秸秆肥料化技术。对于水肥条件差的地区，应重点推广小麦、玉米秸秆还田技术，小麦秸秆覆盖可采取休闲麦田旋耕覆盖、休闲麦田粉碎覆盖、人工播种旋耕覆盖、旋耕播种机旋耕复播覆盖、播种搂播种旋耕复播覆盖和复播田播种粉碎覆盖等模式，玉米秸秆覆盖可采取半耕整杆半覆盖、全耕整杆半覆盖、免耕整杆半覆盖、秸秆地膜二元单覆盖、秸秆地膜二元双覆盖等模式，秸秆翻压还田可因地制宜地采取整杆翻压、秸秆粉碎翻压等模式；二是农林枝条秸秆饲料化技术，枝条秸秆饲料化技术主要有：物理处理法、化学处理法、生物处理法和复合处理法。枝条秸秆通过粉碎、压块、膨化等处理的物理法和通过氨化、酸化、氧化剂等处理的化学法，这大大改善了秸秆的适口性和营养价值。随着生物技术的发展，酶制剂作为饲料添加剂是秸秆饲料化利用发展的趋势和方向；三是农林枝条秸秆能源化、原料化技术。重点发展以小麦秸秆、棉花秆等农作物秸秆和果树枝条、固体废物为原料，代替木柴、液化气的"秸秆煤炭"加工技术，同时发展秸秆深加工技术，使其进一步转化为建材、人造丝、糠醛、木糖醇和生物油等，提高农林枝条秸秆的附加值。

此外，鉴于农作物秸秆本身的体积大、运输难等特点，农作物秸秆的处理应坚持"就地消化、能量循环、综合利用"的原则。耐高温菌群发酵技术的核心是嗜高温生物发酵菌群，该嗜高温生物发酵菌群可迅速分解发酵农作物秸秆。在处理农作物秸秆的过程中，加入固体养殖废物如粪便等可以更好地提高秸秆的处理效果。发酵后可得到质量稳定的高品质生物有机肥，做到了资源化利用[95]。综上所述，农作物秸秆是一种珍贵的农业生物质资源，能提高农作物秸秆综合利用的效率和改善农村生产生活环境。

畜禽粪便资源化利用技术主要有能源化、肥料化、饲料化三个方面。一是畜禽粪便能源化技术，重点发展"畜禽养殖—沼气—绿色果菜"的能源生态工程，典型技术模式有："四位一体"能源生态模式、"五个一"工程能源生态模式、"五配套"能源生态模式；二是畜禽粪便肥料化技术，畜禽粪便肥料化技术分为堆肥化技术和复合肥技术，使用最多的是堆肥法，某些地区受水热条件的限制，不适宜沤肥还田，用畜禽粪便制成有机肥具有很大的市场潜力；三是畜禽粪便饲料化技术，畜禽粪便饲料化技术主要运用于鸡粪和猪粪的加工，鸡粪经干燥后可适量代替部分精饲料饲喂畜禽。猪粪使用氧化池处理，混合液喂猪，解决粪污环境问题，提高畜禽粪便作为肥料的利用率，增加养殖业收入[96]。

3.1.1.4 危废污染防治技术进展

近年来，危险废物的污染防治技术在热等离子体技术、危险废物回转窑焚烧技术两方面取得进展：在以热等离子体技术在石化与冶金危废处理、催化剂贵金属回收、铬渣的资源利用研究中。等离子体技术对危险废物的处理有着天然的优势，能够处理难处理的废物，对环境没有负面的影响，也可以回收有价值的副产品，这不但可以满足当今不断严苛的环保要求，也符合循环经济和可持续发展的原则[97]。应用等离子炉技术处理含镍电镀污泥、含铬污泥、石化行业废催化剂（主要为含镍催化剂）、焚烧飞灰、炉渣等废物，其能耗低，可使金属资源和灰渣玻璃化得到回收利用，烟气污染物又能达标排放，是一种较先进的危废处置利用技术[98]。在热处理技术处理危险废物的发展现状研究中，通过对其应用的设备技术比较与分析，可以得出最适合危险废物处理的设备。

以固态废树脂，液态废有机溶剂、废矿物油，半固态废水处理污泥等危险废物为研究对象，发现水泥窑协同处置危险废物，作为新型城市净化器的水泥窑协同处置有着明显的技术优势和经济优势，同时也为水泥企业提供了新的发展方向[99]。探讨危险废物回转窑焚烧技术优化及二次污染控制技术的结果表明，通过改进烟气处理中活性炭种类、增加气固接触时间、改变活性炭投加方式等可进一步提高焚烧烟气的处理效率；通过飞灰压制可增大飞灰密度，可同时实现飞灰减容和抑制飞灰中的重金属浸出。在实际工程应用中，研究所得的烟气处理改进工艺和飞灰压制工艺能有效帮助提高生产作业效率[100]。

3.1.2 国外研究进展

3.1.2.1 厌氧消化

由于厌氧消化产生沼气可能在当地经济中发挥重要作用，其既能从有机废物中生产可再生燃料，也可作为废物处理的方法。对于有机固体废物厌氧消化处理技术，现研究集中在方法的改进上。有研究发现食品废物与城市污水处理生物质同时进行厌氧消化时有协同作用[101]；用一种新生物滴滤器代替传统的生物过滤，可以减少处理相同量废物所需的时间以及改善厌氧消化器的气味[102]；有机废物预处理不仅在垃圾处理中具有关键作用还能在厌氧和好氧过程中提高处理废物的适当生物稳定水平方面的有效性[103]；在发现拟杆菌门、厚壁菌门和变形杆菌门是两个消化器的优势门后，如果在SADB的液体消化过程中催化强化以乙酸—氧化代谢为特征的产甲烷途径，能有效加速产甲烷过程[104]；MixAlco工艺使用甲烷抑制厌氧发酵，将废物生物质转化为羧酸盐，这是一种使用化学方式将底物转化为工业化学品和燃料的方法[105]。

3.1.2.2 焚烧

关于垃圾的焚烧技术，研究方向集中在对处理垃圾焚烧的残留物上。有研究发现将碳布加入处理渗滤液的反应器中可以促进反应并提高反应器性能[106]；同时用胶体介孔二氧化硅处理的焚烧粉煤灰填料表面复合材料能改善拉伸和弯曲强度[107]；建立和开发的厌氧生物消化器可以利用废水处理厂的食物垃圾和污水共消化优化沼气生产[108]；对蔬菜市场废物，采用两相厌氧消化及两相反应器相分离技术，可以使挥发性固体减少，过滤系统中堵塞发生次数或工艺液体输送管线中阻塞次数减少[109]。

3.1.2.3 填埋

填埋研究中结合了案例研究开发了最优化的管理方式。对比两个管理方式：一个MBT工厂，在开放室中进行有氧稳定，在源头和人工分拣线（KKO-100技术）分离后对剩余的城市固体废物进行强制曝气，另一个MBT工厂进行机械和手动分选和有氧稳定在生物反应器的封闭动态系统中可生物降解的废物（BIOFIX系统）。可以发现MBT框架内的废物分选技术对资源回收和废物处理减少的最终效率有显著影响[110]；在评估城市固体废物共气化技术和新的固体废物管理方案中，发现共气化系统因为其材料回收率高和最终填埋量小的特点而比其他系统具有经济优势[111]。

3.1.2.4 堆肥

堆肥技术研究热点主要集中在堆肥过程优化与堆肥产物的应用：使用天然沸石和生物炭将垃圾填埋场的食物垃圾转移到优化的堆肥设施可以增加其经济效益[112]；在确定SEFW混合堆肥工艺的优点和缺点的研究中发现SEFW的混合堆肥在气味排放方面更有利，并且可以同时处理不同类型的废物[113]；将热液碳化（HTC）工艺应用于目前填埋的不合格堆肥来生产用于能源价值的碳质固体燃料的研究中发现，从水合物的特征和测量气相的组成生产的水合物具有很大的固体燃料潜力[114]。

堆肥作为有机废物处理方法，对产生的城市固体废物进行可持续管理和循环利用，并可以利用其中一些堆肥作为育苗生长介质[115]；利用动物粪便和堆肥材料等土壤改良剂对植物病害进行生物防治，可以最大限度地减少有机废物，此法已被提出作为一种有效的作物保护策略[116]。

3.1.2.5　热解

使用红橡木和高密度聚乙烯（HDPE）在实验室规模的连续流化床反应器中进行共热解发现将热解温度提高到625℃时可以促进热解油的产生，其产率能达到57.6wt%[117]；如果将水果废物作为热解转化为潜在有用产品的原料可以有非凡的前景[118]；将玉米青贮饲料以商业规模与牛粪的厌氧消化产物的固体部分进行预干燥并随后热解。热解在新开发的水平连续热解反应器中进行的技术可以在沼气发动机中（410±11）℃（每小时生物气体383m^3）获得的碳粉为固体生物燃料在技术和环境指标方面优于许多常规固体生物燃料[119]。

3.1.3　国内外防治技术比较

工业固体废物处理与处置技术在我国近年来的路基及建筑建材、防火材料、环境材料等方面取得进一步发展和应用。依靠工业固废资源化的技术支持，才能最大限度地提升工业废物的利用效率，建立起资源节约型、环境友好型社会。农作物固体废物资源化利用技术近年来在农作物秸秆、畜禽粪便中得到进一步发展，农作物秸秆主要从肥料化、饲料化以及能源化、原料化技术三个方面得到大量的研究和应用，畜禽粪便资源化利用技术主要有能源化、肥料化、饲料化三个方面。农作固体废物资源化技术的发展，不仅能减少固体废物产量，而且有着良好的经济效益，可从根本上改善农村生活环境和农业生态环境，对我国农业经济的绿色可持续发展具有重要意义。危险废物的污染防治技术在热等离子体技术、危险废物回转窑焚烧技术两方面取得进展，进而能够提高对危险废物的处理，加强无害化处理水平与能力，这不仅能使人类处于良好的生态环境中，谋求良好的发展，还可为环保事业做出卓越的贡献。

近年来国际上对于固体废物资源化污染防治技术，主要的结果产出以固体废物厌氧消化产生生物燃料技术为主，同时对于堆肥、焚烧、填埋、热解等传统技术的研究也有一定改进与进展。对于有机固体废物厌氧消化处理技术，研究集中在处理器的创新与改进上，如混合污泥处理器、添加磁性生物炭、新型生物滴滤器等。关于垃圾的焚烧技术，研究方向集中在对处理垃圾焚烧的残留物的污染防治与资源化上。关于垃圾填埋的研究，主要结合了案例研究，分析最优化的管理方式。关于堆肥技术的研究，研究热点主要是优化堆肥过程与堆肥产物的应用。

3.2　应用研究进展

固体废物处理与处置产业化应用在一系列领域中突破迅速，比如在建筑固体废物领域、废旧混凝土领域、有色冶炼多金属产排废酸领域、电子废物领域、废旧聚酯及纤维制备领域、农林剩余物领域、工矿固体废物领域方面等应用广泛，并且成功实现了固废产业的发展壮大，许多项目及应用还取得了国家相关技术进步的大奖。部分相关产业化应用的代表与获奖的技术项目介绍如下：

3.2.1 建筑固体废物资源化共性关键技术及产业化应用

建筑固体废物资源化共性关键技术及产业化应用项目，是我国在固废与资源化产业应用的一个热点，近年来受到国家和公众的大量关注。我国社会经济发展造成大批工程建筑项目施工修缮等产生的建筑固体废物量不断增加，从而引发了严重的环境与资源等问题。

建筑固体废物资源化共性关键技术及产业化应用项目获得了国家科学技术进步奖二等奖，主要项目负者是同济大学的相关团队。该项目研究了再生建材和原料损伤、演化、改性和控制的过程机理，发现了再生建材长期性能的变劣化规律，提出了保障再生混凝土结构安全的可靠度设计方法，加大发展了再生建材配合比设计制备理论与神经网络性能预测方法等一系列工作，并建立了再生建材制备工艺与理论。针对我国建筑固体废物明显严重的特征提出“先筛再分后破”资源化工艺，显著降低能耗并提高资源化效率。相对于国内外其他同类技术，新研发的分离分选工艺能够更好地实现钢筋以及轻物质等与废混凝土的有效分离作用，开发的特色工艺能较好地解决我国建筑固体废物的资源化难题，处于国际领先地位[120，121]。

3.2.2 废旧混凝土再生利用关键技术及工程应用

我国每年生产商品混凝土消耗大量的天然沙石水泥，造成严重环境破坏，每年产生废旧砼也相当多，弃置填埋占用污染大量土地。针对这个问题，通过试件的试验以及大量计算分析，形成废旧混凝土再生利用关键技术。

废旧混凝土再生利用关键技术及工程应用荣获 2018 年度国家科学技术进步奖二等奖，该技术是由华南理工大学相关团队参与完成的，该项目提出了大尺度再生块体与小尺度再生骨料双轨循环利用思想以及再生块体混凝土的强化策略，研发了两类再生块体混凝土构件系列，展示了其优良的力学性能和抗震与耐火性能，提出了高效施工工艺，大大拓展了低强度废旧混凝土的应用范围，系统揭示了再生块体混凝土的基本性能，解决了其结构设计中最具共性特征的技术难题[122，123]，还系统揭示了型钢再生骨料混凝土构件的力学行为及抗震性能，本成果在全国数十省应用于近 100 项实际工程，经济环境综合效益显著。

3.2.3 冶炼多金属废酸资源化治理关键技术

我国的工业行业中冶炼废酸排放量大、成分极其复杂，其资源化治理与危废减量化已成为我国的重大环保问题。荣获我国 2018 年国家技术发明奖二等奖的冶炼多金属废酸资源化治理关键技术在国际上首次实现了废酸中有价金属高效分离与直接回收，金属回收率与废酸回收率均能达到 90%，危险废物量削减 90% 以上。该项目针对国家污染治理与资源利用的重大需求，实现突破传统工艺的束缚。

该项目是由中南大学相关团队负责完成的。从该项目的文献阅读中可以提取出该技术的创新点。该项目的创新点包括：一是针对影响废酸回用的高氟氯去除难题，提出了强酸体系硫酸根置换氟氯机制，开发了三维异构电极强化脱除氟氯技术，发明了脉冲电场强化酸浓缩装置；二是针对废酸中微量稀散金属富集难题，发明了稀散金属的高选择性吸附材料制备技术，开发了铼、硒等高效富集回收装置；三是针对废酸中多金属高效分离技术瓶颈，发明硫化氢分压调控实现多金属分离方法，研制多级强化硫化气液反应器[124]，首次实现废酸中多组分的直接分离部分，极难分离的分离率可以达到大于99%；四是发明了净化新工艺，开发了废酸资源化治理模块化大型成套设备。该项目的创新与成功相当有意义，发明了废酸资源化治理成套技术、工艺和装备，取得了多项创新成果，相当有价值。

3.2.4 电子废物绿色循环关键技术及产业化

随着国家科技的发展，电子废物极其快速地成为最典型的废物，其环境危害性非常大，然而，电子废物产生量巨大，其中的有价金属含量也很高，这些有价金属具有极大的回收利用价值，可以形成重要的资源。

电子废物绿色循环关键技术及产业化，中南大学相关团队负责完成的项目也非常具有价值意义，该项目的研究中，解决了许多电子利用上空缺的关键技术和工程实践上的难题，设计制作了大型工业化装置系统，除此之外，也实现了有价金属分级利用，并构建了城市矿产大数据的系统[125, 126]，创建了“互联网与分类回收”的新模式，开发了物联网全程可追溯信息化平台，成为国家重要示范工程，有力提升了我国电子废物绿色循环整体水平。

3.2.5 废旧聚酯高效再生及纤维制备产业化集成技术

国际废旧聚酯再生利用主要是实现资源化处理，解决污染问题，重点发展分拣清洗技术及旧衣回用体系，迄今为止，还没有兼顾品质与成本的废旧聚酯再生循环产业化方案。而聚酯高效再生及纤维制备产业化集成技术，完全符合我国废旧聚酯资源循环再生发展战略需求。

废旧聚酯高效再生及纤维制备产业化集成技术，该项目是由东华大学和海盐海利环保纤维有限公司相关团队参与完成的。该项目的贡献在于发明了低熔点和生聚酯皮芯复合纤维熔体直纺技术，实现了低成本高效再生与高附加值的统一。建废旧聚酯调质调粘再生技术新工艺，攻克不同来源的废旧聚酯制品再生纺丝稳定性及品质控制难题；开发了在线全色谱补色调色及高效差别化技术，制备高色牢度、超柔软、仿生态棕等混杂聚酯废料再生纤维，自主研发了废旧聚酯纺织品和瓶的高效前处理技术及装备[127]，实现高品质、资源化及标准化，废旧聚酯高效再生及纤维制备产业化集成技术达到国际先进水平。

3.2.6 农林剩余物功能人造板低碳制造关键技术与产业化

农林剩余物功能人造板低碳制造是缓解木材资源短缺、节能减排和保护环境的重要技术途径。“农林剩余物功能人造板低碳制造关键技术与产业化”课题获得国家科学技术进步奖二等奖。

该项目主要是由中南林业科技大学相关团队负责完成的，针对人造板易燃烧、防潮性能差，以及生产效率低等技术难题，项目研发了农林剩余物功能人造板绿色胶黏剂及高效制备、锌锡掺杂液固双相环保阻燃抑烟、多元体系坯料分级节能快构、高效节能成形技术及装备，开展了农林剩余物功能人造板低碳制造关键技术研究和产业化应用。构建了农林剩余物功能人造板低碳制造技术体系，突破了防水防潮等关键技术，对保障安全生态，实现绿色发展具有重要意义[128]。

4. 2018—2019 固体废物处理与处置管理研究进展

4.1 国内管理体系进展

4.1.1 危险固废

经过十多年的发展，危废处置行业规模快速增长，2016 年以来，214 个大、中城市工业危险固废产生量达 3344.6 万吨，综合利用量 1587.3 万吨，处置量 1535.4 万吨，贮存量 380.6 万吨。工业危险固废综合利用量占利用处置总量的 45.3%，处置、贮存分别占比 43.8% 和 10.9%[129]，固废资源化利用和处置是处理工业危险固废的主要途径，部分城市对堆存的危险固废进行了妥善的处理。近两年在危险固废管理方面，我国实际危废利用率与处置率有所增加。截至 2016 年年底，全国各省（区、市）颁发的危险固废（含医疗废物）经营许可证共 2195 份[130]。2016 年全国危险固废经营单位核准经营规模达到 6471 万吨 / 年；实际经营规模为 1629 万吨，其中，危险固废利用 1172 万吨[129]。目前我国已经构建了以《固体法》为龙头，以《危险废物经营许可证管理办法》（国务院令第 408 号）和《医疗废物管理条例》（国务院令第 380 号）为骨干，以《国家危险废物名录》《危险废物转移联单管理办法》和危险固废鉴别、焚烧、填埋标准为主线的全过程管理制度。

随着社会的发展，现有的体系也在不断完善。近年来，国家先后出台了关于危废管理的法案和条例，2017 年以来，以《“十三五”生态环境保护规划》《“十三五”全国危险废物规范化管理督查考核工作方案》《“十三五”生态环境保护规划》和《“十三五”全国危险废物规范化管理督查考核工作方案》为依据，国家实行了危废规范化管理督查考核制度。此外，也制定了《危险废物规范化管理督查考核工作评级指标》，对省（区、市）进行考核。要求将危险废物规范化管理督查考核纳入对地方环境保护绩效考核的指标体系中，并建立了分级负责考核机制。国家对全国的规范化管理情况进行抽查，并明确了相关考核方式。2018 年 8 月以来，我国修订的《中华人民共和国土壤污染防治法》对危险固废加强管理制定了详细的规则，建立土壤污染防治政府责任制度并实行土壤污染防治目标责任制和考核评价制度，对严重影响土壤的危废进行考核管理。此外，国家也公布了重点控制的土壤有毒有害物质名录，从源头上预防土壤污染。

4.1.2 医疗废物管理

医疗废物通常带有大量细菌病毒，能够污染环境、传播疾病。近年来，随着我国医疗事业的发展，医疗固废产生量日益增大，214 个大、中城市医疗废物产生量 72.1 万吨，处置量 72.0 万吨，大部分城市的医疗废物已全部处理。2017 年，202 个大中城市医疗废物产生量 78.1 万吨，处理量 77.9 万吨[129]，大部分城市医疗废物都得到妥善的处理。之前由于各种因素的制约，我国长期对医疗废物的处置重视程度不够，集中处置设施的建设比较滞后，如今医疗废物管理中存在一些问题已得到妥善解决[131]。

随着医疗废物管理体系的发展，我国现阶段医疗废物管理法律制度和体系正逐渐趋于完善，地方立法的数量最多，使得各地医疗废物管理工作有法可依[132]。近年来，为规范医疗卫生机构对医疗废物的管理，国家不断地完善相关条例，如 2011 年修订《医疗废物管理条例》、2017 年《医疗器械监督管理条例》等法规条例，加强对医疗废物的管理。2017 年 6 月，由环境保护部部务会议审议通过了《固定污染源排污许可分类管理名录（2017 年版）》，其中对医疗废物的种类制定名录，规定对具体类别的医疗废物需申请排污许可证。我国拥有危险废物经营许可证的医疗废物处置设施分为两大类：即单独处置医疗废物设施和同时处置危险废物和医疗废物设施。国家也加强了对医疗废物分类管理的通知，如 2017 年发布的《关于在医疗机构推进生活垃圾分类管理的通知》等。此外，国家近年来在逐渐加强对《医疗废物管理行政处罚办法》等相关法律的完善，以保障医疗废物的妥善处理。

4.1.3 资源化管理

我国近年来在固废资源化管理方面取得了很大成效，大量固体废物得到资源化利用，工业固体废物如粉煤灰、冶炼废渣等产生后的综合利用量比前些年显著提高。此外，固体废物资源化管理明显增强，为了更好地促进我国固废资源化管理，提高资源利用效率，我国近年来不断发布与完善相关法案，确保了我国固废资源化管理的发展。2017 年 4 月国家发改委等 14 个部门联合发布了《循环发展引领行动》，促进了固体废物资源化利用和推动循环经济发展。2018 年 10 月，我国修正了《中华人民共和国循环经济促进法》，该法对我国的固废资源化管理提出了新规范，如对企业提出在生产过程中产生的粉煤灰、尾矿、废料等工业废物需要进行综合利用，以提高固废资源化利用效率。也从管理层面提出，应当按照减少资源消耗和废物产生的要求，减少部分工艺、设备中的产品过度包装等问题，要求选择符合国家要求的易回收降解无毒害的材料。

4.2 国外管理体系进展

关于固废资源化管理，国际上近几年的研究都集中在生活垃圾管理系统的优化上，其中综合管理为主要思路。同时由于经济增长和技术的进步，电子废物的数量正在迅速增加，正在成为国外热点。

4.2.1 垃圾管理系统优化

主要研究方法以生命周期评价（LCA）、供应链研究、多目标决策为主。

研究城市固体废物管理过程中的环境影响时通常使用 LCA 方法和工具。近年来对此方法的研究集中在方法的改进与各种处理方法的对比上。先前提出的许多城市固体废物生命周期评估方法，研究表明其适用性受地理条件的限制。最近有研究从垃圾处理处置的角度出发，使用分离顺序方法，可以清楚地建立和传达 LCA 上游和下游的关系[133]；此外，对不同废物管理方法进行生命周期评价发现不同食物垃圾管理情景对温室气体排放的影响也大不相同；同样通过 LCA 法可以确定影响较小的城市固体废物管理系统的环境影响[134]。为了解决全球社区能源需求、废物管理和温室气体排放的困境，很多学者认为作为区域能源系统的废物—能源供应链应该是实现循环工业经济的可行途径。对于研究人员提出的一个多级供应链网络管理城市生活垃圾问题，将提出的问题建模为涵盖了城市垃圾收集、分离中心垃圾分离、工厂垃圾处理以及最终产品销售等多种功能混合整数线性规划问题，该模型的目的是找到最优垃圾分布，垃圾分配给最终客户的数量和类型，总利润最大化。为了验证所提优化模型的灵活性和实用性，已应用于墨西哥某地区的一个案例研究[135]。

4.2.2 特殊固体废物的处理与处置

对电子废物的处理处置，在东南亚国家有对阴极射线管（CRT）电视和计算机监视器方法和中国目前 CRT 电视 / 显示器的回收方法进行了对比，同时在比较了正规和非正规回收站点的材料或零件的工艺流程和目的地的调查中，发现菲律宾只有一家正规设施拥有 CRT 自动化处理设备。CRT 玻璃由非正规部门处理或非法倾倒或与常规的城市固体废物一起处理，一些废 CRT 玻璃也被非正式地作为玻璃材料回收或出口到中国。De Souza 等[136]对这一现象提出了建议，以期改善正规和非正规回收场所的回收条件；也有采用多准则方法将生命周期评估与专家的定性评估相结合，对巴西颁布的《国家固体废物政策（2010）》在消费者、企业和政府的共同责任下强制实施逆向物流系统管理电子垃圾的可持续性进行评估后，提出了一个混合的 WEEE 收集计划，在商店、地铁站和邻里中心设有投递点，由私营公司、合作社和社会企业参与预处理，并在全国范围内全面回收所有零部件，结果显示效果达到预期要求[137]。

4.2.3 国内外固废废物与资源化管理比较

国内外近年来在固废废物与资源化管理方面的现状与发展趋势也有很大的不同。中国的固体废物处理与处置管理还处于初期发展阶段，而国外大多发展重心已经聚焦于垃圾管理系统的优化及综合管理。总体来说，在固体废物处理与处置管理的发展上，我国与一些发达国家之间还有很大差距。

在国内，由于我国是一个发展迅速的发展中国家，人口基数大，工业处于上升期，城市居住生活人口逐年上升，资源化管理集中在工业固体废物、生活垃圾如餐厨垃圾和城市污泥等，对这些固废的产出排放与进出口管理是国内近年发展的重点。此外，国内也开始逐步出台一些相关的管理法律法规，以加强固废废物与资源化的有效管理。

在国外，固废废物与资源化管理相关的法律法规已相当完善成熟。国际上近几年的研究都集中在垃圾管理系统的优化规划上，其中综合管理为研究的主要思想。一些发达国家，其近年在垃圾管理系统的优化规划上的主要研究方法以 LCA、供应链研究、多目标决策为主。国外由于经济增长和信息技术的进步，一些特殊固体废物的处理与处置如电子废物的处理成为近年来的热点。

4.3 固体废物处理与处置学科监测应用进展

4.3.1 固体废物监测现状

固体废物监测是对固体废物进行监视和测定的过程。就我国而言，区域固废承载力已达到或接近上限，固废监测治理领域面临着诸多挑战。自《“十三五”环境规划纲要》《“十三五”环境规划纲要》提出以来，我国的固体废物环境处理处置虽得到一定程度的改善，但依然有很多问题，如在国内高污染、高消耗、低附加值产业中仍占很大比重，发展模式粗放等仍然存在。在一些地区具有“锁定效应”背景下，固废监测往往存在不全面，硬件技术水平落后，危险固体废物监测能力不足以及执法不严等问题，严重阻碍了固废监测的发展。

4.3.2 固体废物监测发展

4.3.2.1 环境监测法规的制定与出台

2016—2019 年，我国固体废物监测领域得到进一步发展，首先体现在相关法律法规的出台以及固废监测指标的完善。而我国早前出台的固废监测法规要追溯至 10 年前，如《危险废物鉴别标准腐蚀性鉴别》（GB 5085.1—2007）和《危险废物鉴别技术规范》（HJ/T 298—2007），《危险废物（含医疗废物）焚烧处置设施二口噁英排放监测技术规范》（HJ/T 365—2007）。而“十三五”期间，国家才开始启动环境保护科学观测研究站建设，并制定发布了《国家环境保护科学观测研究站管理办法（试行）》以及《生态环境监测网络建设方案》。新建了一批国家环境保护重点实验室和科学监测研究站，建设完善了一批国家环境保护工程技术中心和一批环保科技基础数据和信息共享平台。开展了覆盖环境监测全过程的质控体系研究，重点研究健全现场采样与现场监测质量保证和质量控制（QA/QC）技术体系，解决现场质控手段薄弱等问题。完善了标准物质的研发方法，提高对环境监测工作的支撑能力。

4.3.2.2 环境监测技术的发展

伴随着相关政策法规的实施，我国“十三五”期间固废监测技术也得到了蓬勃发展，开发了突破性一体化的环境监测成套技术 100 套以上，重要授权专利 300 项以上。创新流域、区域和行业环境管理模式，形成技术政策等 30 项以上、技术标准 100 项以上，全面满足国家中长期环境保护技术需求。此外，我国在新型固体污染物监测技术领域也得到了一定的发展，主要针对其识别和监管，研究典型固体污染物的监测与风险识别技术，建立痕量固废污染物形态分析、同类物监测识别、异构体分离监测分析技术系统与设备，研制适合新型固体污染物环境持久性和生物富集性量化表征的仪器。其中包括：顶空 / 气相色谱—质谱法（GC-MS）、扫捕集 /GC-MS 法以及顶空 / 气相色谱法监测固废中 VOCs 技术等。

5. 发展趋势与展望

5.1 发展趋势

固体废物处理与处置学科未来5年发展策略为：“以改善环境质量为核心，以解决生态环境领域突出问题为重点”，遵从固体废物管理的“减量化、资源化、无害化”原则，结合“十三五”环境保护科技需求、我国固体废物污染防治领域的战略需求以及近两年“固废资源化”的国家重点专项，根据国内外固体废物处置技术的发展趋势，聚焦以下重点领域。

5.1.1 固体废物源头减量

（1）重要有色冶炼行业过程控制与废渣减排技术。针对铜冶炼、锌冶炼、氧化铝冶炼行业，研究重金属非常规污染物源头减量技术，研究中间物料矿相调控与高效分离技术，研究废酸净化与循环利用技术，研究重金属尾渣资源化利用与安全处置技术，研发冶炼过程典型重金属危废源头减量及全过程控制成套技术。

（2）研究钢铁行业钒钛冶炼废渣源头减量与资源化利用技术。针对钢铁行业钒钛冶炼废渣源头减量的重大需求，研究钒钛特色资源非常规体系反应分离过程，研究钒钛冶炼废渣短流程源头减量技术，研究钒铬等伴生组分高效分离与高值利用技术，研发尾渣大规模资源化利用技术，开发成套化技术及装备。

（3）研究化工等多产业共生园区物质代谢及转化规律，研发产业共生大数据管理技术与应用平台；研究多产业渣尘在线协同循环利用技术；研究不同行业典型固废有价组分耦合提取及跨行业协同利用技术；研究多产业典型固废耦合制备海洋工程材料、环保材料等高值化材料技术；构建经济与环境效益突出的工业园区多产业固废生态链接集成技术体系。

5.1.2 固体废物智能化回收与分类

（1）针对城镇生活垃圾，研究其时空分布规律和相适应的分类方法及回收模式，研制城镇生活垃圾分类回收、精细分拣等智能化装备，研发城市环卫数据采集传输与人工智能分类收运集成技术，开发基于物联网、大数据与云计算技术的城镇环卫作业智能耦合系统化平台，开发社区垃圾源头智能精细分类及大数据管控一体化技术与装备；

（2）研究典型城市再生资源智能回收装备和信息安全处理技术，研究基于大数据与云计算的回收流程智能解析技术，开发废弃电器电子产品等典型城市再生资源线上线下融合回收系统，研发多元数据支撑的典型城市再生资源自动识别分级和价值评估技术，开展互联网＋典型再生资源回收工程示范，研究基于数据采集监测与增值服务一体化的再生资源回收模式。

5.1.3 固体废物资源化

（1）针对有价金属含量高、综合利用潜力大但环境污染严重的有色金属冶炼废物，研发有价金属深度分离、重金属解毒和尾渣高效胶凝固化、尾渣工业窑炉协同处置利用等关键技术。

（2）研发化工污泥、化工残渣、脱硫副产物和脱硫催化剂、表面处理废物处置利用，市政污泥干化焚烧处理、高毒持久性有机污染物废物非焚烧解毒和建材利用，以及生活垃圾焚烧飞灰资源化利用等关键技术。

（3）研发废弃液晶显示管、废锂电池、废晶体硅太阳能电池板、废旧荧光灯、废旧稀土等废物中贵重金属回收和污染控制，以及建筑废物、废塑料、废橡胶和废玻璃等的高附加值资源化循环利用关键技术。

（4）研发废物生产者责任延伸制度建立的关键支撑技术。开发秸秆、餐厨垃圾、园林绿化垃圾、禽畜粪便等生物质固体废物资源化利用关键技术和设备。

（5）开展促进固废资源化科学管理体系构建和产业快速健康发展新理论、新方法的研究，研究支撑构建固废资源化战略决策、关键制度、评价指标和标准体系的关键技术与工具，构建固废智能化回收的成套系统和技术体系，进行一体化管理与决策科技创新综合应用示范，实现对固废大规模消纳、产业健康发展和风险全面控制的系统支撑。

（6）按照生态文明建设的总体要求，以集聚化、产业化、市场化、生态化为导向，以提高资源利用效率为核心，着力技术创新和制度创新，探索大宗固体废弃物区域整体协同解决方案，推动大宗固体废弃物由“低效、低值、分散利用”向“高效、高值、规模利用”转变，带动资源综合利用水平的全面提升，推动经济高质量可持续发展。探索建设一批具有示范和引领作用的综合利用产业基地，形成多途径、高附加值的综合利用发展新格局。

5.1.4 有机、无机固废高效利用及安全处置

（1）针对城镇高含固有机固废，研究其高效制备生物燃气过程有机物微生物强化降解与多介质传质机理、固相残余物生化和热化学耦合转化规律，研发高含固生物有机质反应器内生物强化技术、智能化分析和调控技术，研究固相反应残余物系统内自消纳资源化技术。

（2）针对城镇易腐有机固废，研究其生物转化与二次污染控制过程中微生物群落与物质结构变化规律，研发易腐垃圾多组分协同降解转化技术及装备，研究反应过程挥发性污染物及新兴污染物系统识别与深度控制技术。

（3）针对矿业、冶金、化工、陶瓷典型行业大宗低阶固废规模化增值利用迫切需求，研究固废低阶组分物相高温重构技术，研究固废杂质组分快速安全分离技术与大型化装备，研究固废有害组分微观结构调控屏蔽及稳定固化技术，研究固废颗粒表面改性和界面协同设计技术，研究固废全体量原位复合增强高性能化技术。

5.1.5 危险废物处置

（1）开发多种有机固废协同稳定焚烧技术及装备；研究焚烧过程参数测量和数据耦合诊断技术，开发过程智能自动优化控制系统；研究焚烧烟气腐蚀介质钝化和高参数余热利用技术；研制烟气二噁英、重金属等多种污染物协同净化、超低排放技术及设备。

（2）针对铝冶炼、黄金冶炼、锌冶炼典型高毒危废，研究典型危废毒害组分赋存规律与安全利用属性，研究氰 / 氟 / 硫 / 碱等毒害组分高温熔融、气化熔融等稳定化处置技术。研究典型工业污泥毒害组分安全转化与玻璃固化技术及装备。

（3）针对城镇建筑及生活垃圾、工业有机固废热解装备大型化需求，研究有机固废热解过程有害物质迁移转化规律及脱焦除硫控氮新技术，研究重金属、二噁英、生物毒性等危害特性热阻断技术，研究高温热解气深度净化与高效利用技术，研究热解残渣安全高值化利用技术。

5.1.6 固体管理

含油固废监测是近年来固废监测的热点，我国每年产生的含油污泥总量达数百万吨，因此对含油固废的监测工作就显得尤为重要。针对目前含油固废监测上存在的问题，如：检测方法中的重量法、紫外分光光度法、红外分光光度法和气相色谱—质谱法等的不统一，提出分析检测可用石油类或石油烃总量来进行。现有的固体废物分析方法主要为浓度分析，除 Cr 外几乎没有形态分析，得到的浓度信息难以准确反映污染物的危害性和潜在的污染程度。开发研究各类污染物的形态分析方法，是未来几年固体废物监测的一个重点领域。近年来我国也不断完善固废监测体系建设，固废监测体系发展迅速，呈现出从个别到一般、从零散到整体、监测范围逐渐拓宽、监测方法逐渐增加的趋势，现已形成了包括固体废物采样和制样、危险废物鉴别及各种监测分析方法在内的较为完善的监测体系。部分固废处置的监测工作由最初的关注 H_2S、NH_3 等少数无机污染物，到最后重点关注感官嗅辨。电子鼻进行在线测试是近年来固废监测的一个趋势，它是基于模式识别算法来进行计算，并在近年来被广泛应用。

当前固废监测发展趋势开始体现在将遥感应技术应用于固废监测研究中，攻克多源数据协同的固废监测数据预处理和相应指标反演技术，开展无人机固废监测和天空地协同固废监测预警关键技术研究，研发用于企业固废风险源的集物联网、互联网、大数据、云计算、移动终端于一体的连接管理部门、企业与公众的环境风险源监测管理技术及设备。

5.2 展望

当前，固体废物污染控制的研究趋势已由单要素研究、单一治理向多要素研究、综合资源化治理发展；固体废物污染防治技术的研究重点由单项治理转向综合防控，并正在向可持续发展（绿色发展）的方向延伸；现有固废处理处置与资源化技术向废物综合管控与绿色循环利用方向转变。基于大量废物代谢与转化理论和机理研究，近年来固废处置与循环利用已由理念转入实施，我国近年来已经向构建适应我国固废特征的源头减量与循环利用技术体系的方向改变，研究热点向构建若干重点行业、重点区域的循环经济发展技术模式转变，如典型工业固废源头减量与清洁利用技术，城镇与农林生物质废物资源化与能源化利用技术，新兴城市矿产精细化高值利用技术等，不断提升资源利用效率，推动资源循环利用产业发展。固体废物处理与处置学科未来五年发展的战略需求主要集中在以下几方面。

（1）加速推进固体废物分类管理，建立有效的回收利用体系。城市垃圾分类管理在我国起步较晚，1992 年，在《中国 21 世纪议程》中才首次提出城市生活垃圾分类收集，2000 年确定在 8 个城市开展生活垃圾分类收集试点，但 2014 年的试点效果并不理想，2016 年迎来我国垃圾分类新纪元，提出在 2020 年底回收利用率要达到 35% 以上。因此，在未来一段时间内，加快国内固体废物回收利用体系建设，推进城乡生活垃圾分类，提高国内固体废物的回收利用率是工作重点之一。

（2）推动固体废物资源化技术研究，提升固体废物资源化利用技术及装备水平。工业固废及生活垃圾资源化利用技术及装备水平有待提升。随着科技的不断发展，涌现出了许多新兴固体废物，电子垃圾、快递包装等，提高废弃电器电子产品、报废汽车拆解利用水平，提高快递废包装的利用途径成为一项重要工作。同时，要鼓励和支持企业联合科研院所、高校开展固体废物处理与处置装备的研发，加快相关技术及装备的产业化进程。

（3）完善固体废物综合治理的法律法规体系，加大监督巡查力度。我国是经济社会发展最快的国家之一，经济发展与城市固体废物法律框架之间存在一定的不平衡。现阶段我国法律法规对生产者的责任制度要求不健全，应明确生产者责任制度，例如汽车行业，汽车生产商介入较少，我国报废汽车回收利用体系的主导是汽车回收拆解企业，不利于鼓励生产者从产品设计阶段利用优先选择环保材料来增大汽车的可回收性，因此，要加强生产者责任延伸范围。另外，应明确信息披露制度，使消费者容易获取资源。例如对于危险废物，企业应列明其排放清单并标注出排放量，向相关政府报告，由政府公开。最后，随着管理力度的加强，巡查力度也应加大，尤其是对于工业固体废物、危险废物的处理。

参考文献

［1］宁平. 固体废物处理与处置［M］. 北京：高等教育出版社，2007.

［2］中国环境保护产业协会固体废物处理利用专业委员会. 我国固体废物处理利用行业 2008 年发展综述［J］. 中国环保产业，2009（9）：19–23.

［3］李金惠，赵传军，刘丽丽. 固体废物处理利用行业 2017 年发展综述［J］. 中国环保产业，2018（10）：7–15.

［4］江婷钰. 城市规划中的垃圾处置因素考量［J］. 再生资源与循环经济，2018，11（4）：30–32.

［5］中华人民共和国国家统计局. 中国统计年鉴（2018）［M］. 北京：中国统计出版社，2018.

[6] 石笑羽，王宁，陈钦冬，等. 生物炭加速餐厨垃圾厌氧消化的机理［J］. 环境工程学报，2018，12（11）：3204–3212.

[7] 冯显露，刘新颖，孙德智，等. 投加颗粒活性炭强化餐厨垃圾的厌氧处理［J］. 中国环境科学，2018，38（3）：1018–1023.

[8] 王冰洁，王金辉，黄怡然，等. 餐厨垃圾固相物料与厨余垃圾混合中温厌氧消化工程中试研究［J］. 中国沼气，2019，37（1）：75–79.

[9] 黄红辉，王德汉，罗子锋，等. 生物质飞灰对餐厨垃圾两相厌氧消化的影响［J］. 农业环境科学学报，2018，37（6）：1277–1283.

[10] 王春雨，陈荣. 罐式好氧发酵堆肥处理生活、餐厨垃圾及资源化利用的研究［J］. 科技创新与应用，2017（21）：24–25.

[11] Pandey P. K.，Cao W.，Biswas S.，et al. A new closed loop heating system for composting of green and food wastes［J］. Journal of Cleaner Production，2016（133）：1252–1259.

[12] 贾璇，赵冰，任连海，等. 施用餐厨垃圾调理剂对果园土壤有机碳组分的影响［J］. 环境科学研究，2019，32（3）：485–492.

[13] Li Y.，Jin Y.，Li J.，et al. Effects of thermal pretreatment on degradation kinetics of organics during kitchen waste anaerobic digestion［J］. Energy，2017（118）：377–386.

[14] 杨卉，杨本芹，杨金明，等. 垃圾渗滤液两级 DTRO 浓缩液生物蒸发处理研究［J］. 中国环境科学，2017，37（9）：3437–3445.

[15] 乔艳云，宋志伟，潘宇. 蚯蚓处理对脱水城市污泥性能的影响［J］. 安徽农业科学，2018，46（27）：59–61.

[16] 祁丽，梅竹松，邱春生，等. 生物淋滤对城市污泥重金属去除及形态变化的影响研究［J］. 环境污染与防治，2018，40（10）：1116–1121.

[17] 王京，冉全，范百龄，等. 生物沥浸对城市污泥中重金属去除研究［J］. 江苏农业科学，2018，46（24）：363–365.

[18] 王海娟，宁平，张泽彪，等. 含砷金矿的蜈蚣草除砷预处理初步研究［J］. 武汉理工大学学报，2010，32（8）：59–63.

[19] Han W.，Zhao Y.，Chen H. Study on biogas production of joint anaerobic digestion with excess sludge and kitchen waste［J］. Procedia Environmental Sciences，2016（35）：756–762.

[20] 黄宇钊，冼萍，李桃，等. 热碱处理污泥协同餐厨垃圾两相厌氧消化的特性［J]. 环境工程,2018,36(9)：119–124.

[21] 王洋涛，常华，李海红. 餐厨垃圾与活性污泥混合厌氧发酵研究［J］. 环境污染与防治，2019，41（3）：323–328.

[22] 李薇，黄殿男，傅金祥，等. 低压直流电促进污泥好氧消化的性能研究［J］. 工业水处理，2016，36（1）：41–44.

[23] 李文浩，金宁奔，楼紫阳，等. 城市污水厂污泥内循环自热高温微好氧消化的处理［J］. 环境工程学报，2017，11（9）：5182–5187.

[24] Qin L.，Han J.，Zhao B.，et al. Thermal degradation of medical plastic waste by in–situFTIR，TG–MS and TG–GC/MS coupled analyses［J］. Journal of Analytical and Applied Pyrolysis，2018（136）：132–145.

[25] Shen Y.，Yu S.，Ge S.，et al. Hydrothermal carbonization of medical wastes and lignocellulosic biomass for solid fuel production from lab–scale to pilot–scale［J］. Energy，2017（118）：312–323.

[26] Zeng J.，Yue Y.，Gao Q.，et al. Co–treatment of hazardous wastes by the thermal plasma to produce an effective catalyst［J］. Journal of Cleaner Production，2019（208）：243–251.

[27] 陆俏利，瞿广飞，吴斌，等. 矿区含砷尾矿及废渣稳定化研究［J］. 环境工程学报，2016，10（5）：

2587–2594.

[28] Li P., Li T., Zeng Y., et al. Biosynthesis of xanthan gum by Xanthomonas campestris LRELP–1 using kitchen waste as the sole substrate [J]. Carbohydrate polymers, 2016 (151): 684–691.

[29] Li P., Xie Y., Zeng Y., et al. Bioconversion of welan gum from kitchen waste by a two–step enzymatic hydrolysis pretreatment [J]. Applied biochemistry and biotechnology, 2017, 183 (3): 820–832.

[30] 石姗姗，高明，汪群慧．餐厨垃圾发酵制备生物燃料丁醇的研究 [J]．环境工程，2017，35 (2)：117–121.

[31] Ma W., Liu B., Zhang R., et al. Co–upgrading of raw bio–oil with kitchen waste oil through fluid catalytic cracking (FCC) [J]. Applied energy, 2018 (217): 233–240.

[32] 戴世金，周紫薇，张子莎，等．餐厨垃圾有机酸发酵液淋洗去除土壤重金属 [J]．环境工程学报，2019，13 (2)：381–388.

[33] Si L., Peng X., Zhou J. The suitability of growing mulberry (Morus alba L.) on soils consisting of urban sludge composted with garden waste: a new method for urban sludge disposal [J]. Environmental Science and Pollution Research, 2019, 26 (2): 1379–1393.

[34] Wang L., Wang Y., Lian J. Preparation of the sludge activated carbon with domestic sludge mixed agricultural straw [C] // IOP Conference Series: Materials Science and Engineering. IOP Publishing, 2017, 167 (1): e012004.

[35] 刘娜，孙鑫，宁平，等．新型矿浆材料脱硫现状及研究进展 [J]．材料导报，2017，31 (17)：106–111.

[36] Qiu B., Duan F. Synthesis of industrial solid wastes/biochar composites and their use for adsorption of phosphate: from surface properties to sorption mechanism [J]. Colloids and Surfaces A: Physicochemical and Engineering Aspects, 2019 (571): 86–93.

[37] Li C., Zhou Y., Tian Y., et al. Preparation and characterization of mullite whisker reinforced ceramics made from coal fly ash [J]. Ceramics International, 2019, 45 (5): 5613–5616.

[38] Wang Y. C., Zhao J. P. Facile preparation of slag or fly ash geopolymer composite coatings with flame resistance [J]. Construction and Building Materials, 2019 (203): 655–661.

[39] 郭琳琳，范小振，张文育，等．电石渣制备高附加值碳酸钙的研究进展 [J]．化工进展，2017，36 (1)：364–371.

[40] Li R., Zhou Y., Li C., et al. Recycling of industrial waste iron tailings in porous bricks with low thermal conductivity [J]. Construction and Building Materials, 2019 (213): 43–50.

[41] 郑毅，夏发发，林顺洪，等．废弃红砖微粉填料制备环保乳胶漆及其性能研究 [J]．中国环境科学，2019，39 (2)：684–690.

[42] 马丽萍．磷石膏资源化综合利用现状及思考 [J]．磷肥与复肥，2019，34 (7)：5–9.

[43] 赵思琪，马丽萍，杨杰，等．CO_2 捕集的研究现状及钙基吸收剂的应用 [J]．硅酸盐通报，2017，36 (11)：3683–3690.

[44] 杨杰，马丽萍，杨静，等．磷石膏、褐煤化学链制合成气的研究进展 [J]．现代化工，2018，38 (7)：67–70.

[45] 连艳，马丽萍，刘红盼，等．磷石膏与硫化氢气体反应制硫化钙的实验研究 [J]．化学工程，2016，44 (8)：48–52.

[46] Ma B., Lu W., Su Y., et al. Synthesis of α–hemihydrate gypsum from cleaner phosphogypsum [J]. Journal of cleaner production, 2018 (195): 396–405.

[47] Yang L., Zhang Y., Yan Y. Utilization of original phosphogypsum as raw material for the preparation of self–leveling mortar [J]. Journal of Cleaner Production, 2016 (127): 204–213.

[48] 焦娟玉，周成志．磷石膏改良盐碱地资源化利用技术试验研究 [J]．农业开发与装备，2018 (8)：112–113.

[49] 李丹，金修齐，王朋，等. 水稻秸秆生物炭对罗丹明 B 的吸附与降解［J］. 环境工程学报，2017，11（9）：5195-5200.

[50] 蔡思颖，黄碧捷，桂思琪，等. 改性秸秆吸附水体污染物研究进展［J］. 绿色科技，2018（10）：63-65.

[51] Jiang J.，Yuan M.，Xu R.，et al. Mobilization of phosphate in variable-charge soils amended with biochars derived from crop straws［J］. Soil and Tillage Research，2015（146）：139-147.

[52] Liao P.，Huang S.，Van Gestel N. C.，et al. Liming and straw retention interact to increase nitrogen uptake and grain yield in a double rice-cropping system［J］. Field crops research，2018（216）：217-224.

[53] Yao Y.，Chen S.，Kafle G. K. Importance of "weak-base" poplar wastes to process performance and methane yield in solid-state anaerobic digestion［J］. Journal of Environmental Management，2017（193）：423-429.

[54] Page L. H.，Ni J. Q.，Zhang H.，et al. Reduction of volatile fatty acids and odor offensiveness by anaerobic digestion and solid separation of dairy manure during manure storage［J］. Journal of Environmental Management，2015（152）：91-98.

[55] Eboibi B. E.，Lewis D. M.，Ashman P. J.，et al. Integrating anaerobic digestion and hydrothermal liquefaction for renewable energy production：an experimental investigation［J］. Environmental Progress & Sustainable Energy，2015，34（6）：1662-1673.

[56] Nava-Valente N.，Alvarado-Lassman A.，Nativitas-Sandoval L. S.，et al. Improved anaerobic digestion of a thermally pretreated mixture of physicochemical sludge; broiler excreta and sugar cane wastes（SCW）：Effect on organic matter solubilization，biodegradability and bioenergy production［J］. Journal of Environmental Science and Health，Part A，2016，51（5）：446-453.

[57] Thyberg K. L.，Tonjes D. J. The environmental impacts of alternative food waste treatment technologies in the U.S［J］. Journal of Cleaner Production，2017（158）：101-108.

[58] Di Maria F.，Micale C. Life cycle analysis of incineration compared to anaerobic digestion followed by composting for managing organic waste：The influence of system components for an Italian district［J］. The International Journal of Life Cycle Assessment，2015，20（3）：377-388.

[59] Margallo M.，Taddei M. B. M.，Hern á ndez-Pellón A.，et al. Environmental sustainability assessment of the management of municipal solid waste incineration residues：a review of the current situation［J］. Clean Technologies and Environmental Policy，2015，17（5）：1333-1353.

[60] Shiota K.，Takaoka M.，Fujimori T.，et al. Cesium speciation in dust from municipal solid waste and sewage sludge incineration by synchrotron radiation micro-X-ray analysis［J］. Analytical chemistry，2015，87（22）：11249-11254.

[61] Ouda O. K. M.，Raza S. A.，Nizami A. S.，et al. Waste to energy potential：a case study of Saudi Arabia［J］. Renewable and Sustainable Energy Reviews，2016（61）：328-340.

[62] Fernández-Gonz á lez J. M.，Grindlay A. L.，Serrano-Bernardo F.，et al. Economic and environmental review of Waste-to-Energy systems for municipal solid waste management in medium and small municipalities［J］. Waste Management，2017（67）：360-374.

[63] Passamani G.，Ragazzi M.，Torretta V. Potential SRF generation from a closed landfill in northern Italy［J］. Waste management，2016（47）：157-163.

[64] Danthurebandara M.，Van Passel S.，Vanderreydt I.，et al. Assessment of environmental and economic feasibility of Enhanced Landfill Mining［J］. Waste management，2015（45）：434-447.

[65] Di Maria F.，Micale C. Life cycle analysis of incineration compared to anaerobic digestion followed by composting for managing organic waste：The influence of system components for an Italian district［J］. The International Journal of Life Cycle Assessment，2015，20（3）：377-388.

[66] Lee U.，Han J.，Wang M. Evaluation of landfill gas emissions from municipal solid waste landfills for the life-cycle

analysis of waste-to-energy pathways [J]. Journal of cleaner production，2017（166）：335-342.

[67] Ball A. S.，Shahsavari E.，Aburto-Medina A.，et al. Biostabilization of municipal solid waste fractions from an Advanced Waste Treatment plant [J]. Journal of King Saud University-Science，2017，29（2）：145-150.

[68] Paradelo R.，Cambier P.，Jara-Miranda A.，et al. Mobility of Cu and Zn in soil amended with composts at different degrees of maturity [J]. Waste and biomass valorization，2017，8（3）：633-643

[69] Alvarenga P.，Mourinha C.，Farto M.，et al. Sewage sludge，compost and other representative organic wastes as agricultural soil amendments：Benefits versus limiting factors [J]. Waste management，2015（40）：44-52.

[70] Yazdanpanah N.，Mahmoodabadi M.，Cerdà A. The impact of organic amendments on soil hydrology，structure and microbial respiration in semiarid lands [J]. Geoderma，2016（266）：58-65.

[71] Couto N.，Silva V.，Monteiro E.，et al. Numerical and experimental analysis of municipal solid wastes gasification process [J]. Applied Thermal Engineering，2015（78）：185-195.

[72] Bhavanam A.，Sastry R. C. Kinetic study of solid waste pyrolysis using distributed activation energy model [J]. Bioresource technology，2015（178）：126-131.

[73] Miandad R.，Barakat M. A.，Aburiazaiza A. S.，et al. Effect of plastic waste types on pyrolysis liquid oil [J]. International biodeterioration & biodegradation，2017（119）：239-252.

[74] Chandel M. K.，Yadav S. K. Comparing greenhouse gas emissions from different waste management alternatives in India [J]. International Journal of Environmental Technology and Management，2016，19（2）：167-175.

[75] Tan S. T.，Ho W. S.，Hashim H.，et al. Energy，economic and environmental（3E）analysis of waste-to-energy（WTE）strategies for municipal solid waste（MSW）management in Malaysia [J]. Energy Conversion and Management，2015（102）：111-120.

[76] Arafat H. A.，Jijakli K.，Ahsan A. Environmental performance and energy recovery potential of five processes for municipal solid waste treatment [J]. Journal of Cleaner Production，2015（105）：233-240.

[77] Salemdeeb R.，Ermgassen E. K. H. J.，Kim M. H.，et al. Environmental and health impacts of using food waste as animal feed：a comparative analysis of food waste management options [J]. Journal of cleaner production，2017（140）：871-880.

[78] 张瑞青，杜鹏，梁恒，等. 餐厨垃圾厌氧发酵+好氧发酵处理技术工程应用 [J]. 环境卫生工程，2018，26（4）：90-93.

[79] 杨向荣，喻果焱. 城镇生活污水处理厂污泥制有机肥处理处置技术简析 [J]. 能源研究与管理，2018（4）：74-77.

[80] 吴健，华银锋，张海涛，等. 高含固餐厨垃圾半干法厌氧发酵系统运行分析 [J]. 科学技术与工程，2018，18（35）：94-99.

[81] 宋艳培，庄修政，詹昊，等. 污泥与褐煤共水热碳化的协同特性研究 [J]. 化工学报，2019，70（8）：3132-3141

[82] 刘锦伦，曾婷，熊亭. 厌氧发酵技术在餐厨垃圾与城市污泥协同处置中的应用与研究 [J]. 环境与可持续发展，2017，42（1）：96-97.

[83] 马一菲. 宝鸡市污泥再生材料处置的探讨 [J]. 石化技术，2019，26（3）：329-332，334.

[84] 梁华祖，尚卫辉，黄少玲，等. 城市污泥堆肥对锦紫苏生长的影响 [J]. 湖北农业科学，2018，57（23）：71-75，80.

[85] 杨大为，徐登业. 粉煤灰路基填筑施工技术 [J]. 工程建设与设计，2017（18）：155-156.

[86] 田梅霞，谢磊，王安. 探析粉煤灰高效利用制新型建材的技术与应用 [J]. 建材与装饰，2019（6）：41-42.

[87] 李彬，王枝平，曲凡，等. 赤泥中有价金属的回收现状与展望 [J]. 昆明理工大学学报（自然科学版），2019，44（2）：1-10.

［88］冯荣堂．粉煤灰水泥蜂窝复合板施工技术［J］．城市住宅，2018，25（12）：105–107.

［89］杨冬蕾．我国磷石膏和钛石膏资源化利用进展及展望［J］．硫酸工业，2018（10）：5–10.

［90］于榕庆．废弃磷石膏制备公路用再生集料施工技术［J］．住宅与房地产，2018（31）：180.

［91］王辛龙，张志业，杨守明，等．硫黄分解磷石膏制硫酸关键技术及工程进展［J］．磷肥与复肥，2017，32（12）：24–28.

［92］王亚超，刘云峰，郭军．粉煤灰胶体防灭火技术在巷道火灾治理中的应用［J］．煤炭技术，2017，36（5）：196–198.

［93］李会泉，张建波，王晨晔，等．高铝粉煤灰伴生资源清洁循环利用技术的构建与研究进展［J］．洁净煤技术，2018，24（2）：1–8.

［94］龚家竹．钛石膏与磷石膏固废耦合资源化利用技术进展［J］．无机盐工业，2019，51（1）：1–6，11.

［95］李元迎，李万贵，苑鹏飞．耐高温菌群发酵技术实现农作物秸秆资源化［J］．科技风，2017（7）：226.

［96］闫玄梅，张晓玲，雷锦霞．山西省农业资源高效利用技术研究［J］．现代农业科技，2016（1）：283–284，286.

［97］金兆荣，徐宏，侯峰，等．热等离子体技术处理危险废物的应用探讨［J］．现代化工，2018，38（5）：6–10.

［98］陈剑峰．等离子体炉在危险废物资源化利用中的技术探索［J］．化学工程与装备，2018（6）：280–282.

［99］李兴福，方斌斌，黄文平，等．水泥窑协同处置典型危险废物预处理系统研究［J］．污染防治技术，2018，31（1）：1–4.

［100］赵由才，陈彧，晏振辉，等．危险废物回转窑焚烧技术优化及二次污染控制［J］．有色冶金设计与研究，2018，39（2）：44–47，50.

［101］Kim M.，Chowdhury M. M. I.，Nakhla G.，et al. Synergism of co–digestion of food wastes with municipal wastewater treatment biosolids［J］．Waste Management，2016（61）：473–483.

［102］Ragazzi M.，Schiavon M. Technical Aspects of Upgrading Composting To Anaerobic Digestion And Post–Composting［J］．WIT Transactions on Ecology and the Environment，2017（224）：301–308.

［103］Cesaro A.，Russo L.，Belgiorno V. Combined anaerobic/aerobic treatment of OFMSW：Performance evaluation using mass balances［J］．Chemical Engineering Journal，2015（267）：16–24.

［104］Di Maria F.，Barratta M.，Bianconi F.，et al. Solid anaerobic digestion batch with liquid digestate recirculation and wet anaerobic digestion of organic waste：Comparison of system performances and identification of microbial guilds［J］．Waste management，2017（59）：172–180.

［105］Lonkar S.，Fu Z.，Wales M.，et al. Creating Economic Incentives for Waste Disposal in Developing Countries Using the MixAlco Process［J］．Applied Biochemistry & Biotechnology，2016，181（1）：1–15.

［106］Lei Y.，Sun D.，Dang Y.，et al. Stimulation of methanogenesis in anaerobic digesters treating leachate from a municipal solid waste incineration plant with carbon cloth［J］．Bioresource technology，2016（222）：270–276.

［107］Goh C. K.，Valavan S. E.，Low T. K.，et al. Effects of different surface modification and contents on municipal solid waste incineration fly ash/epoxy composites［J］．Waste management，2016（58）：309–315.

［108］Guimarães C.，Maia D.，Serra E. Construction of biodigesters to optimize the production of biogas from anaerobic co–digestion of food waste and sewage［J］．Energies，2018，11（4）：e870.

［109］Majhi B. K.，Jash T. Two–phase anaerobic digestion of vegetable market waste fraction of municipal solid waste and development of improved technology for phase separation in two–phase reactor［J］．Waste management，2016（58）：152–159.

［110］Suchowska–Kisielewicz M.，Sadecka Z.，Myszograj S.，et al. Mechanical–Biological treatment of municipal solid waste in Poland–case studies［J］．Environmental Engineering & Management Journal（EEMJ），2017，16（2）：481–491.

［111］Tanigaki N.，Ishida Y.，Osada M. A case–study of landfill minimization and material recovery via waste co–

gasification in a new waste management scheme [J]. Waste management, 2015 (37): 137–146.

[112] Waqas M., Nizami A. S., Aburiazaiza A. S., et al. Optimizing the process of food waste compost and valorizing its applications: A case study of Saudi Arabia [J]. Journal of cleaner production, 2018 (176): 426–438.

[113] Gutiérrez M. C., Serrano A., Siles J. A., et al. Centralized management of sewage sludge and agro–industrial waste through co–composting [J]. Journal of environmental management, 2017 (196): 387–393.

[114] Basso D., Weiss–Hortala E., Patuzzi F., et al. Hydrothermal carbonization of off–specification compost: A byproduct of the organic municipal solid waste treatment [J]. Bioresource technology, 2015 (182): 217–224.

[115] Jara–Samaniego J., Pérez–Murcia M. D., Bustamante M. A., et al. Composting as sustainable strategy for municipal solid waste management in the Chimborazo Region, Ecuador: Suitability of the obtained composts for seedling production [J]. Journal of cleaner production, 2017 (141): 1349–1358.

[116] Varo A., Raya–Ortega M. C., Agustí–Brisach C, et al. Evaluation of organic amendments from agroindustry waste for the control of Verticillium wilt of olive [J]. Plant Pathology, 2018, 67 (4): 860–870.

[117] Xue Y., Zhou S., Brown R. C., et al. Fast pyrolysis of biomass and waste plastic in a fluidized bed reactor [J]. Fuel, 2015 (156): 40–46.

[118] Lam S. S., Liew R. K., Lim X. Y., et al. Fruit waste as feedstock for recovery by pyrolysis technique [J]. International Biodeterioration & Biodegradation, 2016 (113): 325–333.

[119] Maroušek J, Hašková S, Zeman R, et al. Processing of residues from biogas plants for energy purposes [J]. Clean Technologies and Environmental Policy, 2015, 17 (3): 797–801.

[120] 肖建庄，刘良林，张泽江，等．高性能混凝土结构火安全可恢复性研究进展 [J]．建筑科学与工程学报，2019，36 (1)：1–12.

[121] 肖建庄，张青天，余江滔，等．混凝土结构的新发展—组合混凝土结构 [J]．同济大学学报 (自然科学版)，2018，46 (2)：147–155.

[122] 吴波，计明明，赵新宇．再生混合混凝土及其组合构件的研究现状 [J]．工程力学，2016，33 (1)：1–10.

[123] 吴波，艾武波，赵霄龙．高强化再生混合混凝土的基本徐变试验研究 [J]．建筑结构学报，2016，37(S2)：109–114.

[124] 张静，邹滨，陈思萱，等．土壤重金属污染风险时空变化模拟与分析 [J]．测绘科学，2016，41 (10)：88–92.

[125] 王琛，田庆华，王亲猛，等．铜渣有价金属综合回收研究进展 [J]．金属材料与冶金工程，2014，42 (6)：50–56.

[126] 郭学益，王松松，王亲猛，等．氧气底吹炼铜模拟软件 SKSSIM 开发与应用 [J]．有色金属科学与工程，2017，8 (4)：1–6.

[127] 王亲猛，郭学益，廖立乐．氧气底吹炼铜多组元造锍行为及组元含量的映射关系 [J]．中国有色金属学报，2016，26 (1)：188–196.

[128] 陈燕，陈仕艳，姚晶晶，等．细菌纤维素负载金纳米粒子复合膜的制备及催化性能 [J]．合成纤维，2016，45 (12)：12–17.

[129] 关于修改〈关于做好下放危险废物经营许可证审批工作的通知〉部分条款的通知．环办土壤函 [2016] 1804 号 .

[130] 项娟，王德芳，吴迪，等．固体废弃物资源化的发展趋向分析 [J]．冶金与材料，2018，38 (5)：173–174.

[131] 关于在医疗机构推进生活垃圾分类管理的通知．国卫办医发〔2017〕30 号 .

[132] 陈圳．健康法治视角下医疗废物管理存在的问题及对策 [J]．中国卫生法制，2018，26 (4)：41–46.

[133] Eriksson M., Strid I., Hansson P. A. Carbon footprint of food waste management options in the waste hierarchy–a Swedish case study [J]. Journal of Cleaner Production, 2015 (93): 115–125.

[134] Yay A. S. E. Application of life cycle assessment (LCA) for municipal solid waste management：a case study of Sakarya [J] . Journal of Cleaner Production，2015 (94)：284–293.

[135] Cui H.，Sošić G. Recycling common materials：Effectiveness，optimal decisions，and coordination mechanisms [J] . European Journal of Operational Research，2019，274 (3)：1055–1068.

[136] De Souza R. G.，Cl í maco J. C. N.，Sant'Anna A P，et al. Sustainability assessment and prioritization of e–waste management options in Brazil [J] . Waste management，2016 (57)：46–56.

[137] Davis J. M.，Garb Y. A model for partnering with the informal e–waste industry：rationale，principles and a case study [J] . Resources，Conservation and Recycling，2015 (105)：73–83.

撰稿人：王冬梅　赵　锐　高　强

ABSTRACTS

Comprehensive Report

Status and Prospect of Environmental Science

Considering that the environmental problem has become a problem of sustainable development, in response to the five development concepts of innovation, coordination, green, open and sharing and the concept of adhering to the harmonious coexistence of man and nature and building ecological civilization put forward during the 13th five-year plan, the construction of environmental discipline has become an urgent task.

This report from the atmospheric environment, water environment, soil and groundwater environment, solid waste disposal and resource recovery four areas, for the period 2018-2019 generalizes the research progress of disciplines in our country, summarizes the scientific research disciplines (including the latest research progress in recent years, the discipline research progress at home and abroad comparison), about the way of talent cultivation and platform construction and so on were discussed, puts forward the train of thought for discipline development.

In the field of atmospheric environment, this discipline is a new interdisciplinary, mainly including atmospheric environment science, environmental meteorology and atmospheric pollution prevention and control engineering (atmospheric pollution prevention and control technology) . By the end of 2018, the emission and concentration of major air pollutants in China had dropped significantly, and the ambient air quality in key areas and cities had improved significantly. At the same time, the current situation of ozone pollution has become an important pollutant affecting the air quality in China. Therefore, our country air pollution control situation is still severe, the task is still arduous. At present, China has put forward a series of work plans to support the prevention and control of air pollution: the State Council on deepening the central government (and funds, etc.) special management reform plan, pay attention to the action plan on the prevention and control of air pollution, accelerate the development of energy conservation and environmental protection industry and other general requirements; The Ministry of Science and Technology, in conjunction with other relevant departments, has launched a national key research and development project - pilot air pollution prevention and control. In 2016, the national natural science foundation of China approved and supported projects related to atmospheric science. In 2018, the State Council issued and implemented the three-year action plan for winning the battle to protect the blue sky. Faced with the current situation of policy support and pollution, this report summarizes the research progress of atmospheric environment discipline in recent years from the following aspects, and makes a prospect: (1) the origin and transmission rules of air pollution; (2) health effects of air pollution; (3) atmospheric environment monitoring technology; (4) air pollution treatment technology of key pollution sources; (5) regional air pollution joint prevention and control. It is necessary to further implement the total air pollution control theory, optimize the source list technology, reverse the trend of pollution, and realize long-term improvement of air quality in China on the premise of eliminating heavy pollution. In terms of health effects of air pollution, reports from atmospheric pollution exposure assessment, atmospheric pollution toxicology and atmospheric pollution, summarizes the three aspects of epidemiology, nearly five years in air pollution and health in our country already had significant increase in the number of studies, however, the related research in China in terms of quality compared with the advanced level in the United States and other developed countries still have obvious shortcomings, should be exposed to carry out the basic survey or research work, to speed up the application of exposure assessment on current international advanced technology, for our country's air pollution epidemiological studies provide exposure data with high spatial and temporal resolution. Our atmospheric environmental monitoring technology and equipment of the independent research can not meet the national ozone monitoring of secondary pollution, such as business needs in the next five years, we need to break through the atmospheric environment monitoring key technologies, improve the construction of the platform, further strengthen the atmospheric three-dimensional monitoring technology. In key pollution source of atmospheric pollution control technology, summarized the industrial source of atmospheric pollution control technology of the bioremediation technology of particulate matter, desulphurization and denitration, volatile organic compounds (VOCs) control technologies, mobile source of atmospheric pollution control technology in clean fuels and alternative technologies, machine processing and emission aftertreatment technology, non-point source and indoor air pollution purification technology of non-point source pollution control technology and purification of indoor air pollutants; Among them, the industry source of atmospheric pollution control technologies still exist some obvious problems in VOCs control, mobile source of atmospheric pollution control technologies should be geared to the needs of more strict mobile source emissions control requirements, non-point source and indoor air pollution purification technology is important breakthrough and urban residents coal dust control and ammonia emissions control, key technology and complete sets of equipment. In terms of regional air pollution zone from spreading, Beijing-Tianjin-Hebei region air pollution zone from spreading into the stable phase, set up the regional air pollution integrated stereo observation, made a fine data, promoted the beijing-tianjin-hebei, and the surrounding region's air quality continues to improve, the future need to develop different terrain tracer diffusion experiment and research, from the national level research cross-regional, cross-sectoral coordination mechanism and system innovation model, system evaluation in our country existing national and local atmospheric environment management and economic policies and their implementation results.

In the field of water environment, a series of supporting policies, such as "water ten plan", "13th five-year plan", "river chief system" and "lake chief system", have brought broad market space for water treatment industry. Research priorities for the next five years: to improve the quality of the water environment as the core, to coordinate the management of water resources, water pollution treatment and water ecological protection; Coordinated management of surface water and groundwater, fresh water and seawater, large rivers and small streams; Source control system, comprehensive control of pollutant emissions; Engineering measures and management measures simultaneously, earnestly implement the task of governance. Compared with the research status at home and abroad, in the study of water quality monitoring and early warning system in water source or watershed, the international mainstream water quality model is relatively mature, but the domestic lack of macro scale design and application. In terms of operational application, domestic water environment quality forecasting and warning service has not formed the forecasting and warning ability to provide decision support for water pollution prevention and control. In terms of drinking water environmental risk research, foreign studies on water quality risk management and control mainly focus on agriculture and life, while domestic studies on water quality risk management and control mainly focus on the improvement and localization of assessment methods, focusing on emergency treatment. In the field of sewage treatment research, the international sewage treatment industry has further strengthened the function of pollutant reduction. At present, China does not pay enough attention to the sustainable development of sewage treatment technology and lacks water quality standards that meet the sustainable development of society and environment. In view of the degradation of global river and lake ecosystems, protecting and restoring the health of river and lake water ecosystems has become an important goal of river basin management. In this regard, the National Development and Reform Commission in 2016 issued the "13th five-year plan for the comprehensive management and construction of water environment in key river basins". Combined with the research progress and the development trend at home and abroad, the following research in China should focus on the following six aspects: river water environment monitoring, river water pollution prevention and control, lake water pollution prevention and control, drinking water safety, urban water environment and water environment management to restore water ecology and ensure water security.

In the field of soil and groundwater environment, soil science has developed into an independent natural science combined with agricultural science, environmental science, ecology, social economics and other disciplines. Soil and groundwater pollution control progress lags behind obviously, soil and groundwater remediation is imminent. Relevant policy standards include the groundwater quality standard (GB/T14848-2017), the soil environmental quality of farmland soil pollution risk control standard (trial) " (GB15618-2018), the soil environmental quality risk of construction land soil pollution control standard (trial) " (GB3600-2018), the law of the People's Republic of China on the prevention and control of soil pollution, the pollution area of risk assessment technology guideline " (HJ-2014-25.3) and the soil environment quality standard". Soil and groundwater discipline in China at the present time and the actual demand of injection, insufficient research prospective, environmental scientific research and the overall lack of overall coordination, lack of top-level design, the lack of effective communication and coordination mechanism, the environmental protection science and technology innovation ability is weak and the state environmental protection key laboratory and engineering technology center layout is not yet perfect, the future research emphasis is mainly based on four aspects: one is to strengthen the basic theory of soil and groundwater research; Second, strengthen the soil and groundwater environmental protection and restoration of key technology innovation and research; Third, the decision support system and system of soil environmental management and the early warning technology of soil and groundwater pollution risk should be innovated. Fourth, build an innovation platform. Compared with foreign countries, China still lags far behind the advanced countries such as Europe and the United States in terms of restoration technology, equipment and large-scale application. In particular, it is difficult to remediation of soil buried deep in shallow groundwater, removal of DNAPL pollutants in aquifers and remediation of soil contaminated with high clay content. In terms of soil prevention and control, the current soil pollution prevention and control measures in China can be divided into control and remediation and risk control. In the field of groundwater remediation, the domestic groundwater sampling technology is relatively backward, and the development of sampling equipment starts late. In terms of management, foreign countries have established sound laws, regulations and management systems, sound technical systems and standards, and whole-process monitoring and management systems for soil and groundwater management. A large number of domestic standards still have many problems in the practice process, which need to be improved step by step. The following aspects should be paid attention to in the future: the development of green soil bioremediation technology; From single repair technology to multi-technology joint development; Development of soil remediation techniques from ectopic to in-situ; Improve the existing technology, pay attention to theoretical research; Establishing a scientific groundwater pollution monitoring and evaluation system; Study on the migration rule and evolution mechanism of groundwater pollutants; Quantification and minimization of uncertainty; Improvement of groundwater pollution remediation technology.

In the field of solid waste treatment and recycling, the process of urbanization is accelerating, and the problem of "garbage siege" appears. In view of the current situation, the relevant policies have the spirit of accelerating the construction of ecological civilization. The 19th National Congress of the Communist Party of China made arrangements to "strengthen solid waste and garbage treatment" and "promote comprehensive conservation and recycling of resources". The Ministry of Science and Technology, together with relevant departments, local authorities and industry organizations, has formulated a special implementation plan for the national key research and development plan on the recycling of solid waste. Research hotspots include industrial solid waste resource recovery, hazardous waste treatment and disposal and related management, rural household waste treatment and disposal, "waste-free city" construction, garbage classification, emerging solid waste treatment and so on. In terms of research hot spots and related technological progress: in terms of waste recycling and other aspects, major national science and technology projects have made breakthroughs in a number of basic theories and core key technologies. Key technologies for comprehensive utilization and resource utilization of solid waste in bulk chemical industry. The project of "Internet + recycling technology of typical urban renewable resources based on big data" was launched. Solid waste and recycling industrialization application has made a series of significant development in recent years, industrial application has made great progress in many aspects, such as in the construction field of solid waste, waste concrete field, smelting metal waste, electronic waste, waste polyester and fiber preparation areas, agriculture and forestry residues areas, industrial and mining areas of solid waste, etc used widely and successfully realize the industrialization of solid waste. According to the requirements of environmental risk prevention and control and fine management in the whole process of hazardous waste in China, the projects of "basic research on interaction properties and risk control of solid waste environmental resources" and "environmental risk assessment and classified control technology of hazardous waste" were launched. In recent years, the status quo and development of solid waste and resource management at home and abroad are quite different. Solid waste and resource management in our country is still in the primary stage of development, and abroad mostly focus on waste management system optimization and integrated management, for the prevention and control of pollution by solid waste recycling technology in the world, as well as the main output the result of the anaerobic digestion of municipal solid waste to produce biofuels technology is given priority to, at the same time for traditional technology such as compost, incineration and landfill, pyrolysis research also has certain improvement and progress. In general, China still lags far behind some developed countries in solid waste development and resource management. At present, it is necessary to proceed from the following aspects: accelerate the solid waste separation management and establish an effective recycling system; We will promote research on technologies for recycling solid waste, and upgrade technologies and equipment for recycling solid waste. We will improve the system of laws and regulations governing the comprehensive treatment of solid waste and intensify supervision and inspection.

Aiming at the construction of interdisciplinary and comprehensive disciplines, colleges and universities are integrating the academic resources of different departments, setting up interdisciplinary public research platforms and research centers around major scientific issues, sharing interdisciplinary academic resources, internship research platforms and leapfrog development of projects. Promote the construction of interdisciplinary academic research platform through the implementation of interdisciplinary projects. Some colleges and universities are based on interdisciplinary cooperation degree graduate training program, and can even outside the company or unit to establish cooperation relations, the formation of college graduate credit approval document and auxiliary mechanism of inside and outside, make different units and institutions are involved in the interdisciplinary talents cultivation, promote interdisciplinary and effective cooperation and communication between different institutions, ensure the quality of interdisciplinary graduate education. Finally, a scientific interdisciplinary development guarantee system, allocation methods of scientific research resources and incentive measures should be formulated to promote the rational flow of talents.

Research results have been obtained at the same time, in order to improve the academic level of the laboratory, laboratory personnel and the level of training students, the laboratory construction into a world-class environmental science and engineering research and talent training base, laboratory in international cooperation and exchanges carried out bold innovation mechanism and mode, encouraging progress has been made. Currently, we has many well-known both at home and abroad of atmospheric environmental research and development platform. In the direction of water environment, We have many domestic and foreign well-known platform for the research and development of water environment, such as the national key laboratory of pollution control and resource research, state key laboratory of urban water resources and water environment, environment simulation and pollution control, state key laboratory of hydrology and water resources and water conservancy engineering science and state key laboratory, etc. In terms of soil and groundwater environment, the current soil and groundwater research platforms in China include soil and groundwater environmental governance research group, institute of urban environment, Chinese Academy of Sciences, ShenZhen key laboratory of soil and groundwater pollution prevention and control, and GuangDong key laboratory of soil and groundwater pollution prevention and control and remediation, etc. Associated with solid waste environmental research platforms of state key laboratory of environment simulation and pollution control of national key joint laboratories, state key laboratory of urban and regional ecology, state key laboratory of pollution control and resource research, China environmental science research institute of soil and solid waste environmental research institute, Chinese academy of sciences ecological environmental research center, solid waste treatment and resource recovery laboratory and environmental protection, solid waste and chemical management technology center.

Outlook of science development, in the field of the atmosphere, the grim situation of air pollution emission reduction in our country, the national atmospheric pollutants emission standards increasingly strict, transformation and upgrading of industry demand urgently, prevention and control of atmospheric pollution is from the total emissions to total emissions and improve air quality, puts forward new requirements for air pollution control technology in China. It is urgent to strengthen the innovation and research of whole-process deep emission reduction technology for multi-pollutant sources, achieve breakthroughs in such weak links as high-efficiency and low-cost pollutant purification technology, and improve the removal efficiency of multi-pollutant and the utilization level of by-products. Key technologies for atmospheric environment monitoring that need to be improved; the advanced atmospheric environment monitoring technology innovation research platform needs to be built urgently. In the field of water environment, the development of water environment in China has been highly valued. It has made some progress in theory and technology, but there are still obvious shortcomings in many aspects. At present, the theory, method and technical system of urban water environmental protection with conventional pollutant control as the core can no longer meet the practical needs of urban sustainable ecological security and human health. Ecosystem and water quality in order to solve water amount of interaction and regulation mechanism, the pollutants exposure process is the harm of city water body biological communities and sensitive species mechanism, based on the ecological integrity of urban water environment health and safety and the ecological restoration theory and method, the urban water system of multiple cycle of material flow, energy flow change rule and kinetics model, urban reclaimed water ecological storage and risk control principle and methods of multi-scale cycle, sustainable urban water system health core scientific problems such as comprehensive security strategy. In the field of soil and groundwater, we should strengthen the basic theoretical research on soil and groundwater, pay attention to the causes of soil pollution and the control and remediation mechanism of soil pollution, strengthen the research on the process and migration rules of groundwater pollution, and carry out the benchmark research on the soil environment of major pollutants. We should build platforms for innovation, including the capacity of state key laboratories, the national engineering technology center, the national science observation and research station, and a platform for sharing scientific research data. Further strengthen the soil and groundwater pollution prevention and control of comprehensive research and development and management level. In the field of solid waste treatment, disposal and recycling, we should accelerate the classification and management of solid waste and establish an effective recycling system.We will vigorously promote research on technologies for recycling solid waste and raise the technical level of equipment for recycling solid waste. We should improve the legal and policy system for the comprehensive treatment of solid waste and intensify supervision and inspection.

In conclusion, in view of the current situation and problems of subject development, this report puts forward ideas and objectives for subject development, establishes key technologies for subject development, and puts forward countermeasures and suggestions for subject development, which is of certain reference value.

Written by Han Jiahui, Zhang Chaojie, Peng Daoping, Zhao Rui, Liu Ping

Reports on Special Topics

Report on the Development of Atmospheric Environment Discipline

With the rapid development of social economy, the atmospheric environment on which human beings live has been seriously damaged. In recent years, China has made remarkable progress in air pollution control thanks to the efforts of the government and the public. But there are also many challenges and difficulties. Based on the current situation, this report gives a comprehensive overview of the development of atmospheric environment at home and abroad, and looks forward to the future development trend. Firstly, the research progress of key atmospheric environment science is introduced. It includes the sources and transmission rules of air pollution, the health effects of air pollution, the monitoring technology of air environment, the treatment technology of air pollution from key sources, the regional joint prevention and control of air pollution, and the legislation and management of air pollution prevention and control. In this paper, the research progress of $PM_{2.5}$ source analysis technology, including diffusion model and receptor model, is introduced. Chemical mass balance method; List of sources of pollution; Causes of regional pollution; Research on the formation of new atmospheric particles (NPF) ; On air pollution transmission in recent years also made achievements. Health effects of air pollution exposure assessment, air pollution toxicology and air pollution epidemiology are introduced. Atmospheric environment monitoring technology includes conventional environmental monitoring technology, remote sensing monitoring technology and three-dimensional monitoring technology. Key pollution source of atmospheric pollution control technology including industrial source of atmospheric pollution control technology (particulate matter management technology, the desulfurization technology, volatile organic compounds (VOCs) control technology), mobile source of atmospheric pollution control technology (clean fuels and alternative technologies, machine processing, emission aftertreatment technology, policy improvement), non-point source and indoor air pollution purification technology. In terms of joint prevention and control of regional air pollution, in recent years, a comprehensive control plan for multiple pollutants has been formulated for China's compound air pollution, and a regional coordination mechanism and management model have been gradually established. In terms of legislation and management of air pollution prevention and control, the Chinese government has issued a series of regulations, documents, regulations and provisions on the prevention and control of air pollution, such as air environment quality standards, and formulated standards for the concentration limits of pollutants in a wide range of air areas with large volume and wide coverage and relatively universal environmental impact. Secondly, the research at home and abroad is compared comprehensively, and the development characteristics and advantages of various environmental problems at home and abroad are summarized. Finally, the research progress of atmospheric environment science is summarized, and the key fields and directions of atmospheric environment science in the future are forecasted. By summarizing the progress of atmospheric environment discipline in the past two years, we can better understand and discover the deficiencies of the current study of this discipline, so as to summarize the key research areas in the future and a series of measures to be taken to provide reference for the future development of this discipline, which is of practical significance.

Written by Zhang Junke, Yan Zheng, Zhang Jianqiang

Report on the Development of Water Environment Discipline

Since the ninth five-year plan, efforts had been focused on the comprehensive improvement of key river basins such as three rivers (i.e., Huaihe River, Haihe River and Liaohe River) and three lakes (i.e., Taihu Lake, Chaohu Lake and Dianchi Lake) . And since the eleventh five-year plan, works on pollution reduction were vigorously carried out, leading to amounts of positive results were achieved in water environmental protection. However, the serious water pollution in China has not been fundamentally curbed. Regional, mixed and condensed water pollutions are increasingly prominent, which has became the most important factor affecting the water security. Consequently, the situation in water pollution control is very serious. In recent years, with the increasing attention paid by the state to environmental protection, a series of supportive policies such as the ten-measure action plans to tackle water pollution, the 13th five-year plan, the river chief system and the lake chief system were proposed and carried out, which had brought out a broad market space for water treatment. Throughout the overall economic development speed in China, the 13th five-year plan is an important turning point in the overall economic transformation and upgrading. During this period, our country will gradually transform and upgrade to modern industry from traditional industries, and the development mode in each industry is undergoing a positive change to the refinement of development, providing a favorable opportunity for the reform of the supply side. An amount of construction ideas like "Lucid waters and lush mountains are invaluable assets", "ecological civilization construction" and so on were comprehensively popularized, which once again illustrated the themes of the times in the 13th five-year plan period, i.e., comprehensively improving the utilization rate of environmental resources and effectively reducing the environmental costs in the development. Since water environmental protection is a system engineering, to solve the problems of water pollution needs a system thinking and a design and planning from the overall and strategic height of top-level. Combined with the country's scientific and technological needs in water, the relevant efforts will be paid greatly in China in the future, including the continuous improvement of water quality in key river basins and regions, water environmental management, water pollution control, and construction, verification and application of technical system for drinking water safety in typical river basins.

The theories and technologies had made some progress in the development of water environmental science in China. Currently, the implementation and promulgation of the national strategy on ecological civilization construction put forward higher requirements on the construction and development of disciplinary system. Combined with the scientific and technological needs in the environmental protection in the 13th five-year plan, ten-measure action plans to tackle water pollution and the major science and technology projects in water pollution treatment and control, the important research interests will be focused on in the development of water environment in China in the future, including water environmental monitoring in the river basins, water pollution prevention and control in the rivers and lakes, drinking water safety, urban water environment and water environmental management.

Written by Liu Yiqing, Xie Li, Han Jiahui, Wang Guoqing

Report on the Development of Soil and Groundwater Science

As China's social economy shows a shift from high-speed growth to medium-speed growth. Economic structure keeps optimizing and upgrading, from factor-driven, investment-driven to innovation-driven. Daily life qualities have been significantly improved. However, the problems of soil and groundwater pollutions are becoming prominent gradually. Environmental protection faces many challenges, and it's inevitable to face the reality and take measures to do some change. This report elaborated the status and achievement of soil and groundwater subject in China and abroad in the period of 2018–2019, discussing on the aspects of discipline theory, research methods, technology and management in future. In the aspect of discipline theory, this report summarized the results of the pollutant characteristics analysis, the identification of pollutant formation, the profiling of pollutants, the description of pollution process and the interface process of pollutant transfer. In terms of methodological research, the report listed the progress and breakthroughs in pollution monitoring, pollution risk assessment, damage identification and assessment, pollution simulation, and early warning. On the technical aspect, the report put forward research progress and results on detection technology of soil and groundwater pollution, pollution risk control technology, pollution remediation technology and etc. As for management method, detailed the promulgation process of laws, regulations, standards, guidelines in 2018–2019, attribution of soil and groundwater management functions in China, as well as construction of pollution prevention system and other issues

By comparing remediation technology and management methods with developed countries, on the basis of drawing on foreign experience, methods and techniques, the national or industry standards, norms, laws and regulations were being perfected gradually, research and development technology or equipment with our own independent intellectual property rights to achieve the goal of improving the overall scientific and technological level of soil and groundwater pollution prevention and control in China.

The report indicated that the future development of the discipline should be aimed at meeting actual needs, strengthening basic theoretical research and conducting soil environmental baseline studies of major pollutants, strengthening research and development of key technologies for soil and groundwater environmental protection and remediation, innovating soil environmental quality improvement and pollution risk control technology, improving the soil environmental management and decision-making systems. Strengthening research on groundwater environment monitoring and early warning technology, Carrying out innovation platform construction, etc. Further strengthen the comprehensive research and management level of soil and groundwater pollution prevention and control in China.

Written by Zhang Han, Su Kai, Zhang Zhonghua

Report on the Development of the Discipline of Solid Waste Treatment and Disposal

With the economic and social development, the simple pursuit of economic growth is no longer suitable for new era demand. Unification of economic benefits and environmental protection and the harmony of human and nature are the theme of social development. In order to achieve environmental development goals in the new era, it is urgent to establish a long-term and effective mechanism in society. The new mechanism plays a guiding role in environmental control, effectively guides the transformation and upgrading of enterprises, promotes technological innovation, green production, and encourages the development of green industry. Solid waste treatment and disposal is one of the important aspects in environmental control. Solid waste refers to articles and substances in solid, semi-solid state and gas in the container which has lost its original use value or discarded or abandoned in the production, life and other activities, and articles and materials included in solid waste management according to laws and administrative regulations. On the basis of sources, it can be divided into industrial solid waste, living garbage and other solid waste. Today's solid waste treatment and disposal discipline not only needs to solve the problem of traditional solid waste pollutants, but also urgently needs to find suitable treatment methods or resource utilization methods for other kinds of solid waste. In recent years, solid waste disposal and recycling of topic content changed, including not only reduce, recycle and safe treatment of traditional urban solid waste, terminal handling and recycling of industrial solid waste and relevant management, and agricultural waste treatment and recycling, rural household waste treatment and disposal, hazardous waste and solid waste pollution emerging new era. This project report summarizes the specific research progress from 2016 to 2019, including new ideas, theories, methods, technologies and new achievements. The research direction and development trend in the next five years are forecasted, which is of great significance for solid waste industry. In the past several years, the relevant research of solid waste treatment and disposal mainly focused on the reduction of food waste and urban sludge. Anaerobic digestion was the popular method, followed by aerobic digestion and bio composting. In terms of resource utilization, agricultural waste was widely used as environmental materials which played an important role in environmental protection. Meanwhile, application research of industrial waste are more effective, and many of them have been industrialized. Besides, progress has also been made in hazardous waste, medical waste and resource management. International research mainly focused on the production of biofuels from anaerobic digestion of solid waste. At the same time, some progress has been made in the research of traditional methods such as composting, incineration, landfill, pyrolysis and so on. In addition, some developing countries are also involved in the environmental impact and sustainability of solid waste. Combined with the major international research projects, the research hotspots, frontiers and trends at home and abroad are studied, and the development at home and abroad is compared and evaluated. Finally, the development strategy and trend of this discipline in the next five years are put forward.

Written by Wang Dongmei, Zhao Rui, Gao Qiang

附　录

附件 1　2016—2019 年间国家环境保护重点实验室建设情况

所处阶段	重点实验室名称	依托单位	批准时间
通过验收	国家环境保护重金属污染监测重点实验室	湖南省环境监测中心站	2016 年 2 月 18 日
通过验收	国家环境保护环境规划与政策模拟重点实验室	环境保护部环境规划院	2016 年 5 月 13 日
通过验收	国家环境保护大气物理模拟与污染控制重点实验室	国电环境保护研究院	2016 年 12 月 24 日
通过验收	国家环境保护大气复合污染来源与控制重点实验室	清华大学	2017 年 4 月 17 日
通过验收	国家环境保护环境影响评价数值模拟重点实验室	环境保护部环境工程评估中心	2017 年 5 月 15 日
通过验收	国家环境保护污染物计量和标准样品研究重点实验室	中日友好环境保护中心	2017 年 6 月 23 日
通过验收	国家环境保护饮用水水源地保护重点实验室	中国环境科学研究院	2017 年 11 月 15 日
通过验收	国家环境保护地下水污染模拟与控制重点实验室	中国环境科学研究院	2017 年 11 月 15 日
通过验收	国家环境保护城市大气复合污染成因与防治重点实验室	上海市环境科学研究院	2017 年 12 月 25 日
通过验收	国家环境保护区域空气质量监测重点实验室	广东省环境监测中心	2018 年 9 月 5 日
通过验收	国家环境保护环境监测质量控制重点实验室	中国环境监测总站	2018 年 10 月 18 日
通过验收	国家环境保护机动车污染控制与模拟重点实验室	中国环境科学研究院	2018 年 12 月 17 日

续表

所处阶段	重点实验室名称	依托单位	批准时间
通过验收	国家环境保护环境污染健康风险评价重点实验室	环境保护部华南环境科学研究所	2019年5月5日
批准建设	国家环境保护环境感官应激与健康重点实验室	中国人民解放军第306医院	2016年12月24日
批准建设	国家环境保护水土污染协同控制与联合修复重点实验室	成都理工大学	2017年4月21日
批准建设	国家环境保护矿冶资源利用与污染防治重点实验室	武汉科技大学	2018年3月27日
批准建设	国家环境保护流域地表水－地下水污染综合防治重点实验室	南方科技大学	2018年4月29日
批准建设	国家环境保护核与辐射安全审评模拟分析与验证重点实验室	生态环境部核与辐射安全中心	2019年2月14日
批准建设	国家环境保护河流全物质通量重点实验室	北京大学	2019年5月8日

附件2　2016—2019年间国家环境保护工程技术中心建设情况

所处阶段	工程技术中心名称	依托单位	批准时间
通过验收	危险废物处置工程技术（重庆）中心	新中天环保股份有限公司	2016年1月4日
通过验收	钢铁工业污染防治工程技术中心	中冶建筑研究总院有限公司	2016年1月4日
通过验收	纺织工业污染防治工程技术中心	东华大学	2016年1月4日
通过验收	燃煤大气污染控制工程技术中心	浙江大学	2016年1月4日
通过验收	膜生物反应器与污水资源化工程技术中心	北京碧水源科技股份有限公司	2016年11月14日
通过验收	干旱寒冷地区村镇生活污水处理与资源化工程技术中心	辽宁省环境科学研究院	2016年11月14日
通过验收	监测仪器工程技术中心	聚光科技（杭州）股份有限公司	2016年11月14日
通过验收	燃煤工业锅炉节能与污染控制工程技术中心	山西蓝天环保设备有限公司	2016年12月24日
通过验收	畜禽养殖污染防治工程技术中心	青岛天人环境股份有限公司	2016年12月24日
通过验收	电力工业烟尘治理工程技术中心	福建龙净环保股份有限公司	2019年8月21日

续表

所处阶段	工程技术中心名称	依托单位	批准时间
批准建设	抗生素菌渣无害化处理与资源化利用工程技术中心	伊犁川宁生物技术有限公司	2018 年 1 月 10 日
批准建设	燃煤低碳利用与重金属污染控制工程技术中心	华中科技大学、湖北省环境科学研究院	2018 年 7 月 5 日

附件 3　2016–2019 环境科学技术所获国家最高科技奖励

奖项	年份	第一完成人及完成单位	题目	等级
国家自然科学奖	2016	张徐祥（南京大学）	高风险污染物环境健康危害的组织识别及防控应用基础研究	二等奖
	2017	余刚（清华大学）	卤代持久性有机污染物环境污染特征与物化控制原理	二等奖
	2017	杨敏（中国科学院生态环境研究中心）	饮用水中天然源风险物质的识别、转化与调控机制	二等奖
	2017	曾光明（湖南大学）	功能纳米材料和微生物修复难降解有机物和重金属污染湿地新方法	二等奖
	2019	贺泓（中国科学院生态环境研究中心）	燃烧废气中氮氧化物催化净化基础研究	二等奖
	2019	马军（哈尔滨工业大学）	过硫酸盐氧化中高活性成分的强化诱导方法与除污染特性	二等奖
	2019	胡敏（北京大学）	大气复合污染条件下新粒子生成与二次气溶胶增长机制	二等奖
国家技术发明奖	2017	牛军峰（北京师范大学）	基于高能效纳晶薄膜电极的工业废水电催化深度处理技术及应用	二等奖
	2017	刘会娟（中国科学院生态环境研究中心）	功能性吸附微界面构造及深度净水技术	二等奖
	2017	张一敏（武汉科技大学）	基于页岩矾行业全过程污染防治的短流程清洁生产关键技术	二等奖
	2017	高翔（浙江大学）	燃煤机组超低排放关键技术研发及应用	一等奖
	2018	柴立元（中南大学）	冶炼多金属废酸资源化治理关键技术	二等奖

续表

奖项	年份	第一完成人及完成单位	题目	等级
国家技术发明奖	2018	褚良银（四川大学）	微细矿物颗粒封闭循环利用高效节能分离技术与装备	二等奖
	2019	路建美（苏州大学）	多元催化剂嵌入法富集去除低浓度 VOCs 增强技术及应用	二等奖
	2019	王沛芳（河海大学）	农田农村退水系统有机污染物降解去除关键技术及应用	二等奖
	2019	罗胜联（南昌航空大学）	含战略资源固废中金属高值化回收关键技术及应用	二等奖
	2019	张寅平（清华大学）	室内空气质量测评控关键技术及应用	二等奖
国家科学技术进步奖	2016	王双飞（广西大学）	造纸与发酵典型废水资源化和超低排放关键技术及应用	二等奖
	2016	李叶青（华新水泥股份有限公司）	水泥窑高效生态化协同处置固体废弃物成套技术与应用	二等奖
	2016	李爱民（南京大学）	难降解有机工业废水治理与毒性减排关键技术及装备	二等奖
	2016	王金南（环境保护部环境规划院）	国家环境分区 – 排放总量 – 环境质量综合管控关键技术与应用	二等奖
	2016	王桥（环境保护部卫星环境应用中心）	国家环境质量遥感监测体系研究与业务化应用	二等奖
	2016	赵新全（中国科学院西北高原生物研究所）	三江源区草地生态恢复及可持续管理技术创新和应用	二等奖
	2017	郭玉海（浙江理工大学）	工业排放烟气用聚四氟乙烯基过滤材料关键技术及产业化	二等奖
	2017	席北斗（中国环科院）	填埋场地下水污染系统防控与强化修复关键技术及应用	二等奖
	2017	吴丰昌（中国环科院）	流域水环境重金属污染风险防控理论技术与应用	二等奖
	2017	黄霞（清华大学）	膜集成城镇污水深度净化技术与工程应用	二等奖
	2017	孙俊民（内蒙古大唐国际再生资源开发有限公司）	高铝粉煤灰提取氢化铝多联产技术开发与产业示范	二等奖

续表

奖项	年份	第一完成人及完成单位	题目	等级
国家科学技术进步奖	2017	严建华（浙江大学）	危险废物回转式多段热解焚烧及污染物协同控制关键技术	二等奖
	2017	任天志（中国农业科学院农业资源与农业区划研究所）	全国农田氮磷面源污染检测技术体系创建与应用	二等奖
	2018	贺高红（大连理工大学）	膜法高效回收与减排化工行业挥发性有机气体	二等奖
	2018	肖建庄（同济大学）	建筑固体废物资源化共性关键技术及产业化应用	二等奖
	2018	蒋开喜（深圳市中金岭南有色金属股份有限公司）	锌清洗冶炼与高效利用关键技术和装备	二等奖
	2018	胡洪营（清华大学）	城市集中式再生水系统水质安全协同保障技术及应用	二等奖
	2018	于云江（环境保护部华南环境科学研究所）	区域环境污染人群暴露风险防控技术及其应用	二等奖
	2018	徐顺清（华中科技大学）	水中典型污染物健康风险识别关键技术及应用	二等奖
	2018	王涛（中国科学院寒区旱区环境与工程研究所）	风沙灾害防治理论与关键技术应用	二等奖
	2018	曹宏斌（中国科学院过程工程研究所）	全过程优化的焦化废水高效处理与资源化技术及应用	二等奖
	2018	史培军（北京师范大学）	综合自然灾害风险评估与重大自然灾害应对关键技术研究和应用	二等奖
	2019	陈克复（华南理工大学）	制浆造纸清洁生产与水污染全过程控制关键技术及产业化	一等奖
	2019	邢卫红（南京工业大学）	面向制浆废水零排放的膜制备、集成技术与应用	二等奖
	2019	杨勇平（华北电力大学）	新型多温区SCR脱硝催化剂与低能耗脱硝技术及应用	二等奖
	2019	向军（华中科技大学）	燃煤电站硫氮污染物超低排放全流程协同控制技术及工程应用	二等奖

续表

奖项	年份	第一完成人及完成单位	题目	等级
国家科学技术进步奖	2019	李芳柏（广东省生态环境技术研究所）	稻田镉砷污染阻控关键技术与应用	二等奖
	2019	张辰（上海市政工程设计研究总院（集团）有限公司）	大型污水厂污水污泥臭气高效处理工程技术体系与应用	二等奖
	2019	胡振琪（中国矿业大学（北京））	煤矸石山自燃污染控制与生态修复关键技术及应用	二等奖
	2019	李爱民（南京大学）	淮河流域闸坝型河流废水治理与生态安全利用关键技术	二等奖
	2019	刘建国（中国科学院合肥物质科学研究院）	工业园区有毒有害气体光学监测技术及应用	二等奖
	2019	郑明辉（中国科学院生态环境研究中心）	废弃物焚烧与钢铁冶炼二噁英污染控制技术与对策	二等奖
	2019	刘爱华（中国石油化工股份有限公司齐鲁分公司）	炼化含硫废气超低硫排放及资源化利用成套技术开发与应用	二等奖

索 引

（QA/QC）技术体系　179
DB-5MS 色谱　16，123，124
DNAPLs 污染　119-121
HYDRUS 模型　120
TG 土壤热分析　16，123
WEEE 收集计划　178
X 射线荧光光谱　16，123，124

B

暴露健康风险　120

C

城镇污水　12，38，94，104，106，110

D

大气边界层探测技术　25，70
大气立体监测技术　8，34，61，62，75
大气污染暴露　6，25，59，69，70
大气污染毒理学　6，60
大气污染防治立法　67
大气污染流行病学　6，7，25，34，60，69，74
大气氧化性　7，61
地面高密度电阻率法　16，126
地下水脆弱性评价　118
地下水污染防治规划　143
地下水污染风险评价　14，15，116，119
地下水质量标准　13，17，114，143
地下阻截墙　16，127
地质累积指数法　15，119
电除尘　8，62，63
电感耦合等离子体质谱　16，123
电子废物　33，173，175，177-179
电子废物绿色循环　175
动物—植物联合修复　17
毒害污染物　12，93，94
堆肥　18，32，132，135，136，160-163，165-169，171-173
多级供应链　178
多技术联合修复　39，149
多目标优化模型　15，118
多轴差分吸收光谱仪（MAX-DOAS）7，61，75

F

废旧聚酯 20，173，175
废气再循环技术（EGR） 9，65
焚烧 7，18，19，22，23，31，32，41，61，63，128，129，160，161，165-169，171-173，176，179，181，182
风险管控 11，13，14，16，17，20，27，30，73，90，102，103，115，116，126-128，137，138，140，141，144，152
风险与损害鉴定评估 15，118

G

缸内直喷技术（GDI） 9，65
工业废水 44，86，87，100，104，121，143
工业固废资源化 163，169，173
固定稳定化技术 16，129
固废能源技术 166
固体废物处理与处置产业化 173
固体废物监测 42，179，182
过滤材料与催化剂（CDPF） 42，179，182

H

河长制 3，10，86，97
黑臭水体 11，96，107，108
湖长制 10，86
化学淋洗技术 16，129
化学—生物联合修复技术 17
化学氧化还原技术 17，134
环境损害鉴定评估 119
挥发性有机物（VOCs） 9，34，64，76，124

J

激光击穿光谱学（LIBS） 8
激光雷达 7，8，25，61，62，70，71，75
激光诱导击穿光谱 16，124
极谱法 16，125
监测法规 179
监测自然衰减 17，136

K

颗粒物过滤技术（DPF） 9，65
可渗透反应墙修复 17，135
矿浆脱硫脱硝技术 163

L

垃圾管理系统优化 177
联防联控 10，34，35，56，67，73，76，77

M

酶抑制检测 16，123
面源 9，10，15，27，35，36，38，62，66，72，76，101，102，108，109，111，120，143

N

农林剩余物 20，173，175，176
农业固废资源化 160，163，164，170
浓度分析 182

P

排污许可证 4，38，111，177

Q

潜在生态风险指数 15，119

R

热解 23，32，41，128，129，165，167，

168，173，182
溶质运移模型 118

S

三维荧光分析技术 88
三维荧光光谱 16，88，125
生命周期评价（LCA） 177
生态安全评价 119
生物深度发酵脱水 168
生物蒸发 162
水动力阻截 127
水环境功能区划 98
水环境管理 11，36，38，87，96，97，99，106，108，110，111
水环境规划 13，95
水十条 11，35，38，86，89，93，96，98，99，106-108，151
水质监测 11，15，27，31，37，87-89，100，102，110，122，145，146

T

填埋 14，16，18，19，32，115，116，120，122，126，160，161，163，165-168，172-174，176
土壤环境阈值 117
土壤环境质量 13-15，17，30，114-118，121，139，141，142，152
土壤环境质量基准 117，142
土壤气相抽提 16，128
土壤热修复 16
土壤—生物系统 117
土壤生物修复技术 16，130，149
土壤污染防治法 13，17，29，30，115，128，140，141，144，146-148，176
土壤污染详查样点优化 14，118
土壤物理化学修复技术 16，128

W

危废污染防治 171
卫星遥感技术 88
污染场地风险评估 14，116，118，147
污染传输 6，56，58
污染防治 3，6，11，13，14，17-19，22，27-32，36-38，40，42，44，57，59，64，66-68，75，77，87，95-99，101，102，106，108-111，114，115，128，137-141，143，144，146-148，150-152，161，168，171，173，176，180，182
污染风险管控 13，14，16，17，30，115，126-128，141，152
污染概率分析 14，118
污染监测点位布设 14，117，118
污染监控预警 15，117，121
污染土壤生态风险评估 15，119
物探方法 16，126

X

稀燃氮捕集技术（LNT） 9，65
现场快速检测 124
消毒副产物 11，12，27，28，90，91，103-105
新粒子生成（NPF） 24，58，68
形态分析方法 42，182
选择性催化还原技术（SCR） 9，65

Y

厌氧消化 32，95，104，105，161，162，

165–169，171–173
厌氧消化技术 168，169
氧化钙残渣的高值化利用 170
冶炼多金属废酸资源化治理 20，174
油固废监测 41，42，182
预测预警 11，15，87，88，121
原位注入—高压旋喷注射氧化剂修复 134
原子吸收光谱 16，124
源解析 6，10，24，56，57，67，68，74，75，102
源清单 33，56，57，73，101

Z

再生水回用 28，105
植物—生物联合修复 17
资源化管理 33，177，178
自由基 7，24，61，68，69，71，75
综合管理 10，27，31，33，36–38，67，75，102，108–110，115，177，178